城市地下空间
关键技术集成应用

张 敏 金 彦 朱 怡 刘仁猛 汤晓峰◎著

中国建筑工业出版社

图书在版编目（CIP）数据

城市地下空间关键技术集成应用 / 张敏等著.
北京 ：中国建筑工业出版社, 2024. 9. -- ISBN 978-7
-112-30238-3

Ⅰ . TU984.11

中国国家版本馆 CIP 数据核字第 2024HV9220 号

　　本书系统总结了城市地下空间综合开发的关键技术集成应用，全面阐述了国内外城市地下空间开发利用发展概况、城市地下空间主要特点及策略、城市地下空间高质量规划与建筑设计、城市地下空间综合防灾设计、城市地下空间结构计算分析方法、城市地下空间混凝土结构自防水技术、城市地下空间综合防淹技术、城市地下空间通风与空调技术，同时介绍了启迪设计集团股份有限公司近期完成的多个典型城市地下空间工程案例。

　　本书可供勘察设计行业从事地下空间及轨道交通设计的专业技术人员参考，也可供高等院校地下空间及轨道交通专业的师生阅读。

责任编辑：刘婷婷

责任校对：李美娜

城市地下空间关键技术集成应用

张　敏　金　彦　朱　怡　刘仁猛　汤晓峰　著
*
中国建筑工业出版社出版、发行（北京海淀三里河路 9 号）
各地新华书店、建筑书店经销
国排高科（北京）信息技术有限公司制版
建工社（河北）印刷有限公司印刷
*
开本：787 毫米×1092 毫米　1/16　印张：17½　字数：424 千字
2024 年 8 月第一版　　2024 年 8 月第一次印刷
定价：**98.00** 元
ISBN 978-7-112-30238-3
（43500）

非常高兴,受邀为启迪设计集团股份有限公司的《城市地下空间关键技术集成应用》一书作序。这是一本切合当前我国城市地下空间开发建设高质量发展需求的力作,值得庆贺!

进入21世纪以来,随着我国社会经济和城市建设的快速发展,城镇化及城市发展与土地资源稀缺的矛盾变得日益突出。开发建设地下建筑、地下停车场、地下轨道交通等地下空间是缓解城市用地紧张、节约空间利用的必然趋势,它不仅能够高效地提升城市功能,还能够有效地缓解城市交通压力、改善环境质量品质、提高土地综合价值、完善市政基础设施以及增强城市综合防灾能力。城市地下空间开发利用已成为支撑城市可持续、高质量发展不可或缺的重要组成部分。近年来,城市地下空间开发利用已经由单一开发利用模式逐渐转变为综合开发利用模式,大量服务设施的地下化建设、与地下轨道交通一体化建设以及在推动绿色低碳可持续、高质量发展方面都对城市地下空间的开发水平和建设质量提出了更高要求。

在我国早期建成的城市地下空间中,由于设计条件千差万别,设计水平参差不齐,设计理念落后,设计方法欠缺,设计标准不统一,导致存在地下空间资源浪费、功能适宜性差、口部型式单一模糊;内部交通组织混乱、导向标识不清晰、与城市地下轨道交通缺乏一体化建设以及与周边地面建筑衔接不畅;缺乏系统合理的综合安全防灾体系;内部光线昏暗、环境质量指标差等突出问题,严重影响了城市地下空间的实际运营效果,同时也制约了城市地下空间的开发建设和高效发展。

启迪设计集团股份有限公司自2008年以来,结合城市轨道交通及地下空间综合开发的多项工程实践,在充分调研国内外城市地下空间开发利用发展的基础上,对城市地下空间主要特点及策略,城市地下空间高质量规划与建筑设计,城市地下空间综合防灾设计，城市地下空间结构计算分析方法，城市地下空间混凝土结构自防水技术，城市地下空间综合防淹技术，城市地下空间通风与空调技术等关键课题进行了系统研究和集成应用，取得了丰硕的成果，形成了系列自主知识产权，研究成果获多项科学技术奖和优秀设计奖，建设完成的多个城市地下空间项目取得了良好的社会效益和经济效益。

　　《城市地下空间关键技术集成应用》一书系统总结了启迪设计集团股份有限公司近年来在城市地下空间综合开发建设过程中的主要研究成果和集成应用，代表着我国城市地下空间综合开发建设的前沿技术。本书的出版为进一步促进和推动我国城市地下空间综合高效利用和绿色开发建设提供了技术支撑，具有重要的现实意义和宝贵的参考价值。

张瑞龙

全国工程勘察设计大师

2024 年 5 月

近年来，随着我国社会经济和城市化进程的快速发展，城市规模迅速增大，伴随而来的则是"城市综合征"，包括：人口饱和、交通拥挤、建筑空间狭窄、绿化面积减小、空气及水污染、综合环境质量下降、城市抗灾自适应能力降低等。城市地下空间的综合开发和高效利用是解决"城市综合征"的重要手段，是城市实现绿色可持续、高质量发展的重要抓手。合理开发利用城市地下空间，是优化城市空间结构和管理格局，增强地下空间之间以及地下空间与地面建设之间的有机联系，促进地下空间与城市整体同步发展，缓解城市土地资源紧张的有效措施，对于推动城市由外延扩张式向内涵提升式转变，改善城市环境，建设宜居城市，提高城市综合承载能力具有重要意义。

启迪设计集团股份有限公司（原苏州设计研究院有限责任公司）自 2008 年承担苏州工业园区星海生活广场地下空间项目以来，对城市地下空间关键技术进行了系统研究和集成应用。研究成果获得高度认可，已授权发明专利 4 项、实用新型专利 5 项，在国内核心期刊发表论文 9 篇，通过多个城市地下空间项目集成应用的实践，取得了良好的社会效益，其中苏州工业园区星海生活广场获 2012 年中国城市轨道商业综合体金奖；苏州太湖新城地下空间（中区）获 2022 年度江苏省优秀工程勘察设计奖地下建筑与人防工程一等奖、2023 年度江苏省优秀工程勘察设计行业奖建筑结构与抗震设计一等奖和建筑环境与能源应用设计二等奖；苏州高铁新城南广场地下空间获 2021 年度苏州市城乡建设系统优秀勘察设计地下建筑一等奖。

本书编写目的是总结启迪设计集团股份有限公司（简称"启迪设计"）多年来在城市地下空间关键技术集成应用领域的研究成果，进一步促进和推动我国城市地下空间高质量综合开发建设，以及与同行们进行相互交流，提供借鉴和案例。

本书由启迪设计集团股份有限公司张敏、金彦、朱怡、刘仁猛和汤晓峰共同编写完成。全书编写分工如下：第 1 章由张敏执笔，第 2 章由金彦执笔，第 3 章由金彦、刘仁猛、汤晓峰执笔，第 4 章由朱怡执笔，第 5 章由张敏、朱怡执笔，第 6 章由刘仁猛执笔，第 7 章由汤晓峰执笔；全书章节策划、安排及统稿由张敏负责。

武汉三源特种建材有限责任公司朱国军、王德民、周月霞、方博参与了本书第 5 章的编写工作，在此深表感谢。

在本书编写过程中，得到了启迪设计集团股份有限公司刘薏、周行、叶佳、赵子凡、朱黎明、陈勇、沈文聪、丁洁、吴欣等同事的大力支持和帮助，他们以不同的方式对本书部分章节做出了贡献，对他们表示深深的谢意；同时，也借本书衷心感谢所有指导、帮助过我们的业主、专家和同行。

本书的顺利出版凝聚了中国建筑工业出版社赵梦梅、刘婷婷两位老师的不懈努力和辛勤工作，在此致以最诚挚的谢意。

由于作者水平有限，书中难免有片面或不妥之处，敬请广大读者批评指正。

张　敏

2024 年 5 月　于苏州

目 录

CONTENTS

第 1 章

绪　论

城市地下空间
关键技术集成应用

1.1 国内外城市地下空间开发利用发展概况

1.1.1 城市地下空间概述

所谓地下空间，是指地面以下，在岩石或土层中天然形成或经人工开发形成，由长度、宽度及高度所给出的空间。

城市地下空间是指存在于城市规划区地面以下的空间，用以建设地下建（构）筑物。世界各国开发利用城市地下空间的实践表明，建设地下设施领域非常广泛，包括交通设施、市政基础设施、商业设施、文化娱乐设施、体育设施、防灾设施、储存及生产设施、能源设施、研究试验设施、会议展览及图书馆设施等。其中大量应用的设施领域有：

（1）交通设施，包括地铁、地下机动车道、地下步行道和地下停车场等。特别是地铁，目前已成为世界上重要的公共交通方式之一。

（2）市政基础设施，包括市政管网、排水及污水处理系统，城市生活垃圾的清除、回收及处理系统，大型供水、储水设施等。

（3）商业及文化娱乐设施，包括地下商业中心、地下商业街、以商业为主兼有文化娱乐及餐饮设施的地下综合体等。

（4）储存设施，包括粮库、食品库、冷库、水库、油料库、燃料库、药品库及放射性废弃物和有害物的储存库等。

城市地下空间是一个巨大而丰富的空间资源，在许多国家已得到广泛的开发利用，对缓解城市中心区建筑高密度的效果十分明显。其中，日本、新加坡等亚洲国家，采取高强度的城市地下空间开发策略，强调地下空间互联互通、分层利用；英国、法国等西欧国家，注重城市地下空间的整体环境品质，构建竖向立体的城市空间布局；美国、加拿大等北美国家，将城市地下空间作为抵御恶劣气候与各类灾害的重要场所；瑞士、芬兰等北欧国家，注重对地下岩层资源的可持续利用以及前沿技术的试验与应用。

综合来看，当今世界各国已把对城市地下空间开发利用作为解决城市资源与环境危机的重要举措，作为实施城市土地资源集约化使用与城市可持续发展的重要途径。

1.1.2 国外城市地下空间开发利用现状与发展趋势

1. 国外城市地下空间开发利用现状

从 1863 年英国伦敦建成世界上第一条地铁开始，国外地下空间的发展已经历了相当长的一段时间，从大型建筑物向地下的自然延伸发展到复杂的地下综合体（地下街），再到地下城（与地下快速轨道交通系统相结合的地下街系统），也使地下建筑在旧城改造再开发中发挥了重要的作用。同时，地下市政设施从地下供水、排水管网发展到地下大型供水系统，地下大型能源供应系统，地下大型排水及污水处理系统，地下生活垃圾的清除、处理和回收系统，以及地下综合管廊（共同沟）等。

随着旧城改造和历史文化建筑的扩建，在日本、北美及欧洲出现了相当数量的大型地下公共建筑，如公共图书馆、会议中心、展览中心及体育馆、音乐厅、大型实验室等地下文化体育教育设施。地下空间的内部环境质量、综合防灾能力以及运营管理水平都达到了较高的水准。地下空间开发利用规划从专项的规划入手，逐步形成系统的规划，尤其以地铁规划和市政基础设施规划最为突出。一些地下空间利用较早和较为充分的国家，如亚洲的日本，北美的美国及加拿大，北欧的芬兰、瑞典及挪威等，正从城市中某个区域的综合规划走向整个城市或某些系统的综合规划。在其发展过程中，各个国家的地下空间开发利用形成了各自独有的特色和经验。

（1）日本地下空间开发利用现状

日本国土狭小，城市用地紧张。1930年，日本东京上野火车站地下步行通道两侧开设商业柜台，成为"地下街之端"。至今，地下街已从单纯的商业性质演变为融合多种城市功

图 1.1-1　日本地下街

能，包括交通、商业及其他设施共同组成且相互依存的地下综合体。

日本地下街的形态分为街道型、广场型和复合型，其规模也依面积大小及商店数目不同分为小型（小于 3000m²，商店少于 50 个）、中型（3000～10000m²，商店 50～100 个）、大型（10000m²，商店 100 个以上）。据统计，日本至少在 26 个城市中建造地下街 146 处，日进出地下街的人数达到 1200 万，约占国民总数的 1/9。图 1.1-1 为典型日本地下街，图 1.1-2 为福冈天神地下街。

日本比较重视地下空间的环境设计，无论是商业街还是步行道，在空气质量、照明亮度乃至建筑小品的设计上均达到了地面空间的环境质量要求。

图 1.1-2　福冈天神地下街

日本是轨道交通最发达的国家之一，结合轨道交通站点践行一体化开发理念，实施功

能耦合、业态复合的地下综合开发，应连尽连的地下空间营造出方便快捷、风雨无阻的生活体验，业已成为世界领先的开发范式。

日本兴建地下共同沟数量居于世界前列。截至 1981 年末，日本全国共同沟总长为156.6km，到 21 世纪初，已达到 526km。另外，在地下高速道路、地下停车场、用于排洪与蓄水的地下河道、地下热电站和地下防灾设施等市政基础设施方面，日本也充分发挥了地下空间的重要作用。

（2）北美地下空间开发利用现状

北美的美国和加拿大虽然国土辽阔，但因城市高度集中，城市矛盾仍十分尖锐。

美国纽约市地铁运营线路443km，车站数量504个，每天接待510万人次，每年接近20亿人次。纽约中心商业区约百分之八十的上班族都采用公共交通，市中心的曼哈顿地区，常住人口 10 万人，但白天进入该地区人口近 300 万人，多数是坐地铁到达的，充分体现了纽约市地铁经济、方便和高效的特点。

四通八达、不受气候影响的地下步行道系统，很好地解决了人、车分流的问题，缩短了地铁与公共汽车的换乘距离，同时通过地下步行道系统可把地铁车站与大型公共活动中心连接起来。纽约洛克菲勒中心地下步行道系统，在 10 个街区范围内，将主要的大型公共建筑通过地下通道连接了起来；南方城市达拉斯，建设了一个不受夏季高温影响的由 29 条步行道连接起来的地下步行道系统；休斯敦市地下步行道系统也有相当规模，全长 4.5km，连接了 350 座大型建筑物。

美国地下建筑单体设计应用于学校、图书馆、办公楼、实验中心、工业建筑等也有显著成效。一方面较好地利用地下特性满足了功能要求，另一方面，合理解决了新老建筑结合的问题，并为地面创造了开敞空间。如美国明尼阿波利斯市南部商业中心的地下公共图书馆，哈佛大学、加州大学伯克利分校、密西根大学、伊利诺伊大学等处的地下及半地下图书馆，较好地解决了与原馆的联系并保持了校园的原有面貌。旧金山市中心叶巴布固那地区的莫斯康尼地下会议展览中心的地面上，保留了城市仅存的开敞空间，建设了一座公园。

加拿大的蒙特利尔地下城是威尔玛丽区的地下城市街区空间，总面积约 400 万 m²，主要地下公共步行通道连通 10 个地铁车站、2 个火车站和 1 个长途客运站，包括 2000多家商店、1200 多个办公单元、1600 多个住宅单元、200 多家餐厅、40 多家银行、40 多家电影院以及其他娱乐场所，另外还有 7 家大型酒店、2 所大学（魁北克大学蒙特利尔校区和蒙特利尔大学）、1 座主教教堂、3 个展厅（会议中心、奥林匹克公园和艺术广场）以及其他城市公共空间等。蒙特利尔地下城是目前世界最大、最繁华的地下"大都会"之一。为躲避地面恶劣天气，每天超过 50 万人工作及居住生活在城市地下街区空间内，故蒙特利尔也是当今世界三大最适合人类居住的城市之一。图 1.1-3 为蒙特利尔地下空间总平面示意图，图中的蓝灰色部分是地下城连通的建筑，粉色部分是地下城的连通通道。地下城的中心部分基本是一个回字形，回形地带的范围为：绿线地铁 Peel 站到 PlaceDes Art 站沿线及两侧—Rue Saint Urbain/Jeanne Mance 两路中间—橙线地铁 PlaceD'Armes 站到 Bonaventure 站沿线及两侧—Rue Mansfield/University 两路中间。除了这个回形地带，绿线地铁向东北方向到 Saint Laurent 站和 Berri Uqam 站周围，向西南到 Guy

Concordia 站周边的一小部分建筑，橙线地铁向西南的 Bonaventure 站和 Lucien L'Allier 站之间的建筑，也都是地下城的一部分，如图 1.1-4 所示。地下城的地下空间之间，大部分通过人行通道或商业广场连接起来，但也有一小部分是通过地铁连接起来的，中间没有人行通道，比如 Place Des Art 站与 McGILL 站之间，Place Des Art 站与 Saint Laurent 及 Berri Uqam 站之间。

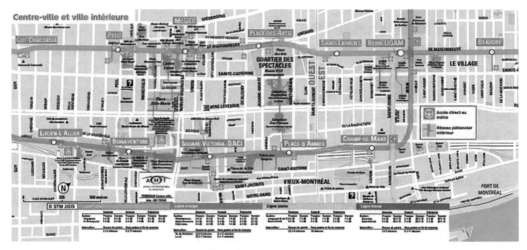

图 1.1-3　蒙特利尔地下空间总平面示意图

图 1.1-4　蒙特利尔地下城

　　北美城市的实践证明，在大城市的中心区建设地下步行道系统，可以缓解交通压力、节约用地、改善环境，保证了恶劣气候下城市的繁荣，同时也为城市防灾提供了条件。

　　北美地下空间开发利用的经验是要有完善的规划，设计要先进，管理要严格，其中最重要的问题是安全和防灾，系统越大，问题越突出，必须予以足够的重视，如通道应有足够数量的出入口和足够的宽度，应避免转折过多，通道内应设置明显的导向标志等。

　　（3）欧洲地下空间开发利用现状

　　北欧地质条件良好，是地下空间开发利用的先进地区，特别是在市政设施方面和公共建筑方面。

　　市政设施方面：瑞典南部地区大型供水系统全部在地下，埋深 30～90m，供水隧道长 80km，靠重力自流。芬兰赫尔辛基的大型供水系统，供水隧道长 120km，过滤等处理设施全部设置于地下。挪威的大型地下供水系统，其水源也实现了地下化，在岩层中建造大型储水库，既节省土地又减少水的蒸发损失。瑞典大型排水系统的污水处理厂全部在地下，仅斯德哥尔摩市就有大型排水隧道 200km，大型污水处理厂 6 座，处理率为 100%。在其他一些中小城市，也都有地下污水处理厂，不但保护了城市水源，还使波罗的海免遭污染。

公共建筑方面：芬兰地下文化体育娱乐设施发达，临近赫尔辛基市购物中心的地下游泳馆，面积为 10210m²，1993 年完成。同年建成的吉华斯柯拉运动中心，面积 8000m²，可为 14000 名居民提供服务，内设体育馆、草皮和沙质球赛馆、体育舞蹈厅、摔跤柔道厅、艺术体操厅和射击馆等。为了保持库尼南小镇的低密度建筑和绿化的风貌，1988 年建成的可为 8000 名居民服务的 7000m² 的球赛馆也建于地下，内设标准的手球厅、网球厅，并有观众看台以及沐浴间、换衣间、存衣间和办公室等。里特列梯艺术中心建于地下，每年吸引 20 万参观者，内设 3000m² 的展览馆，2000m² 的画廊，以及有 1000 个座位的高质量音响效果的音乐厅。

法国巴黎市建设了 83 座地下车库，可容纳 43000 多辆车，福煦大街建设有欧洲最大的地下车库，地下 4 层，可停放 3000 辆车。建设大量停车场是城市正常运转的重要条件，而停车场建于地下可节约大量城市土地资源。

巴黎市中心的卢浮宫是世界著名的宫殿建筑，在无扩建用地、原有的古典建筑又必须保护、无法实现扩建要求的情况下，设计师充分利用被宫殿建筑包围的拿破仑广场的地下空间，容纳了全部扩建内容。为了解决采光和出入口布置，在广场正中和两侧设置了三个大小不等的锥形玻璃天窗，成功地对古典建筑进行了现代化改造，为保护历史文化景观做出了突出的贡献。图 1.1-5 为卢浮宫锥形玻璃出入口。

图 1.1-5 卢浮宫锥形玻璃出入口

巴黎的列·阿莱地区是旧城再开发充分利用地下空间的典范——把一个交通拥挤的食品交易和批发中心改造成一个地面以绿地为主的公共活动广场，同时将商业、文娱、交通、体育等多种功能安排在广场的地下空间中，形成一个地下 4 层、总面积超过 20 万 m² 的大型地下综合体。

2. 国外城市地下空间开发利用发展趋势

（1）综合化

国外地下空间利用的主要发展趋势是综合化，表现在以下三个方面：①地下综合体的出现。欧洲、北美和日本等国家和地区的一些大城市，在新城区的建设和旧城区的再开发过程中，都建设了不同规模的地下综合体，成为具有大城市现代化象征的建筑类型之一。②地下步行道系统和地下快速轨道交通系统、地下高速道路系统的结合，以及地下综合体与地下交通换乘枢纽的结合。③地上、地下空间功能既有区分，又有协调发展的相互融合模式。

（2）深层化与分层化

深层地下空间资源的开发利用已成为未来城市现代化建设的主要课题。随着一些发达国家地下空间利用先进城市的地下浅层部分已基本利用完毕，以及深层开挖技术和装备的逐步完善，为了进一步综合利用地下空间资源，地下空间开发正逐步向深层化发展。如美国明尼苏达大学土木与矿物工程系馆的地下建筑物多达 7 层，加拿大温哥华修建的地下车库多达 14 层，总面积约 72500m²。

在地下空间深层化的同时，各空间层面分化趋势越来越明显。这种分层面的地下空间，以人及为人服务的功能区为中心，实现人、车分流，将市政管线、污水和垃圾处理分置于不同的层次，各种地下交通也分层设置，以减少相互之间的干扰，保证了地下空间利用的充分性和完整性。

（3）城市交通与城市间交通的地下化

城市交通和高密度、高城市化地区城市间交通的地下化，将成为未来地下空间开发利用的重点。交通拥挤是 21 世纪不变的城市问题，城市道路建设远远赶不上机动车数量的发展也是 21 世纪城市发展的规律，但 21 世纪人类对环境、美化和舒适的要求越来越高，人们的环境意识也越来越强。以前修建的高架桥路将转入地下，如美国波士顿中央大道；而地下高速轨道交通将成为大城市和高密度、高城市化地区城市间交通的最佳选择。

波士顿中央大道建成于 1959 年，为高架 6 车道，直接穿越城市中心区，当时设计每天运量为 75000 辆机动车，现在实际运量约达到 200000 辆，成为美国最拥挤的城市交通线，每天交通拥堵时间超过 10h，交通事故发生率是其他城市的 4 倍多。

波士顿已没有更多用于开发的城市用地，不能在城市中心区再建新的道路，唯一可行的方案是在现有的中央大道下面修建一条 8～10 车道的地下快速路，替代现存的 6 车道高架桥。建成后，将拆除地上拥挤的高架桥，代之以绿地和可适度开发的城市用地。图 1.1-6 为中央大道改造后俯视效果图，图 1.1-7 为中央大道改造后断面效果图。

图 1.1-6　中央大道改造后俯视效果图　　　　图 1.1-7　中央大道改造后断面效果图

据国外统计，城市规模越大、人口越多，采用地铁建设方式的比重越高。在轨道交通的建设方式上，人口在 200 万以上的城市，采用地铁线路条数占 77.5%，运营长度占 90.5%；人口在 100 万～200 万间的城市，采用地铁线路条数占 69.3%，运营长度占 64.0%。即使采用轻轨，在市区往往也是以地下为主。

（4）微型隧道工程将加速发展

微型隧道是人进不去的隧道，直径一般在 25～30cm，最大不超过 2m。在隧道表面入口处采用遥控方式进行开挖和支护，这种方法快速、准确、经济、安全，适用于在高层建筑下、历史文化名胜古迹下、高速公路和铁路下、河道下安设管道。目前世界上采用微型隧道技术修建的管道长度已达 5000km。由于地下管线数量不断增多，微型隧道工程的应用将越来越广泛。

（5）3S 技术在地下空间开发中的作用将得到加强

由于地下空间开挖过程中定位、获取地质地理信息及勘察现代化的需要，GPS（全球定位系统）、RS（遥感系统）和 GIS（地理信息系统）技术（统称为 3S 技术）在地下空间开发中将得到越来越多的推广应用。

1.1.3 国内城市地下空间开发利用现状与主要模式

1. 国内城市地下空间开发利用现状

我国城市地下空间开发利用始于防备空袭而建造的人民防空工程。通过半个多世纪的探索和发展，已在地铁、隧道工程、地下综合体、地下综合交通枢纽等方面取得了一定的成绩，并逐步成为今天解决城市交通堵塞和缓解城市服务设施紧缺的主体。

（1）地铁

近年来，伴随着社会经济的发展，城市人口的快速增长以及产业、技术、资金的高度集中，我国的城市规模正在急速膨胀，集约化和综合化程度不断提高。以地铁为代表的城市快速轨道交通建设也进入了空前的高速发展阶段。

根据中国城市轨道交通协会的统计，截至 2021 年底，全国（不含港澳台）共有 50 个城市开通城市轨道交通运营线路，达 283 条，线路总长度 9206.8km，其中地铁运营线路 7209.7km，占比为 78.3%；当年新增运营线路长度 1237.1km。

2021 年全年共完成城市轨道交通建设投资 5859.8 亿元，在建项目的可研批复投资累计 45553.5 亿元，在建线路总长 6096.4km。截至 2021 年底，共有 67 个城市的轨道交通线网规划获批，其中建设规划在实施的城市共计 56 个，线路总长 6988.3km。2021 年共有 3 个城市新一轮的城市轨道交通建设规划获国家发展改革委批复并公布，其中涉及新增线路长度 314.6km，新增计划投资 2233.54 亿元。图 1.1-8 是 1999—2021 年全国（不含港澳台）已建成的地铁里程数，可见，我国的城市地铁建设正处于快速发展时期。

（2）隧道工程

随着城市化进程的高速发展，城市道路系统中的隧道工程也得到快速发展，如南京市中心鼓楼地下交通隧道、火车站站前广场地下通道、富贵山交通隧道等；苏州市已建成的隧道工程包括金鸡湖隧道（图 1.1-9）、独墅湖第二通道、何山路西延工程隧道、胥涛路对接横山路隧道、春申湖路阳澄西湖南隧道（图 1.1-10）、春申湖路元和塘西隧道等。

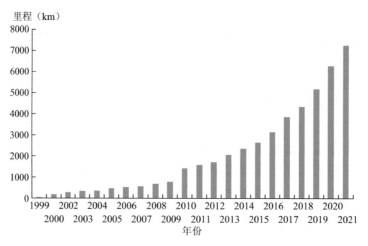

图 1.1-8   1999—2021 年全国（不含港澳台）已建成地铁里程数

图 1.1-9   金鸡湖隧道

图 1.1-10   春申湖路阳澄西湖南隧道

（3）地下综合体

近年来，我国不少大中型城市都逐步建有数万至十多万平方米的地下综合体或地下城。哈尔滨的数条地下街已连成一片，形成了规模达 25 万 m^2 的地下城；位于大连站前广场的城市地下综合体"不夜城"，建筑面积 14.7 万 m^2，包括 5 层地下车库、购物中心、文化娱乐中心、餐饮中心等。

北京中关村广场采用地上、地下综合开发，总建筑面积 150 万 m^2，其中地上建筑面积 100 万 m^2；地下 3 层，建筑面积 50 万 m^2，为集商业、餐饮、娱乐、健身、停车及物业于一体的地下城。地下一层是地下交通环廊、大型停车场及超大型商业空间，汽车在交通环廊可以通达社区的每一个停车场，大型停车场解决了整个社区的停车问题，没有给地面造成额外压力；地下二层是物业和支管廊；地下三层是地下综合市政管廊。

中关村广场结合我国国情及自身的设计特点，创立了综合管廊＋地下空间开发＋地下环行车道的三位一体的地下综合构（建）筑物模式，将综合管廊作为载体，使地下空间开发和地下环行车道融为一体。此外，管廊内还专门预留了一个出口，与地铁 4 号线接通，使驾车或乘坐公交车的人们都可以在这里换乘地铁，从而使中关村广场无论地上及地下、区内及区外均形成了一个有机整体。

杭州钱江新城核心区地下空间总建筑面积为 150 万～200 万 m²。其重点区域集中于富春江路与新安江路和奉化路交叉口处的地下轨道交通站形成的南北轴以及市民中心东部市民公园、杭州大剧院、商务科技馆、高架城市阳台和市民中心西部中央公园、会展中心形成的东西轴之间。钱江新城核心区地下空间功能主要包括地下交通、商业、文化、休闲、停车、防灾等。建成后，2 条地铁线、2 个地铁站将把地下城与其他城区紧密地联系在一起。

广州珠江新城核心区地下空间位于广州新中轴线珠江新城核心部位，区域内有地铁 3 号线、5 号线和城市新中轴线地下旅客自动输送系统穿过。地下总建筑面积约 44 万 m²，建设内容包括珠江新城核心区地下空间、新中轴线地下旅客自动输送系统以及地面中央景观广场。图 1.1-11 为核心区总平面示意图，图 1.1-12 为核心区鸟瞰图。

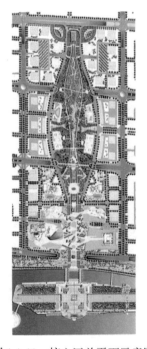 

图 1.1-11　核心区总平面示意图　　　　图 1.1-12　核心区鸟瞰图

广州珠江新城核心区地下空间由下沉景观广场（图 1.1-13）、商业购物廊（图 1.1-14）、下沉庭院以及用于联系轨道交通及周边建筑地下空间的人行通道系统等部分组成。

图 1.1-13　下沉景观广场　　　　图 1.1-14　商业购物廊

①下沉景观广场沿中轴线布局，构成地下商业城的脊柱。下沉景观广场、大型坡道和楼梯，将大自然引入地下，解决地下建筑的自然通风和采光要求，使地下空间与地面建筑和景观从视觉和空间上融为一体。不同主题的下沉广场各具特色，广场入口标志鲜明，提供人们清晰的空间方位感。

②商业购物廊犹如血管延伸在地下各个功能区，围绕着联系轨道交通及周边建筑地下空间的人行通道系统展开，使地下人行通道系统在空间和装饰上产生人性化建筑效果。纵横交错的购物街，将地下空间内不同的功能区域有机连接起来，形成一个连续的、有趣的、具有动感的建筑空间。

③下沉庭院的设置提升了地下功能空间的质量，营造舒适、安静的空间氛围，使整个地下空间从热闹到繁华再到舒静，形成动态区和静态区的不同空间感受。

（4）地下综合交通枢纽

前海综合交通枢纽位于深圳西部、珠江口东岸，毗邻港澳，地处珠三角区域发展主轴与沿海功能拓展带的十字交会处。前海综合交通枢纽整体包括地铁全部位于地下，是国内比较少见的大型全地下交通枢纽。图 1.1-15 为前海综合交通枢纽地下剖面图。

图 1.1-15　前海综合交通枢纽地下剖面图

前海综合交通枢纽地下共 6 层，其中地下一层至地下三层是轨道线和轨道交通换乘区，地下四层至地下六层是可以提供 4900 多个停车位的地下车库。在地下还设有多种公共交通的接驳场站，包括公交、出租车、旅游巴士等，可以直接与地下市政道路以及周边建筑的地下层连通。

前海综合交通枢纽通过立体复合交通与高端城市综合体无缝连接。车行交通方面，总体遵循简化、净化、管道化的原则，枢纽交通主要依靠周围的主干路、次干路和地下道路进行组织，物业进出交通由内部支路疏解。由于通过不同等级的道路解决两类交通，使其可以做到枢纽与物业的交通分流，互不干扰。人行交通方面，地下共有 4 条主要的人行通道，以地下换乘大厅为核心，通过人行通道可以到达轨道车站、公交场站、出租车场站及上盖物业，内部换乘高效、便捷。同时，通过地下、地面和 2 层人行系统，实现与周边建筑或地块的无缝衔接。

2. 国内城市地下空间开发利用主要模式

（1）结合地铁建设修建集商业、娱乐、地铁换乘等功能为一体的地下综合体，与地面广场、汽车站、过街通道等有机结合，形成多功能、综合性的换乘枢纽，如广州市黄沙地区站地下综合体。

（2）地下过街通道-商场型。在市区交通拥挤的道路交叉口，以修建过街通道为主，兼有商业和文化娱乐设施的地下人行道系统，既缓解了地面交通的混乱状态，做到人车分流，又可获得可观的经济效益，是一种值得推广的模式，如吉林市中心的地下商场。

（3）站前广场的独立地下商场和车库-商场型。在火车站等有良好的经济、地理条件的地方，建造以方便旅客和市民购物为目的的地下商场，如沈阳市站前广场地下综合体。

（4）在城市中心区繁华地带，结合广场、绿化、道路，修建综合性商业设施，集商业、文化娱乐、停车及公共设施于一体，并逐步创造条件，向建设地下城发展，如上海市人民广场地下商场、地下车库和香港街联合体。

（5）在历史名城、城市的历史地段和风景名胜地区，为保护历史传统风貌和自然景观不受破坏，常利用地下空间使问题得以圆满解决，如西安市钟鼓楼地下广场。

（6）高层建筑的地下室。高层建筑多采用箱形或筏形基础，有较大的埋深，土层介质的包围使建筑物整体稳固性较强，高层建筑地下室本身的内部空间为建造多层地下空间提供了条件，将车库、设备用房和仓库等设置在高层建筑的地下室已成为常规做法。

（7）已建地下建筑的改建利用，是我国近年来利用地下空间的一个主要方面，改建后的地下建筑常被用作娱乐、商店、自行车库、仓库等。

1.1.4　国内城市地下空间开发利用发展趋势

近年来，我国已进入地下空间快速发展时期，地下空间开发利用已经由单一开发利用模式逐渐转变为综合开发利用模式，大量服务设施的地下化以及与轨道交通一体化发展趋势都对城市地下空间的开发标准和质量提出了更高要求。

（1）城市轨道交通的建设必将大规模、有序化地推进地下空间资源的开发利用

根据分析预测，今后30～50年是我国城市轨道交通建设鼎盛时期，在大城市中心区的基本建设模式是"地铁＋轻轨"。由于地铁建设速度的加快，一方面带动了沿线地域的城市更新改造；另一方面，地铁站或站点周边地区的地下空间将得到充分的开发利用。

（2）城市综合防灾建设必将推进地下空间的开发利用

开发利用城市地下空间、提高城市综合防灾减灾能力是当前的一项基本建设原则。"十四五"期间及今后相当长的一段时间内，充分挖掘各类地下建（构）筑物及地下空间的防护潜能，将战争防御与提高和平时期城市防灾减灾能力相结合，综合、科学、经济、合理、高效地开发利用地下空间资源是我国城市建设的重要发展方向。

（3）城市环境保护和城市绿地建设与地下空间的"复合开发"将是我国城市地下空间开发利用的新动向

由于我国特大、大城市人均绿地面积普遍很小,城市更新改造过程中,"拆房建绿"是一种基本途径。为了提高绿地土地资源的利用效率,完善该区域的功能,充分发挥城市中心的社会、环境和经济效益,绿地建设与地下空间的"复合开发"是一种很好的综合开发模式,并已在北京、上海、大连、深圳、苏州等城市得到很好的验证。

(4)小汽车的发展必将带动城市地下车库的建设及地下空间的开发利用

目前,我国特大、大城市个人小汽车拥有量的增长速度不断加快,为了解决城市中心区的公共停车和居住区的个人停车难问题,开发利用城市地下空间、建设各种类型的地下车库是综合考虑"环境质量、用地困难、快速便捷、经济合理、安全管理"等因素的最佳途径,必将成为一种新趋势。

(5)城市基础设施的更新必将推动共同沟的建设与地下空间的开发利用

城市共同沟为各类市政管线设施创造了一种"集约化、综合化、廊道化"的铺设环境条件,使道路下部的地层空间资源得到高效利用,使各类内部管线得到坚固的结构物保护,使管线的运营与管理能在可靠的监控条件下安全、高效地进行。随着城市的不断发展,共同沟还可为今后预留发展空间,确保城市可持续发展的需要。尽管共同沟建设一次性投资大、工期长,但在我国的一些特大城市,尤其是城市发展定位为"国际化大都市"的一线城市,仍将会优先发展共同沟,北京、上海、深圳等城市的建设经验是很好的例证。

(6)城市地下空间的大规模开发利用必将加快相关政策、法规建设的步伐

根据国外城市地下空间开发建设经验,随着地铁、地下街、地下综合体、地下车库、共同沟等各类地下空间设施的大量兴建,相关政策和法规必将先行,一方面起引导作用,另一方面,将更好地规范行为,提高效益,减少资源浪费。

(7)城市地下空间开发利用与管理的相关科学技术将得到飞速发展

"十四五"期间,我国进一步实施"城市化、西部大开发、科技兴国"等战略。浅层地下空间将会在长三角、珠三角等东部沿海经济发达的大城市首先得到充分的开发利用,并逐步西移。与此同时,北京、上海、广州、深圳等特大城市,由于地铁线网的不断完善、扩大,在大型地铁换乘枢纽地区,随着地铁车站与相连设施的大型化、深层化、综合化、复杂化,势必促进地下空间相关科学技术的创新和进步,尤其在地下勘察技术、规划设计技术、工程建设技术(新工法、新机械、新材料)、环境保护技术、安全防灾与管理技术等方面将得到快速发展。引进、消化、吸收国外先进、成熟的科学技术并进行本土化改造和创新是一条多快好省的优选道路。

1.2 城市地下空间主要特点及策略

1.2.1 多功能一体化

随着经济社会及城镇化的快速发展,我国城市地下空间规模发展迅速,涉及地下交通、地下市政、地下仓储、地下商业、地下综合体等多功能业态,尤其是以轨道交通为代表的地下交通,以综合管廊为代表的地下市政的快速发展,有利于以系统化、网络化、集约化、融合化、智慧化、规范化等为基本特征的地下空间多功能一体化发展模式来推动地下空间

的安全、包容和可持续发展。

（1）以轨道交通串联地下交通，催化沿线地下空间一体化开发

地下轨道交通网络以其强大的客流集聚能力，在驱动沿线区域交通方式立体化中发挥着核心作用。同时，轨道交通站点作为城市地下空间发展的重要触媒，能够激发带动地下商业、餐饮、娱乐等多功能地下空间业态发展，是促进城市地下空间一体化多功能立体式开发、互联互通的重要载体。

我国轨道交通的大规模快速发展，为地下空间一体化发展带来了巨大发展机遇和促进作用，推动以轨道交通为导向的地下空间开发，已成为全国各大城市提升城市活力的发展新热潮。通过加强地上地下空间、轨道交通站点与周边用地的统筹规划和协同建设，并以地下步行系统、车行系统串联地下停车场、周边建筑地下室等地下交通设施，建立便捷的地下交通网络，可满足地铁站点周边静态交通、步行交通的巨大需求，并通过在地下步行通道设置一定的商业设施，营造规模效应的商业氛围，增加投资收益，反哺地下空间一体化开发成本，从而推动轨道交通站点一体化规划建设，促进轨道交通与周边用地及城市功能的有机融合，满足城市可持续发展的需求。图 1.2-1 为轨道交通站点与周边地下空间一体化开发示意图。

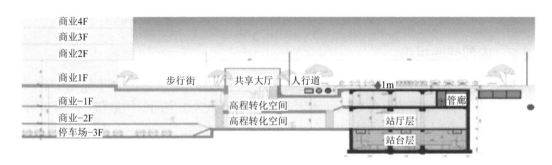

图 1.2-1　轨道交通站点与周边地下空间一体化开发示意图

（2）以轨道交通融合综合管廊，构建地下空间一体化发展体系

轨道交通融合综合管廊发展，主要通过同步规划、设计、审批、招标、施工及验收，利用轨道交通的路径和车站布局，合理安排综合管廊系统布局，根据建设方式可分为随轨干线综合管廊和随轨节点综合管廊两种。随轨道交通线网同步规划建设随轨干线综合管廊是实现综合管廊干线骨架的最佳途径，尤其对于老旧城区来说，也是推动城市地下空间集约化、系统化开发利用的重要抓手；随轨节点综合管廊为轨道交通建设引起的拆改移管线提供集约敷设空间，并预留后续市政干线穿越或跨越轨道交通、高等级城市道路等重要节点的通道，保障市政管网、地下交通设施等健康运行。图 1.2-2 为北京轨道交通 8 号线三期（王府井）地下综合管廊断面图。

我国轨道交通的大规模快速发展为城市地下综合管廊的建设和发展带来了机遇。随轨干线综合管廊与随轨节点综合管廊，通过统筹地下空间整体布局，集约敷设规划需求市政管线及轨道交通建设引起的拆改移市政管线，不仅能将轨道交通管线拆改移工程由费用化转变为资产化，降低工程建设成本和实施难度，还可为后续规划或扩容管线穿越轨道交通、

城市重要节点创造条件，降低穿越风险。

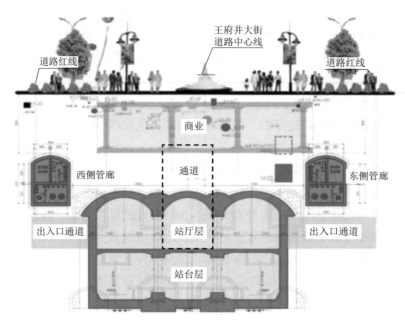

图 1.2-2　北京轨道交通 8 号线三期（王府井）地下综合管廊断面图

1.2.2　内部空间组织

地下空间作为一个相对封闭的地下三维空间体，其整体体量与形态的可视性相对较弱，往往难以完整体现建筑的布局与空间组织结构，容易使人失去空间的印象和方向感。因此，在地下空间内部布局与组织设计中应着重考虑以下几个方面。

1. 通道

在地下空间内部组织中，通道是最重要的要素，应按照其功能、重要性、区位等因素进行分级，确立其构成的主次关系，以营造一个清晰、主次分明、易于理解并保持方向感的交通流线系统。特别是主通道的设计，应营造一个室内大街的形象（图 1.2-3），高大、宽阔，穿越整个地下空间，提供与活跃的地面街道相似的小憩与社交的场地，成为建筑的景观区域或开放空间，以强化地下空间的方向性和导向性。

图 1.2-3　地下空间室内大街

2. 节点

节点是通道汇聚的地方。地下空间的室内中庭、主题广场、下沉式广场、主出入口以及重要的流线交叉点等都是节点，人们借助于这些节点空间可以满足心理上的归属感，并且在头脑中对周围空间环境形成深刻的印象和记忆。图 1.2-4 为地下空间室内中庭，图 1.2-5 为地下空间下沉式广场。

图 1.2-4 地下空间室内中庭

图 1.2-5 地下空间下沉式广场

在运用节点空间营造地下空间环境吸引力时，不应该让它们具有同等的重要性，而应有主次之分，才能加强地下建筑内部空间的可识别性。整个地下空间应形成一个不同类型、有主有次、有强有弱的节点系统，并将其与功能区域的重要性相结合，从而强化内部空间的方向感。

地下建筑的节点空间不仅是内部空间构成的重要视觉中心，也是地上、地下空间的重要结合点，是使上、下部空间连续、流通的重要纽带，是地下空间外部形态特征构成中最为重要的内在要素，如作为地下空间重要节点空间的下沉式广场，不仅提供了地上和地下的视觉联系，引入了自然光线和自然要素，而且丰富了地下空间的出入方式，抵消了向下进入地下空间时的负面影响。

3. 标志

标志与节点最大的不同在于：节点能够进入，而标志大部分意义上是只能从外部观赏的点。在地下空间中，标志物常常是人们定向的参照物，它的鲜明个性和可识别性对人们保持方向感有着极为重要的作用，如一个指示牌、一个雕塑、一个水景设施，或者一种特殊的装饰要素等。

由于人们在地下空间中缺乏导向性时容易感到内心不安，地下又缺少像地面上那样远距离的山或标志性建筑等目标，对于自己当前所处位置及前进方向不明，因此在地下空间中应设置有明确标识的指示牌，或用某种景观、雕塑或水景作为前进方向或出入的向导。另外，一些规模较大的复杂地下综合体除设置指示牌外，还可以使用声音和影像，帮助人们了解地上环境，如白天、夜晚、天气情况等，从而消除人们心理上的压抑感。

4. 区域

通道、节点、标志等构成了地下空间的框架，而填充这个由点、线构成的框架，占整个地下空间绝大多数面积的重要组成部分就是区域。如果能使地下建筑内部空间环境形成一定的区域秩序，使每个区域具有鲜明、独立的特性，人们在其中活动时就可以得到与其他区域明显不同的感受，从而帮助人们对复杂的地下空间环境进行识别。

在现代地下空间开发中，区域主要是通过功能和人的行为活动特征来划分，利用不同的功能分区以及不同的行为活动类型和特点，可以形成相对稳定的活动区域，如商业区、餐饮区、休闲区、运动区、办公区等。人们在地下空间活动时，可以按进入某个区域来确定自己的位置，从而使地下空间内部具有鲜明的可识别性。当然借助于地下空间内部一个强的节点，利用其"放射性"在周围一定半径范围内形成一个区域也是非常好的方法，这种强节点的发散作用具有鲜明的区域感。

1.2.3　出入口模式

对于任何地面建筑物而言，出入口都具有重要作用，人们总是期待着一走近建筑物就能看到出入口的位置，克里斯托夫·亚历山大等人认为出入口通过控制进出建筑物的活动来控制建筑布局。而对于地下空间来说，在大多数情况下，出入口有可能是建筑构成中在地面上唯一的可见要素，它不仅代表着城市空间与建筑空间的过渡，同时也是地上空间到地下空间的转换。出入口处理得是否合理、恰当，往往决定了人们对地下空间的评价，因此，出入口模式不仅是外部形态塑造中的重点和关键，也涉及整个地下建筑的布局和内部空间的组织结构。目前，地下空间的出入口模式通常有以下几种。

1. 与地面建筑类似的出入口模式

为了尽量缓解人们进入地下空间时可能产生的不良反应及恐惧感，出入口设计可采用一些比较巧妙的方法，其中最主要的方法是设计成与地面建筑出入口相类似的出入口模式，即水平进入地下空间。

当然，对于地下空间而言，一般情况下很难做到像地面建筑一样水平进入建筑内部，但如果地下空间位于斜坡上，或者是在平坦地形上构筑的堆土型地下空间，则可以做到水平进入其中。位于斜坡上或部分堆土的地下空间只有一部分位于地下，而建筑的一侧或多侧的立面外露于城市空间。从某个角度看，与传统的地面建筑并没有什么不同，只是人们可能并不清楚部分建筑已嵌入地下。因此，可以依照可见建筑形体设计出清晰、易辨识的出入口，实现水平进入，从而消除对地下的不良心理反应。

图 1.2-6 为荷兰代尔夫特理工大学图书馆，该建筑是一个典型的堆土型地下建筑。建筑的平面是一个不规则的多边形，北侧是建筑的制高点，屋顶绿地由北向南缓缓而下，宽大而平缓的屋顶绿地、高大而朴素的中庭采光塔、四周露出的玻璃墙体以及与屋顶绿地呈鲜明对比的出入口等要素，构成了与周边空间结构及自然环境相融并生的外部形态特征。屋顶绿地脚下的缺口处有一排宽敞并向内收缩的阶梯，将人引导至建筑的主入口，穿过门厅后，来到一个令人注目的宽敞大厅，上面是高大的采光圆锥塔。值得关注的是，要进入建筑必须通过宽大的台阶向上行走，这样消除了人们进入建筑的心理障碍；向内收缩的台阶提供了出入口良好的导向和标识，平缓的台阶也成为人们小憩、聚会交谈的场所。

图 1.2-6　荷兰代尔夫特理工大学图书馆

2. 穿过下沉式广场的出入口模式

在平坦、开阔的基地上，想从水平方向走进地下空间，必须借助于出入口与下沉式广场相结合的模式。下沉式广场不同形式的围合构成了地下空间明确和显著的外部空间形象，有利于建立空间的引导和场所感。在某些情况下，一个大型下沉广场可以帮助人们确定地下建筑的形状和范围，即使是地下建筑外立面暴露有限的下沉广场，在连接内部空间和外部环境的同时，也更易于被理解。对于接近地面的地下空间，下沉广场不仅有助于解决外部形象及入口过渡问题，还可给建筑带来采光，并给人们提供了向外的视野。

图 1.2-7 为美国明尼苏达大学土木与矿物工程系馆，该地下建筑的主要出入口设置在一个半圆形的、充满绿色的下沉式广场尽头，由于空间过渡发生在开敞的环境中，不会与黑暗和封闭联系起来；同时，水平进入建筑的方式可消除对地下的恐惧感，阶梯式逐步向下进入层次丰富的广场空间这一活动，也成为出入口模式有趣的一部分。

图 1.2-7　美国明尼苏达大学土木与矿物工程系馆

3. 开敞式结构的出入口模式

在地下空间中除了采用下沉式广场出入口外，比较简单和常见的做法是通过露天的开敞楼梯或自动扶梯直接进入地下空间。虽然能够满足出入功能的要求，但这种类型的出入口却可能因缺乏清晰的形象而难以辨识。

在某种程度上，标记和符号有助于将人们导向这些出入口，如覆盖于露天设施之上的开敞式结构就易于辨识并具有清晰的形象，任何以柱子、轻钢结构、网架结构以及膜结构支撑的屋盖等开敞式结构，都能起到相似的作用。尽管这些开敞式结构的首要目的是创造一种出入口可辨识的形式，但更重要的是它们也能强化从地上的外部空间到地下的内部空间心理过渡的感受，使进入地下空间的过程变得更为舒缓。图1.2-8为苏州工业园区星海生活广场开敞式结构。

图 1.2-8　苏州工业园区星海生活广场开敞式结构

4. 设置口部建筑的出入口模式

设置口部建筑的出入口，由于口部建筑体量相对较小，难以暗示出整体地下建筑的范围、规模及内部空间布局与组织结构，但相对于开敞式结构出入口来说，更容易提供一个清晰的外部形象，并可设计成为城市公共空间的景观构成要素。更重要的是，其具有地面建筑的一些功能特征以及许多实际的优点，如可提供不受天气影响的闭合空间，通风换气等设备可以隐藏或融入口部建筑中，还可以扩大空间以容纳管理、维护等建筑功能，且可结合电梯等设施设计成为便于残疾人使用的出入口等。

想要设计出一个成功的口部建筑，首先应塑造一个鲜明且具有导向性的外部形象；其次，应强化口部建筑内、外部空间，以及口部建筑室内空间与地下建筑主体空间之间过渡的舒适性和连贯性，最好的办法是将自然光线引入口部建筑内向下的阶梯段或扶梯段，或者是与地下单层或多层开放结构的中庭空间相结合，形成在自然光线沐浴下连贯和舒适的过渡空间序列，消除人们进入地下空间的不良心理影响。特别是与中庭相结合的出入口模式，还可以同时解决无法体现地下建筑内部空间与组织结构等问题。

5. 通过地面建筑的出入口模式

当地下空间与周边地铁、大型商场、办公楼等毗邻，或地下空间本身就带有地面建筑时，可以通过相邻地面建筑或是其上部属同一建筑的地面部分进入地下空间，这样，地下空间的出入口就以常见的建筑形式出现。由于这种出入口总是伴随着一个可见的建筑体量，所以更易于远距离辨识，而且更易于形成一个清晰的形象。与此同时，建筑的服务设施也能包括在上部建筑体量中，服务出入口与公共出入口更容易被分开，特别是在那些与具有明显时代特征的历史性建筑相邻的地下空间中，这种出入口模式表现得更为协调。

当然，从一幢建筑进入另一幢建筑可能会带来某些混乱，因此方向感和可识别性的确定显得尤为重要。美国康奈尔图书馆扩建工程是改善方向感的一个成功案例，其出入口是地上地下两幢建筑之间的一个玻璃围合楼梯，能够帮助人们保持方向感并提供与户外的过渡联系。

对于那些包含地面建筑的独立地下空间，不仅可以塑造一个可读的出入口和清晰的建筑形象，而且可利用地下单层或多层开放空间来连接地上和地下环境，以强化出入口的空间序列。美国明尼苏达大学土木与矿物工程系馆的中庭剖面，就是由一个独特的地上建筑与贯通地下 4 层的共享空间共同构成。

1.2.4 防水混凝土结构

近年来，随着地下空间逐渐向深层、超长、形态多样化发展以及周边所处环境日益复杂多变，地下混凝土结构自身在各种作用（包括常年受地下水作用）效应影响下，几乎不可避免地会出现开裂引起结构渗漏等问题，严重影响了地下空间的后续使用，且维修费用较大。因此，以混凝土为基材的结构本体——防水混凝土结构因其良好的抗渗性和耐久性，越来越受到工程技术人员的关注，防水混凝土结构的设计和施工也成为地下混凝土结构防水抗渗成败的关键。

从微观结构上看，普通混凝土是一种非均质多相材料，其内部存在贯通整个空间的微细孔隙，因而其防水功能通常比较弱。防水混凝土是指采取一定的技术手段，调整配合比或掺入少量外加剂，改善混凝土孔结构及内部各界面间的密实性，或补偿混凝土的收缩以提高混凝土结构的抗裂抗渗性能，或掺入憎水性物质使混凝土具有一定的憎水性，使其满足抵抗水渗透的压力不小于 0.6MPa 的要求，即具有防水功能。

1. 防水混凝土抗渗机理解析

达西定律认为，水的渗透是毛细孔吸水饱和与压力水透过的连续过程。水在混凝土内渗透的快慢与混凝土孔隙率及组分比表面积（组成多孔材料的颗粒表面积与体积的比值）有关。混凝土的抗渗性不是孔隙率的线性函数，而是与孔隙的尺寸、分布及连通性有关，也与材料亲水性有关。孔隙很小或含闭口孔隙时抗渗性较高，大孔且连通孔将使抗渗性降低。

因此，防水混凝土抗渗机理是指控制混凝土的孔隙率及孔结构，从材料和施工两方面抑制和减少混凝土内部孔隙生成，改变孔隙形状和大小；削弱界面过渡区的连通性，抑制硬化浆体中微裂缝的产生；堵塞漏水通路，提高密实性，提高混凝土抗渗透性能，最终达到混凝土的防水目的。

2. 防水混凝土结构设计原则

防水混凝土结构设计应遵循"以防为主、刚柔结合、多道防线、因地制宜、综合治理"

的原则。地下结构应以混凝土结构自防水为主,混凝土结构自防水的设计应根据所处的环境条件选用适宜的材料,以满足混凝土自身的抗渗性、耐久性等要求。

3. 防水混凝土结构设计要求

(1)严格控制地下结构混凝土的实际强度,在满足抗渗和耐久性要求前提下,尽可能选用中低强度的混凝土。防水混凝土强度等级,一般部位不宜超过 C35,后浇带部位不宜超过 C40。

(2)钢筋布置遵循细而密的原则。地下结构设计时,迎水面结构水平分布钢筋的间距宜小于 150mm,钢筋直径不大于 14mm,且宜配置在竖向受力筋的外侧。

(3)防水混凝土结构中宜适量掺加纤维。由于一般合成纤维(如聚丙烯纤维)的变形模量低,混凝土受力后,合成纤维能承受较大的变形而使混凝土裂而不断,从而提高地下结构的延性比。

4. 防水混凝土结构技术措施

(1)掺入高性能膨胀剂

以氧化钙-氧化镁为双膨胀源的高性能膨胀剂不仅能有效补偿混凝土早期收缩,对混凝土中、后期的干燥收缩也有明显的抑制作用,同时具有水化反应所需用水量小的特点,在保湿养护条件相对较差的情况下,依然能较好地发挥膨胀补偿收缩的效果。用高性能膨胀剂配制的补偿收缩混凝土可在混凝土内部建立 0.2~0.7MPa 的预压应力,使混凝土具有良好的抗收缩和抗开裂性能,在工程中的应用已越来越普遍。为提高地下钢筋混凝土结构的抗裂和自防水能力,有效控制混凝土有害收缩裂缝的产生,混凝土中应采用高性能膨胀剂配制的补偿收缩混凝土作为自防水混凝土。

(2)减少结构分块数量

为提高结构整体性和减少结构分块数量,地下结构中宜采用"后浇式膨胀加强带"的设计理念,即将通常设计中采用的"伸缩后浇带"调整为"后浇式膨胀加强带",同时将带的间距由 30~40m 增大至 60~80m,后浇式膨胀加强带宽度可取 1m,带内混凝土的浇筑时间由 45d 减少至 14d。这样做一方面提高了结构的整体性,减少了结构分块数量;另一方面,也减少了后浇带留置时间过长可能带来的渗漏水隐患。

(3)优化混凝土配合比

采用低水化热水泥,水泥比表面积应小于 350m²/kg;采用高性能聚羧酸减水剂,可降低混凝土单方用水量,减小混凝土后期干燥收缩量;采用 60d 龄期混凝土抗压强度,可进一步降低混凝土单方水泥用量,减少水化热量和温度收缩量;采用高性能膨胀剂配制补偿收缩混凝土,伸缩后浇带及后浇式膨胀加强带部位混凝土中掺量为 40kg/m³,限制膨胀率约为 3.5×10⁻⁴,其余部位混凝土中掺量为 30kg/m³,限制膨胀率约为 2.5×10⁻⁴。

(4)加强保温保湿养护

地下结构基础底板、中板和顶板混凝土在终凝后应立即洒水保湿养护,然后覆盖薄膜、毛毡进行保温养护,养护时间为 7d,外墙带模养护 3d,使混凝土内部温度降至与环境温度差值在 15℃以内;模板拆除后应安排专人进行淋水或洒水养护,养护时间为 7d。当环境温度不高于 5℃时，严禁洒水养护。

（5）控制现场施工措施

①地下结构施工缝间距宜控制在 16～20m，底板、外墙、中板和顶板应分别灌注混凝土，严禁板与墙同时灌注混凝土。

②严格控制混凝土入模温度。入模温度夏季高温施工时不宜高于 30℃，冬季低温施工时不宜低于 5℃；同时入模温度以温差控制，混凝土的表面温度与大气温度的差值不得大于 20℃，混凝土的表面温度与中心温度的差值不得大于 20℃。

③加强现场施工监督管理。每次施工前对施工人员进行技术和安全交底，合理分组、分块安排施工人员和配备专业施工机械；施工过程中，安排专职施工员现场监督。

1.2.5 安全防灾能力

随着城市地下空间的开发利用，地下空间灾害呈现出多发性、多样性和突发性等特点，其中火灾、爆炸、洪水、地震等灾害占有极大的比例，这些灾害不仅造成人员伤亡和设施瘫痪，还可能损坏地下空间结构，引起地面建筑的破坏。

城市地下空间作为城市防灾综合体系的重要组成部分，如何在大规模开发地下空间的情况下，发挥地下空间在防灾中的作用，提高地下空间自身的安全防灾能力，是当前需要重点研究的问题。

1. 防火

对于地下空间中的火灾，应当以预防为主，做好平时的防火安全管理；应当以早期灭火为主，将火灾扑灭在初起阶段；应当以立足于每个防火单元内部灭火为主，防止火灾范围的扩大；应当以解决疏散避难为主，确保人员生命安全。

（1）预防为主。在确定地下空间的使用功能时，应尽量排除容易引起火灾的功能（如餐饮业），若需保留这些功能，应尽量集中在一处予以重点防范。

（2）在地下空间规划设计阶段，应该充分考虑到一旦发生火灾时的人员疏散和消防救援的方便。在平面设计中要根据地下空间的人员容量，对人员的疏散距离、疏散通道宽度、出入口数量和尺寸等作出合理规定。一般来说，每个地下空间必须设置 2 个以上出入口，并至少应有 1 个出入口直通地面；人员稠密的大型地下商场、地下娱乐场所，每隔一定距离应增设 1 个出入口；当出入口采用阶梯式时，其坡度不宜过大，并应在一侧或两侧设置扶手。

（3）地下空间的建筑设计中，应增加令人印象深刻的标识牌和有特色的装饰物，以提高人员对不同区域和逃生路径的识别程度，降低疏散时的盲目性。

（4）地下空间的耐火等级以及各部位建筑构件的耐火极限，应当达到地面建筑规范中所规定的一级耐火等级标准。地下空间的火灾中，应防止出现结构严重变形和坍塌，以保证建筑物的整体稳定性。地下空间的内部装修材料应有很高的耐火强度，严禁使用可燃材料，难燃材料也要尽量少用。顶棚和墙体上半部是火灾发生时温度上升最快的地方，应当采用不燃烧材料。

（5）地下空间应严格按规定面积划分防火分区，每个防火分区内，必须配备足够的灭火装置。各防火分区之间用结构和防火卷帘门予以分隔，以控制火灾范围，防止火势蔓延，减少火灾损失。

（6）为保证地下空间内的人员在发生火灾时能够安全地转移到地面或避难区，疏散通道要有足够的宽度。疏散通道还应简洁明快，方向感强，不要曲折拐弯，不能有袋形走道或死胡同，以防止成为地下迷宫，延误逃生的时间。每个地下空间还应确保有两个方向的疏散通道，当一个方向被火灾阻断时，从另一方向仍可将人员疏散出去。地下空间内部必须设置火灾事故照明灯和疏散指示灯，以保障人员疏散时的安全。

（7）为做到对地下空间火灾的早期发现、早期报警，以便及时扑救，减少损失，各类地下空间都应当设置火灾自动报警装置。容纳人员较多的公共场所，应设置火灾应急广播系统，帮助人们消除恐慌，组织安全疏散。

2. 防洪

城市发生洪灾后，首先会殃及城市地下空间。如果说城市地下空间发生火灾的灾源来自内部，防火的重点也在内部，那么与此相反，地下空间洪灾的灾源则来自外部，防洪的重点也应放在外部。

地下空间防洪的主要措施，应当以堵为主，尽量把水阻挡在口部以外，万一出现部分进水现象，必须把灌入地下空间的水及时排出。否则，积水过深将危及供电、空调、给水排水等设备的正常运转；浸水时间过长，也会影响结构的强度。另外，由于周围地下水位上升，地下空间外墙长期被饱和水土包围，在防水质量不高的部位，地下水也容易渗入地下空间。

根据地下空间洪灾的特点，应采取"以防为主、以排为辅、截堵结合、因地制宜、综合治理"的原则。防止城市地下空间发生洪灾的途径主要有：加强地下空间口部的防灌设施、增加地下空间结构的防水性能等。

（1）地下空间选址时，应尽量避开容易出现洪水泛滥或暴雨积水的区域。地下空间的人员出入口、采光洞口、通风口和排烟口，都应设置在地势较高的位置，出入口的标高应高于当地最高洪水位。地下空间与城市地下给水排水干管的水平距离应尽量远一些，一般不得小于 2.5m。通风口的下缘与室外地坪的距离不宜小于 1m。如果因设在绿化地面而受到限制时，也不应小于 0.5m，且应满足防淹要求。

（2）地下空间引至江河、沟渠的排水口若低于最高洪水位时，可在适当位置设置防洪闸门，辅以机械排水系统。在下沉式广场、直通地面的人员/车辆出入口敞口段、敞开楼梯底部，均应设置挡水台阶、截水沟及集水井，将雨水随时排出，防止积水。

（3）地下空间应尽量选在地质条件较好的区域。当无法避免而位于软土地基时，应重点处理好软硬不同土层交界部位的基础，防止因地质结构发生不均匀沉降，引起地下空间墙体开裂，破坏防水构造。结构变形缝附近应设置截水沟或集水井。

3. 抗震

根据日本阪神大地震的统计，地下铁路、地下商业街中的大部分结构只出现轻度破坏，人员可以避难和通行，局部地段出现中度破坏，经修复后车辆仍可以通行，说明地下空间结构的抗震性能优于同类型的地面建筑。

尽管地下空间结构的抗震能力较强，但随着城市大规模开发利用地下空间，仍需提出以下抗震目标：在遭受设防烈度地震作用时，结构一般不应损坏；在遭受超设防烈度地震作用时，结构可能损坏，但不应丧失主要功能，或不产生危及人员生命安全的严重破坏。

（1）地下空间建设选址应避开发震断裂带、河岸陡坡、不稳定山坡等不良工程地质场地，宜建造在密实、均匀、稳定的地基上。

（2）当地下空间结构持力层处于软弱土、液化土或其他不均匀土层时，应采取相应的改善措施，如提高地基基础的承载力、提高变形能力、加强结构的整体刚度等。

（3）地下空间的结构体系应具有合理和简捷的地震作用传递途径。考虑到地下空间结构损坏后修复难度较大，各结构单元宜相对独立，这样不致因某一结构单元的破坏而影响另一结构单元。

（4）地下空间的结构构件应具有足够的强度、良好的变形能力和耗能能力，应具备较强的耐腐蚀性和较好的耐久性。

1.2.6 内部环境质量

城市地下空间的开发利用，目的是增加城市空间，改善城市拥挤、污染等状况，如果在开发过程中不注重环境建设，就会违背改善城市环境的初衷。城市地下空间环境是一个与地面相对隔绝的人工环境，只有处理好适宜的物理环境，满足人们的生理需求，才会使生活在其中的人感到舒适；另外，地下环境中的心理环境的设计也同样重要，应尽可能缩小与地上环境的差异，使人们拥有和地面上同样舒适、值得欣赏的空间。

1. 地下空气环境

室内空气环境通过呼吸系统和皮肤对人体产生作用，从而使人产生相应的生理和心理反应。新鲜的空气会让人感觉心情舒畅；地下不新鲜的空气环境，会使人的心情大打折扣，让人不愿在地下停留。在地上如果空气质量差，人们可以通过开窗等自然通风方法加以改善，而在地下空间中却难以实现。因此地下空间设计中应该强调气流组织设计，一方面，在城市空气环境较好的地方设置通风口，保证新鲜空气的导入，另一方面，还要想办法把地下空间产生的污浊空气排出，例如采用空气净化器、通风空调等设备。

2. 地下光环境

光是给人们最直接的视觉感受，昏暗的地下空间会让人产生孤独感和冷漠感。因此，应在地下空间中营造温馨的光环境，消除人们内心的障碍。

（1）出入口光处理

目前，城市的一些地下空间或地下街，人们从地面进入地下空间后往往会感觉很不舒适，原因是地下空间入口处没有处理好，光线变化太过迅速。当人眼适应不了太过剧烈的光变化时，就会产生不良的心理反应，因此出入口光处理很重要。以下两种方法，对于光线变化的处理效果较好，已成为目前地下空间出入口光处理普遍采用的方法。

　　方法一，把入口门厅放在地面上。例如贝聿铭在卢浮宫扩建工程中设计的玻璃金字塔，不仅凸显了入口，而且保证了入口有充足的光线，人们进入地下空间时视觉上的变化不会很突然，使整个地下空间更加精彩。

　　方法二，设置下沉式广场。例如美国明尼阿波利斯市沃克地区的地下图书馆就设计了一个下沉式广场，使人们水平地进入地下阅览厅，削弱了地上、地下光线亮差；又如美国明尼苏达大学土木与矿物工程系馆，在地下教室的顶部，形成一个从西向东逐渐下降的阶梯式下沉广场，而系馆的主要出入口设在下沉广场的最低点，使人们经广场水平进入地下建筑，与进入一般地面建筑并无区别。

　　（2）内部光处理

　　良好的视觉环境是留住人的关键。目前城市的一些地下街，昏暗的灯光和通道里嘈杂的声音让人不得不加快脚步，即使采用人工采光达到亮度也容易给人不舒适感，想尽快走出通道"重见天日"。而自然采光可以实现地上、地下光环境的自然流通，有利于人们的身心健康，更可以节约能源。同时，在采光口的设计中可以设置天井、天窗等，如果地面是倾斜的，也可以通过设置斜窗增加采光量。如图 1.2-9 所示。

　　图 1.2-10 为美国哈佛大学普西（Pusey）图书馆，完全隐藏在大片草坪之下，大面积的采光窗和采光天井为地下一层的阅览室提供了天然光线，在保护原有校园景观的同时解决了图书馆关键的采光问题，处于地下空间的人们感觉上跟在地面差异不大。

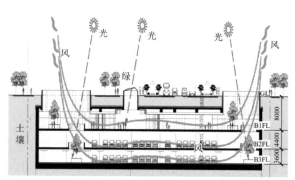

图 1.2-9　地下空间天然采光

图 1.2-10　美国哈佛大学普西图书馆

3. 地下色彩及景观环境

　　以往人们一想到地下空间，就会产生一种阴冷的联想，这是因为地下空间环境往往很单调，不像地面环境那么丰富多彩，气氛热烈，因此在地下空间中要改善这一状况，应尽量避免灰暗色调的使用，采用给人亲切感的暖色调，使整个氛围显得温暖。地下墙面上可以布置艺术性图画，去除单调感；在地下街道中布置雕塑景观或建筑小品，设置绿化带、主题广场等，让人们可以欣赏到和地面上一样的景色，拥有和地面上一样的感觉，消除不适感。例如日本大阪市的虹之町地下街有 5 个主题不同的广场，其中水之广场做了两条人工彩虹，成为地下街的标志，大大提高了地下空间的艺术性，还吸引了不少人去参观。英国伦敦市的地下空间开发也很成功，地铁站内的巨幅海报和广告之间的空隙上写满了诗歌，同时记录着伦敦地下空间百年来的成长，增加了艺术性。有人曾这样评价：如果伦敦缺少了地下空间，整个城市的运转都将停止。

1.3 启迪设计近期完成的城市地下空间

1.3.1 苏州太湖新城核心区地下空间（中区）

1. 工程概况

苏州太湖新城中央商务区，如图 1.3-1 所示，位于苏州市中心向南 15km 的太湖之畔，基地面积约 72 万 m^2，主要功能为办公、商业、文化、酒店等，规划建筑面积为 240 万 m^2。

苏州太湖新城核心区地下空间连接太湖新城中央商务区的苏州轨道交通 4 号线溪霞路站与太湖湖畔中轴大道，地上 1 层，地下 3 层，如图 1.3-2 所示。地下一层是面积约 114250m^2 的商业设施，地下二层、地下三层是面积约 203360m^2 的停车场。苏州太湖新城核心区地下空间总平面图如图 1.3-3 所示。

图 1.3-1 苏州太湖新城中央商务区

图 1.3-2 苏州太湖新城核心区地下空间

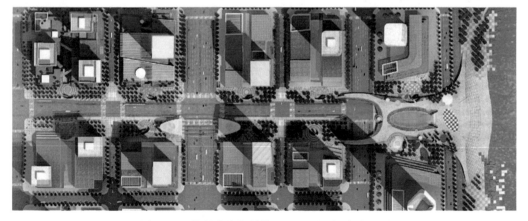
图 1.3-3 苏州太湖新城核心区地下空间总平面图

苏州太湖新城核心区地下空间以地下空间与地上景观，来强调中心商务区的中心轴，使各个街区与地下轨道交通相连接，并且确保行人专用步行道，使地下商业空间更加具有活力；同时，通过构建地下停车场系统提高整体的效率，实现都市整体附加价值的提高。

2. 设计理念

苏州作为国家发展战略重要枢纽——长三角经济圈的重要组成部分，是国内首个拥有轨道交通的地级市。未来几年将是苏州轨道交通迅猛发展的时期，以轨道交通建设为依托，苏州正大力开展城市地下空间建设。

苏州太湖新城中央商务区，具有得天独厚的自然条件和良好的交通状况，为营造一个亲切宜人、相互融通、持续发展的新城提供了有利条件。其设计理念为"刚柔并济、和谐城市"，推动太湖新城核心区的一体化建设，融入地域文化元素，实现社会、经济、环境效益的统一，培育城市新地标。为实现这一理念，在太湖新城核心区地下空间设计中提出了中心、网络、格调、流动、生态五原则，使之成为太湖新城中央商务区发展的起点。通过集市政设施建设、地下空间开发、轨道交通衔接、综合管廊连通、周边地块连接、城市景观提升、安全防灾系统等功能为一体的建设，将地下空间构建成一个与自然相互融通的、令人愉悦的休闲购物场所。

苏州太湖新城核心区地下空间以"天之河"——银河繁星璀璨为概念，在地面布置了许多"星星"般不同形式的下沉式广场和采光天窗，将自然景观和通风引入地下，置身于地下商业空间与地面空间并无太大差别。在太湖大堤处营造了一个具有丰富曲线美的裙摆造型地上大平台（图 1.3-4），将步行交通与城市机动车交通完全剥离，使人们可以悠闲地欣赏太湖的美景。大平台上的椭圆形大水盘（图 1.3-5）与波光粼粼的太湖交相辉映，水盘下方是贯通平台、地面和地下商业的大台阶，使人们在地下就能感觉到太湖风光的意境。同时，围绕水盘天窗周边的是众多镂花状的圆形采光窗（图 1.3-6）和通透的开孔，犹如天上的银河，形成滨湖亮丽的景观地标。

图 1.3-4　地上大平台　　　　　　　　图 1.3-5　椭圆形大水盘

由中轴线向南一直延伸到太湖苏州湾内所形成的空间格局，将担负起未来周边空间景观资源推广的高起点作用，结合周边的连续水系穿行其间，多节点与多景观视线的考量，可在不同视角将空间放大或缩小，再加上分设的各种灵活户外功能，使空间变得丰富而有节奏。核心区内空间主次分明，动静结合，逐层过渡，形成严谨的空间系统，将景观空间特性和归属感一一对应，充分体现人与环境的和谐统一。如图 1.3-7 所示。

图 1.3-6　水盘周边采光窗　　　　　图 1.3-7　核心区景观视线

3. 建筑实景

苏州太湖新城核心区地下空间建筑实景如图 1.3-8～图 1.3-21 所示。

图 1.3-8　大平台鸟瞰图一（夜景）　　图 1.3-9　大平台鸟瞰图二（夜景）

图 1.3-10　大平台鸟瞰图三（日景）　　图 1.3-11　大平台连桥

图 1.3-12　中轴大道地面景观　　　　图 1.3-13　地下空间出入口

图 1.3-14　大水盘鸟瞰图

图 1.3-15　大水盘内景

图 1.3-16　下沉广场一

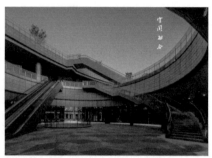

图 1.3-17　下沉广场二

图 1.3-18　水镜广场

图 1.3-19　商业大街

图 1.3-20　地下车库

图 1.3-21　地下车库快速车道

4. 获奖信息

（1）苏州太湖新城地下空间（中区）获 2022 年度江苏省优秀工程勘察设计奖地下建筑与人防工程一等奖。

（2）苏州太湖新城地下空间（中区）获 2023 年度江苏省优秀工程勘察设计行业奖建筑结构与抗震设计一等奖、建筑环境与能源应用设计二等奖。

（3）苏州太湖新城地下空间获 2020 年度江苏省地下空间学会科学技术奖二等奖。

（4）苏州太湖新城地下空间获 2022—2023 年度国家优质工程奖。

1.3.2　苏州工业园区星海生活广场

1. 工程概况

苏州工业园区星海生活广场位于星海街与苏州大道交叉口，沿苏州大道道路下方设有轨道交通 1 号线星海街车站。工程所处的地块周边地区位于苏州工业园区湖西中央商务区（CBD）中心区域，西靠中央公园，东近金鸡湖湖畔，是湖西地区的主要商务办公区。

苏州工业园区星海生活广场用地面积约 1.4 万 m²，其中苏州大道北侧地块为 0.67 万 m²，南侧地块为 0.73 万 m²，基地南侧紧贴东西走向的相门塘，总建筑面积约 5.26 万 m²。地下 3 层，地下一层是建筑面积约 2.09 万 m² 商业设施，地下二层、地下三层为面积约 3.17 万 m² 的停车场，可停机动车 700 辆左右。

由于本工程与轨道交通 1 号线星海街车站紧密衔接，故考虑将地下空间开发与车站形成一体化建设，将部分轨道交通出入口与生活广场地下空间出入口进行整合，下沉广场与轨道交通非付费区完全打开，形成一个融为一体的地下空间开发模式。

根据功能定位及空间景观序列，将南北地块相对划分为动、静两个区域，即人流活跃的下沉商业广场区域和相对安静的环绕状绿化景观区。下沉广场的 2 组楼（扶）梯可以满足地下人流的快速疏散要求，此外人们还可以享受一种更为安谧、舒适的步行体验，由室外台阶上至 1.000m 标高景观平台，通过设有贝壳状结构的出入口进入地下一层商业街区。整个平台注重细节塑造，充分考虑利用植物、铺地及现代材料营造科技、生活和文化三大主题。在南侧基地紧邻相门塘处，布设了滨水休闲景观区。苏州工业园区星海生活广场总平面图如图 1.3-22 所示，鸟瞰图如图 1.3-23 所示。

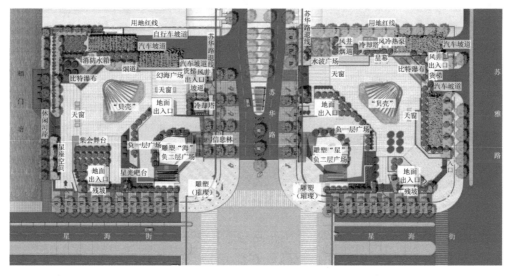

图 1.3-22　苏州工业园区星海生活广场总平面图

图 1.3-23 苏州工业园区星海生活广场鸟瞰图

2. 设计理念

苏州工业园区星海生活广场位于苏州工业园区 CBD 中心，设计理念的出发点是传达园区"科技、生活、文化"的精神，在地块内与之对应的载体是轨道交通、商业、城市小品景观及绿化，同时园区 CBD 中心区也是人才聚集的地方，广场与轨道交通的结合寓意园区广纳贤才的理念（图 1.3-24）。

图 1.3-24 以人为本、交通便捷、艺术与环境有机融合的星海生活广场

本工程与星海街车站整合开发，作为车站与地下空间综合布局、资源共享的试点之一，有利于实现社会效益与经济效益的"双赢"，在整个苏州轨道交通网络建设和苏州工业园区地下空间探索上都具有重要意义。

（1）以人为本——创造安全、舒适、开放的空间环境

以往的地铁车站受条件所限，仅仅是满足基本运营需要的地下密闭空间，在乘客印象中"沉闷、封闭、恐惧"就是地下空间的代名词。本工程将地下车站非付费区西面南、北侧墙打开，与周边其他地下空间连通，避免了传统的通道式或者门式连接，模糊了不同单一功能空间之间的界限，实现了地下空间环境的彼此开放。同时，站厅层南、北两侧下沉广场的设计为原本毫无生机的地下空间增添了水、光、绿色等自然要素，不同于通常模式下的人工环境，一种诉诸人类感性的环境效果在此得到了表达。

（2）高效便捷——商业空间舒适、换乘便捷的综合交通

与轨道交通站点相连通的地下空间将有极高的利用率，轨道交通也将为周边连通的商业空间带来大量的人流。在取得一定商业价值的同时，在轨道交通站点周边设置公交枢纽、停车场等设施，实现了不同交通方式的换乘，达到城市综合交通系统高效、快捷的目标。在地下空间氛围的营造中，商业和车站站厅层的连接，通过打开车站侧墙、平面连接、景观渗透等手法，将公共空间作为轨道交通平台的延伸，使地上、地下的空间和景观相互融合，实现"无感过渡"和"无缝连接"。

（3）商业定位——持续激发地下空间的活力

根据周边调研和分析，星海生活广场定位为服务于周边写字楼及酒店公寓人员，满足周边以及进出站人员的需求，主要业态包括就餐、商业、休憩、聚会、活动、观演、发布等。设计将这些商业形态、交通人流、空间特性、生活功能和各类活动，赋予行为模式相重叠的空间载体，形成丰富的生活广场和活力舞台。

（4）艺术与环境——创造现代化、人性化的景观艺术环境

绿地的景观环境体现工业园区科技感、生态性，并通过景观、小品的处理将动与静、私密与公共、传统与现代有机地融合交织在一起。

①可持续发展原则

充分结合现有环境，遵循适度原则，无论是空间的收放、节奏的变化，还是色彩的韵律，都做到简洁大方。注重空间的再塑造，充分考虑利用植物及现代材料塑造环保型空间，建立集环保、展示、休闲、交流、购物等多功能于一体的景观体系，创造多种形态的现代生活空间环境。

②文脉体现

传承历史、创造未来、集约文化、汇聚人才，展示时代风貌，融合地域文化。把基地原有的特色历史文化精髓与现代艺术相融合，提升地下空间的识别性、认知度，形成"中而新、苏而新"的城市公共景观空间。

③人本精神

考虑功能设计的合理性，景观设计的多样性，设计尺度的合理性，植物搭配讲究色彩的季节性变化，满足紧张工作之余人们视觉放松的要求。在都市钢筋水泥森林里，以区域景观特质，营造出独具风情的感观，为人们提供一个舒适放松的时尚、休闲、购物、交流空间。

3. 建筑实景

苏州工业园区星海生活广场建筑实景如图 1.3-25～图 1.3-32 所示。

图 1.3-25　地面景观一

图 1.3-26　地面景观二

图 1.3-27　下沉广场一

图 1.3-28　下沉广场二

图 1.3-29　出入口一

图 1.3-30　出入口二

图 1.3-31　商业街一

图 1.3-32　商业街二

4. 获奖信息

（1）苏州工业园区星海生活广场获 2012 年中国城市轨道商业综合体金奖。

（2）苏州工业园区星海生活广场获 2012 年度江苏省第十五届优秀工程设计奖三等奖。

1.3.3 苏州轨道交通 7 号线中央公园站地下空间

1. 工程概况

苏州轨道交通 7 号线中央公园站是轨道交通 1 号线和 7 号线的换乘站，是工业园区湖西 CBD 西侧门户节点。

苏州轨道交通 7 号线中央公园站地下空间位于工业园区中央公园南侧，用地面积约 18700m²，总建筑面积约 34000m²。本工程为半地下夹层＋2 层地下空间，其中半地下夹层为 B＋R（Bike and Ride，自行车停车换乘）车库，建筑面积约 1000m²；地下一层为公共步行通道、公共停车库、公共配套设施等，建筑面积约 17000m²；地下二层为公共停车库，建筑面积约 16000m²。苏州轨道交通 7 号线中央公园站地下空间总平面图如图 1.3-33 所示。

图 1.3-33 苏州轨道交通 7 号线中央公园站地下空间总平面图

2. 设计理念

（1）充分考虑对工业园区湖西 CBD 商业商务核心区步行客流服务覆盖，建立中央公园站—星海广场站地下连续步行体系，实现互联互通，如图 1.3-34 所示。

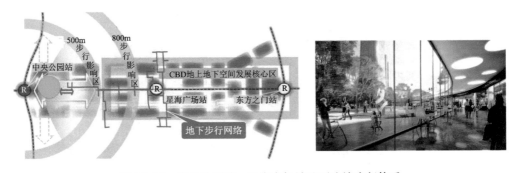

图 1.3-34 中央公园站—星海广场站地下连续步行体系

（2）建立换乘枢纽与 CBD 商业商务核心区最后一处地下空间对接，构建地上地下一体化空间体系，支撑核心区的高强度快速发展，如图 1.3-35 所示。

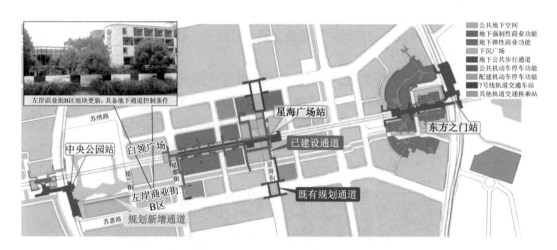

图 1.3-35　地上地下一体化空间体系

（3）以人为本的空间设计，明快敞亮的步行通道。通过引入自然光线，打造舒适、明亮的地下空间环境，如图 1.3-36 所示。

图 1.3-36　舒适明亮的地下空间环境

3. 建筑效果

苏州轨道交通 7 号线中央公园站地下空间效果图如图 1.3-37～图 1.3-41 所示。

图 1.3-37　鸟瞰图

图 1.3-38　沿苏惠路西侧下沉广场

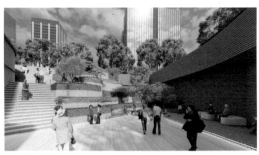
图 1.3-39　沿星兰街北侧下沉广场

图 1.3-40　公共步行通道一

图 1.3-41　公共步行通道二

1.3.4　苏州高铁新城南广场地下空间

1. 工程概况

苏州高铁新城南广场地下空间位于高铁新城核心区域，京沪高铁苏州北站枢纽区南侧，青龙港路以北，临南河以南，总用地面积约为 19728m²，地下空间周边为商务酒店、城投大厦、文旅大厦等。

南广场地下空间为地下 2 层＋夹层＋3 层地上建筑。地上建筑面积约为 4296m²，地下建筑面积约为 37717m²，总建筑面积约为 42013m²。地上、夹层及地下一层均为商业，地下二层为停车库和设备用房。苏州高铁新城南广场地下空间总平面图如图 1.3-42 所示。

2. 设计理念

（1）地下空间的定位顺应周边功能需求，为商业开发和机动车停车区域。与高铁站站前南广场 C 区跨河相连，形成了高铁站站前地下空间开发的延伸，并与周边建筑地下室设置连接通道，如图 1.3-43 所示。

（2）地下一层与夹层为商业用房，在地下空间设置 4 个下沉广场将地面的人流引导至地下商业，实现无感过渡，解决了地下的采光及通风问题，为地下商业营造了良好的购物、娱乐小环境。

（3）将周边建筑、道路、广场、坡地等要素有机结合，采用延续山水的概念，实现景观地上地下一体化，营造一个活力无限的地下商业和优雅宜人、彰显地域特色的城市公共空间。

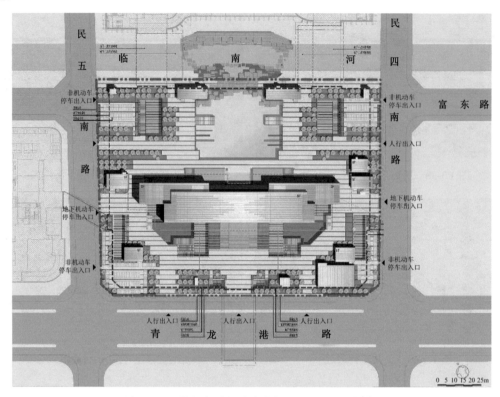

图 1.3-42 苏州高铁新城南广场地下空间总平面图

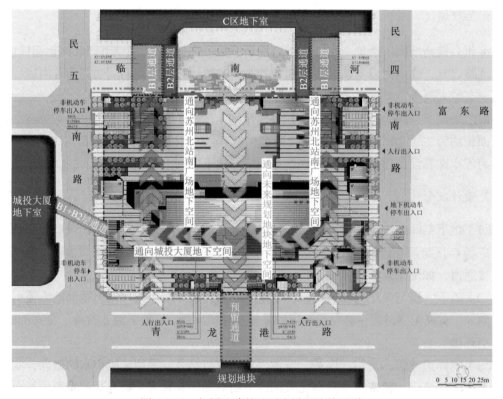

图 1.3-43 与周边建筑地下室设置连接通道

3. 建筑实景

苏州高铁新城南广场地下空间实景如图 1.3-44～图 1.3-47 所示。

图 1.3-44　地上建筑一

图 1.3-45　地上建筑二

图 1.3-46　下沉广场一

图 1.3-47　下沉广场二

4. 获奖信息

苏州高铁新城南广场地下空间获 2021 年度苏州市城乡建设系统优秀勘察设计地下建筑一等奖。

1.3.5　苏州轨道交通 11 号线夏驾河公园站地下空间

1. 工程概况

苏州轨道交通 11 号线东接上海轨道 11 号线，可直达上海迪士尼；西接苏州轨道 3 号线，可直达苏州工业园区。苏州轨道交通 11 号线将成为苏沪昆三地重要的交通联络通道，实现长三角城市群的协同发展。

夏驾河公园站是苏州轨道交通 11 号线的第 19 个车站，位于昆山东部新城副中心。东部新城是昆山对外开放先行区、先进制造业核心区及综合功能新城区，承担着经济中心、金融中心等重要职能。

夏驾河公园站地下空间位于昆山东部新城核心区震川东路、晨曦路、千岛湖路、夏驾河围合的地块内，为地下 1 层商业空间，包含地面景观绿化。地下空间开发用地面积约为 20721m²，地下建筑面积约为 17648m²，地下商业建筑面积约为 7011m²，地上景观面积约为 75000m²。地下空间西侧与苏州轨道交通 11 号线夏驾河公园站站厅层对接，东侧采用 3 个地下通道与周边金融街 CBD 地下室对接，交通便捷，人流量大。苏州轨道交通 11 号线夏驾河公园站地下空间总平面图如图 1.3-48 所示。

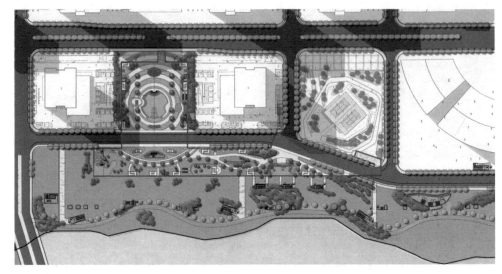

图 1.3-48　苏州轨道交通 11 号线夏驾河公园站地下空间总平面图

2. 设计理念

（1）充分利用周边现有商业优势。本工程四周 1km 内已建有 4 个大型居住社区，15 分钟步行圈内有大量常住人群，可提供全天候的商业客流；周边金融街 CBD 为容积率高达 5.0、总面积达 117 万 m² 的航母级金融办公中心，将带来大量商务办公人群和商业需求。如图 1.3-49 所示。

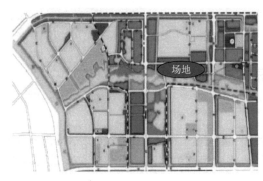

图 1.3-49　地下空间周边现有的商业优势

（2）引入自然通风采光，打造舒适、明亮的地下商业空间；创造开敞明亮、便于引导人流与休憩交往的地下公共空间，如图 1.3-50 所示。

（3）提取自然色系，打造地下空间春、夏、秋、冬四大区域色彩导视，使每个区域具有鲜明、独立的特性，人们在其中活动时可以得到与其他区域明显不同的视觉和感受，如图 1.3-51、图 1.3-52 所示。

图 1.3-50　开敞明亮的地下公共空间

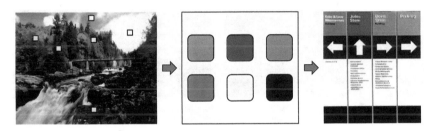

图 1.3-51　提取自然色系，打造色彩导视

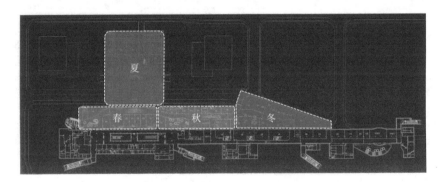

图 1.3-52　地下空间春、夏、秋、冬四大区域

3.建筑效果

苏州轨道交通 11 号线夏驾河公园站地下空间效果图如图 1.3-53～图 1.3-60 所示。

图 1.3-53　下沉广场一

图 1.3-54　下沉广场二

图 1.3-55 下沉广场三

图 1.3-56 下沉广场四

图 1.3-57 商业大街一

图 1.3-58 商业大街二

图 1.3-59 商业大街三

图 1.3-60 商业大街四

第 2 章

城市地下空间高质量规划与建筑设计

城市地下空间
关键技术集成应用

2.1 理解内涵，地下空间是城市重要的战略资源

在我国城市化进程之中，充分利用地下空间已经成为优化城市结构、提升城市功能的关键途径。地下空间的多功能性为城市发展提供了无穷潜力，它不仅能够高效地组织城市功能，而且能在很大程度上缓解城市交通压力、改善环境景观品质、提升土地综合价值以及增强城市防灾能力。因此，地下空间作为城市重要的战略资源，其价值日益凸显。

2.1.1 高效组织城市功能

1. 地下空间高效组织城市功能使城市的空间利用更加合理

在我国城市化进程不断加快的背景下，地下空间的开发与利用成为优化城市空间结构、提高城市功能的重要手段。通过开发地下空间，可以将居住、办公、商业、文化、交通等城市功能有机地整合在一起，实现多功能一体化，提高城市空间的利用效率。一方面，地下空间开发有助于优化城市交通。地铁、隧道等地下交通设施可以有效缓解地面交通压力，提高交通运输效率；同时，地下停车场可以解决城市停车难的问题，减少交通拥堵现象。另一方面，地下空间开发可以促进城市商业繁荣。地下商业街、购物中心等设施为市民提供便捷的购物、休闲场所，激发城市消费潜力，带动经济增长。

（1）加拿大的多伦多，地处北半球高纬度的这座繁华的现代都市，其地下空间的充分利用和巧妙规划，为城市生活带来极大便利。多伦多的地下街区 PATH 系统是世界最大的地下行人步行系统 + 地下购物街区，即使是在严寒冬季，通过 PATH 系统都可以步行上班，处理银行金融事务，享受美食、购物，甚至就医、看电影、娱乐等，完全不必踏足室外，饱受风霜雨雪之苦。

早在 20 世纪初，欧美发达城市先后进行了城市地下空间的开发和利用，其中以轨道交通为契机的发展一直是地下空间建设的主要部分，而以多伦多为代表的加拿大城市从不同的角度发展了地下空间。被命名为"通道"（PATH）的地下步行系统是多伦多乃至全世界最大的地下商业街区。1900 年，伊顿百货公司就在詹姆士街下方修建了一条隧道，这条隧道连接了位于伊恩和皇后街的伊顿总店以及位于市政厅后面的伊顿附楼，成为多伦多市第一条地下人行通道。这一创新性的设计，让购物者在享受购物乐趣的同时，也能轻松穿越繁忙的街道，充分体现了城市规划的前瞻性。随着城市的发展，地下空间的利用越来越受到重视。1927 年，联合车站（Union Station）与皇家约克酒店（Fairmont Royal York）的地下人行通道相继建成，进一步方便了市民的出行。这一系列地下通道的建设，不仅缓解了市区人行道的拥堵，也为地面空间不足的问题提供了有效的解决方案。到 20 世纪 60 年代，多伦多地下空间的开发和利用已经逐渐形成规模，其 PATH 系统总长达到 30km，形成了 37.16 万 m² 的商业零售空间，涵盖了多个领域，如服装、鞋类、书籍、化妆品、药品、文具、家居饰品、首饰以及花卉等。该系统内设有 1200 余家零售商店和其他服务设施，同时提供了丰富的娱乐场所选择。与 PATH 系统紧密相连的设施包括 20 个停车场、5 个直接相通的地铁车站、1 个火车站以及 9 家酒店，总计超过 80 座建筑。多伦多市内各大旅游热点，诸如加拿大航空中心、多伦多会展中心、伊顿购物中心和加拿大国家电视塔等，均可通过 PATH 系统轻松步行抵达。PATH 系统的入口遍布市中心区的各个街道，且以醒目的彩色"PATH"标志进行标识。这一庞大的地下

交通和商业网络不仅极大地便利了市民的日常生活，也为城市的可持续发展提供了坚实的基础。图 2.1-1 为多伦多地下街区 PATH 系统示意图，图 2.1-2 为多伦多地下街区 PATH 通向伊顿中心的空间节点，图 2.1-3 为多伦多地下街区 PATH 通道空间节点。

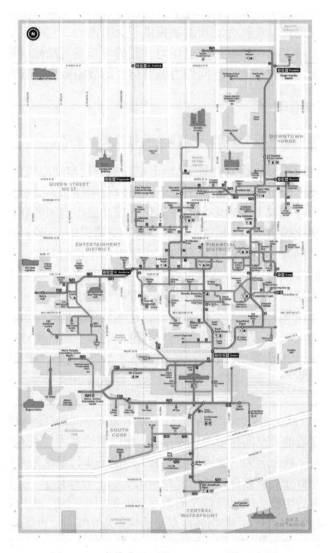

图 2.1-1　多伦多地下街区 PATH 系统示意图

图 2.1-2　多伦多地下街区 PATH 通向　　　图 2.1-3　多伦多地下街区 PATH 通道空间节点
　　　　　伊顿中心的空间节点

多伦多的 PATH 系统是在土地私有制框架下，由私营部门推动并经过一系列偶然性事件逐渐形成的，其起点可追溯至 20 世纪 60 年代多伦多市的摩天大楼建设热潮。随着城市轨道交通建设的推进，特别是地铁空间与 PATH 的连接建设，众多地铁转换站和中厅与邻近的商务楼、零售店等通过 PATH 紧密相连。多伦多市政府逐渐认识到 PATH 所带来的经济和社会效益，并对其发展前景持乐观态度。为鼓励 PATH 的建设，政府推出了两项激励政策：一是调整地下街区开发强度，例如不计入大厦商业营业面积的地下空间开发出租商业面积，并适当提高地下空间地块的开发强度，将超出容量部分的 30% 收益用于地下通道建设；二是提供建设资金补助，据 1969 年城市市中心步行报告显示，政府为 PATH 项目支付了总建设成本的 50%。

至 20 世纪 80 年代末，PATH 的发展遭遇挑战，市政府作为统筹管理机构开始介入监管。此时，PATH 已经从金融区扩展至公共和文化区域，包括多伦多会展中心、市政厅、加拿大广播公司大楼等，并增加了与沿线酒店和住宅的连接。这一阶段的 PATH 实现了实质性扩张，初步形成了现今的路径体系。根据多伦多市政府制定的 PATH 长期发展计划，整个系统将继续扩大。预计到 2035 年，PATH 将贯穿多伦多市中心，从城市金融中心向各个方向延伸。新的 PATH 卫星区将覆盖地铁线所经的主要交通中心，其网络将遍布海滨、主要公园绿地、医院、大学，并为充满活力的社区和街头绿地提供通道。

PATH 将继续作为金融区的主要零售中心，为多伦多市民和游客提供丰富多样的商店和餐馆，满足日常出行和娱乐需求。其规模宏大且独具特色，不仅为行人提供便捷的出行方式，还可促进市中心的经济收入和就业机会，推动相关业务及零售服务的发展。

（2）日本的东京火车站自 1914 年建成以来，历经一百多年的变迁，始终是日本经济、政治、国际交流及旅游的核心区域。2010 年，东京站丸之内站厅的保存与修复工作启动。随后，历经 21.2 万 m² 的 Granroof 以及八重洲站前广场的竣工运营，再到 2017 年丸之内站前广场的扩建更新，直至 2020 年改造升级基本完成。相较于地面，东京站的商业及其他配套设施更加集中于地下。东京站八重洲方向的检票口与东京站一番街及八重洲地下街直接相连，共同构建了超越地面的商业街区。作为城市的大门，东京站不仅辐射周边地块，还将地面与地下连成一体，形成了京桥方向的连续通道。此外，东京站的地下还规划了连接丸之内和八重洲的南北向自由通道，实现了东、西街区被巨大站台一分为二后的贯通。同时，丸之内一侧的超塔地下部分与站前广场地下空间相连，形成了以东京站为中心的大型地下网络。这一网络为周边地区提供了便捷的移动空间，宛如城市根系般不断延伸拓展。图 2.1-4 为东京站片区整体俯视图；图 2.1-5 为以东京站为中心，东西相连形成的城市大型地下街区网络；图 2.1-6 为东京站丸之内地下空间总平面图；图 2.1-7 为东京站八重洲地下街区通道空间节点实景。

日本自 1969 年颁布《城市再开发法》起，先后颁布了《都市再生特别措施法》《立地适正化计划》《立地适正化操作指南》等一系列法律法规。东京都 23 区中，针对不同类型的更新片区，通过总体层面的规划指引，根据街区的资源条件和功能定位，以及街区内道路、开发用地、绿地及广场等地面功能，分别确定了地下空间利用规模、地下连通网络范围、地下功能系统设置等方面的细化要求。因此，东京的地下空间开发利用得以有序进行，各个片区的更新改造项目都在法律法规的指导下进行。在实施过程中，政府充分考虑了街区特色和居民需求，使地下空间的开发既满足城市发展的需求，又兼顾到居民的生活品质。首先，东京地下空间的开发以公共交通为导向，优化了地铁、公交等公共交通设施的布局，提高了公共交通的运营效率，使市民出行更加便捷，进而促进城市的发展。其次，政府重视地下商业设施的开发，引入了各种商业业态，如购物中心、餐饮、娱乐等，使地下空间成为一个充满活力的商业环境，不仅提升了城市的商业氛围，也吸引了更多的投资和游客，为城市经济注入了新的活力。此外，东京还充分利用地下空间进行文化设施的布局，如博物馆、艺术馆等，既丰富了市民的文化生活，也提升了城市的文化品位。

A：东京火车站
B：丸之内站前广场
C：办公区域，各类企业总部，美术馆，剧场，生活商业配套
D：八重洲改造
E：有乐町
F：大手町
G：皇宫
H：银座区域
I：日本桥区域
J：日比谷公园

图 2.1-4   东京站片区整体俯视图

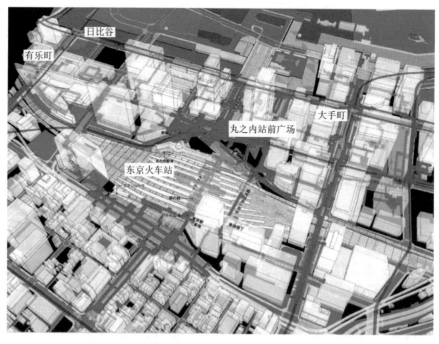

图 2.1-5   以东京站为中心形成的城市大型地下街区网络

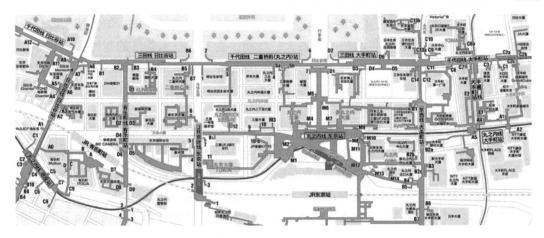

图 2.1-6　东京站丸之内地下空间总平面图

图 2.1-7　东京站八重洲地下街区通道空间节点实景

（3）大阪站是日本西部最大的车站，经过 40 年的建设，大阪站周边的地下网络如同蛛网般扩张，形成了在世界范围内都规模罕见的地下之城，其地下步行街配备了满足日常生活的各类商业设施，民众可在地下步行街内 24 小时自由通行，并享受城市便利的生活（图 2.1-8）。

图 2.1-8　大阪站地下街区通道空间节点

（4）新加坡由于国土面积有限、人口密度高以及土地资源匮乏等因素，在 20 世纪主要通过建设高层建筑和填海造地两大途径来拓展发展空间。截至 2022 年，新加坡总人口约 564 万，预计到 2028 年将增长 150 万人。然而，受工程技术条件的制约，向上寻求空间的方式并非无限可能。同时，作为国际重要的航空枢纽，新加坡为确保飞行安全，同样需对建筑高度加以限制。此外，随着填海工程不断向更深水域拓展，其所需投入的成本和所面临的技术挑战亦随之攀升。

自 20 世纪 80 年代起，新加坡政府高度重视地下空间的深度开发与功能分层利用，通过科学合理的分区规划和分层设计，实现了有限且不可再生的地下空间资源的高效配置。政府于 2010 年把地下空间发展提升到战略地位，并于 2019 年首次将地下空间纳入城市发展总体规划，对地下空间的开发利用进行了细致入微的规划。例如，在地表以下 20m 范围内，建设供水和供气管道；在地下 15～40m 范围，设立地铁站、地下商场、地下停车场以及实验室等设施；在地下 30～40m 范围，布置较少人员使用的设施，如电缆隧道、油库和水库等；最大规划利用深度超过 100m。规划将公用事业、运输、仓储和工业设施修建于地下，并按地下空间的开发利用深度分为浅层规划和深层规划。浅层地下空间主要是建设地下交通设施和地下综合体，如公交枢纽、地铁、地下停车场、商业娱乐场所等；深层地下空间主要建设地下基础设施，如能源中心、仓储物流系统、共同沟、战备系统等。

新加坡市区重建局为适应城市不断增长的需求，创新性地提出了"地下空间详细控制方案"（Special and Detailed Control Plans，简称 SDCP）。该方案现阶段规划了三个核心区域，包括滨海湾、裕廊创新区和榜鹅数码园区，总面积约为 650 万 m²。随着进程的推进，SDCP 计划将逐步扩展至新加坡的其他地区。在这些地区的地下，规划了交通枢纽、步行街、自行车道、公共设施、仓储、研究设施、工业应用设施、购物区等各类公共空间。这些城市功能将根据不同层次，分别规划在地下 8m、15m 及 25m 的区域。新加坡地下空间规划开发如图 2.1-9 所示。

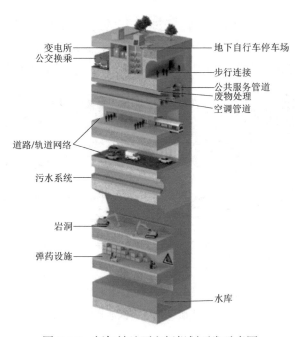

图 2.1-9　新加坡地下空间规划开发示意图

2. 地下空间蕴含着丰富的文化内涵

地下博物馆、艺术馆等文化设施可为市民提供丰富多彩的文化生活，提升城市的文化品质。同时，利用已有的地下空间进行开发有助于保护历史文化遗产，传承城市文脉。这类实例往往是在矿产开采遗址上通过重新规划策划而实现的。

在罗马尼亚西部特兰西瓦尼亚地区，坐落着一座名为萨利纳图尔达（Salină Turda）的盐矿，这是全球首个由废弃矿山改造而成的旅游景点。图尔达盐矿的历史悠久，始建于 1075年，生产活动直至 1932 年才告一段落。1992 年，当地政府对其进行改造，使其摇身一变成为旅游景点。这座盐矿不仅拥有全球首个盐矿历史博物馆，还配备了一座主题公园，内含诸如圆形露天剧场、运动场、迷你高尔夫球场、保龄球道和小型摩天轮等娱乐设施。这座古老的盐矿历经废弃到重生，如今已成为一个独具特色的地下主题公园，吸引了众多游客前来探索。游客乘坐昔日用于运送盐矿的电梯下行至 120m 深的地下，感受这里的独特地下世界。在这个巨大的空间里，游客可以参观各种矿洞，欣赏地下湖的美丽景色。此外，矿内的湿度常年保持在 80%，温度维持在 11～12℃，游客可以在盐矿中体验盐雾疗法，享受其对身体带来的诸多益处。萨利纳图尔达盐矿历史博物馆（图 2.1-10）以其独特的魅力，已成为罗马尼亚乃至全球的旅游胜地。在这里，游客可以感受到废弃矿井的重生之美，见证工业遗迹如何转变为生态旅游景点；不仅能了解到盐矿的历史，还能欣赏到地下世界的奇妙景观，体验前所未有的探险之旅。图尔达盐矿的成功改造为世界各地的废弃矿井提供了一个很好的借鉴。如今，越来越多的废弃矿井开始走上涅槃重生之路，成为一个个特色鲜明的景点，吸引着众多游客。这些景点在保护和利用工业遗迹的同时，也为当地经济发展注入了新的活力。

图 2.1-10　萨利纳图尔达盐矿历史博物馆

类似的案例是我国上海佘山世茂深坑洲际酒店（图 2.1-11），位于上海松江佘山国家旅游度假区的天马山深坑内，海拔为负 88m，是于采石坑内建成的自然生态酒店。酒店顺应自然环境，一反向天空发展的传统建筑理念，下探地表 88m 开拓建筑空间，依附深坑崖壁而建，是世界首个建造在废石坑内的自然生态酒店，被美国《国家地理》杂志誉为"世界建筑奇迹"。

图 2.1-11　上海佘山世茂深坑洲际酒店

3. 地下空间开发有助于实现城市可持续发展

通过高效利用地下空间，可以提高城市容量，使城市发展更加集约、紧凑。这将有利于城市生态环境的保护，提高城市居民生活质量，为城市未来发展预留充足的空间。

2.1.2　有效疏解交通压力

轨道交通作为城市地下交通的重要组成部分，在缓解城市交通拥堵方面发挥着举足轻重的作用。地铁具有大运量、高效率、低能耗等优点，能够迅速将大量乘客从一个地方运送到另一个地方，从而减少地面私家车的出行需求。此外，地铁还可以与其他公共交通工具如公交车、长途汽车等相互衔接，形成一个高效的交通网络，使城市交通更加便捷。

隧道交通在城市地下交通中同样占据着重要地位。隧道建设可以有效缓解城市主干道的交通压力，提高道路通行能力。通过建设地下隧道，车辆可以避开地面拥堵路段，直接穿越城市中心区域，从而减少交通拥堵，提高出行效率。

苏州工业园区湖西 CBD 区域东端的苏州中心项目，总占地面积约 21.1 万 m²，涵盖 10 座独立建筑，总建筑面积达 182 万 m²，其中地下建筑面积为 52 万 m²。这一项目集多业态混合、地上地下于一体，构成了超大型城市综合体，总投资约为 285 亿元，建设始于 2012 年，并于 2017 年完工。项目实施"统一策划定位、统一规划建设、统一运营管理"的策略，对地下空间与地面建筑实施一体化开发和综合利用，成为当时我国规模最大的地上地下整体开发城市综合体以及规模最大的整体开发地下空间。

苏州中心项目突破性地改变了传统的独立组织地块交通的方式，通过立体化交通模式——地下、地面和空中的统一整合，有效解决交通难题。地下一层设有人行系统，与轨道交通 1 号线、3 号线实现无缝对接，并设置地下货运系统，将主要交通流量导入地下，减轻地面交通压力。地下二层配备市政环路系统，可容纳 6000 辆机动车通行和停放，并通过星港街下穿隧道与车行交通直接连通。图 2.1-12 为苏州中心片区整体俯视图，图 2.1-13 为苏州中心项目地下交通与周边城市道路衔接流线组织示意图，图 2.1-14 为苏州中心项目地下一层平面流线组织示意图。

苏州中心地下环路匝道可分为以下三类。

1 类：环路连接星港街地面道路及隧道匝道的设计，遵循城市支路标准，如图 2.1-14 所示的蓝色部分。地下一层机动车库的地下环路与星港街隧道采用统一的 3.2m 净空标准。设计车速较星港街的 50km/h 有所降低，设定为 20km/h。同时，鉴于车速降低的控制需求，车道宽度由星港街隧道的 3.25m 调整为 3.0m，与上海外滩隧道和武汉王家墩隧道的标准保持一致。地下环路南北各自独立，中间的连接通道仅作平衡南北地块车辆疏散之用。地下道路南地块长 754m，北地块长 779.7m，依据规范等级按三类隧道考虑。建筑防火等级为一级。地下车行通道消防体系是通过隧道工程建筑、给水排水、消防、通风、照明、供电等各子系统的安全或功能的冗余设计来实现，并通过监控系统将各子系统构成一个有机的整体。

2 类：环路接地块内部道路匝道，参照车库出入口标准设计。

3 类：环路接东侧独立车库匝道，参照车库出入口标准设计。

图 2.1-12　苏州中心片区整体俯视图

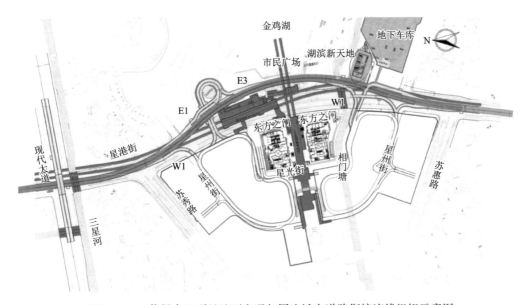

图 2.1-13　苏州中心项目地下交通与周边城市道路衔接流线组织示意图

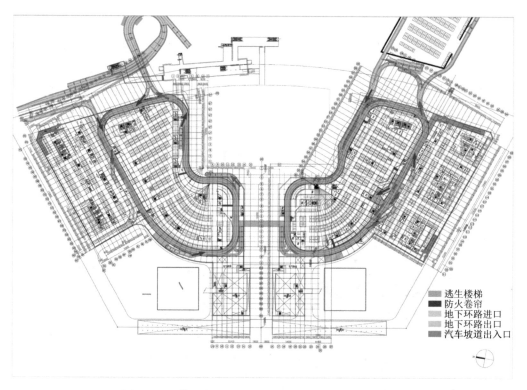

图 2.1-14　苏州中心项目地下一层平面流线组织示意图

项目地下车行环路直接与城市道路及城市隧道连接，环路等级介于城市道路与车库之间，设计车速选用 20km/h。车库内的 6000 辆机动车均通过环路进行集散，环路内车流量较大，尾气排放量较大，因此设置了专用排风设备。并且，考虑环路内交通指示标志较多，为了安全行车需要，避免车库内车辆灯光对环路行车的影响，环路与车库之间砌墙分隔，空间上按封闭的车行通道设计。苏州中心地下环路标准横断面图如图 2.1-15 所示。

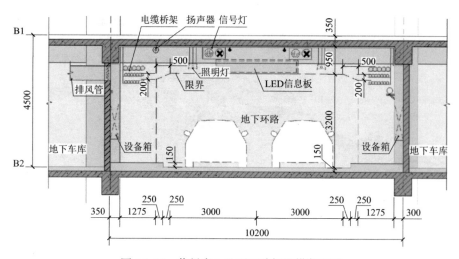

图 2.1-15　苏州中心地下环路标准横断面图

地下停车场作为城市配套设施，对于解决停车难题具有重要意义。地下停车场可以有效利用城市地下空间，提供大量停车位，缓解地面停车压力。同时，地下停车场与地铁、公交等公共交通设施紧密相连，方便市民出行，可进一步提高城市交通效率。

2.1.3　改善环境景观品质

在城市化进程中，地下空间开发扮演着日益重要的角色。作为一种高效的城市规划手段，它不仅有助于提升城市环境景观品质，更是推动城市可持续发展的重要途径。

一方面，地下空间的合理利用有助于缓解城市土地资源压力。在城市化快速发展的背景下，土地资源日益紧缺，地面空间有限，而地下空间则具有巨大的开发潜力，通过高效利用地下空间，可以降低对地面空间的依赖，优化城市空间布局。

另一方面，地下空间开发为解决城市交通问题提供了有效方案。通过修建地铁、隧道等地下交通设施，可以提升城市交通效率、缓解交通拥堵、减少空气污染，从而改善城市交通环境。

地下空间开发还有助于提升城市绿地率和生态环境质量。通过将地面空间用于绿化和休闲设施，增加城市绿色植被，为市民提供舒适休闲环境，有助于提高居民的幸福感和城市的生态可持续发展。

在现代城市规划中，有效地利用和开发地下空间已经成为一项关键的战略。美国波士顿中央大道交通地下化方案以及新加坡政府在地下空间开发过程中的实践，都为我们提供了宝贵的经验。这些地区在充分利用地下空间的同时，注重规划"留白"，释放地面，实现城市与自然的和谐融合，提高了城市生活品质和国家品牌影响力。以波士顿中央大道隧道改造工程为例，在这个项目中，原本的高架道路被改建为地下隧道，地面部分则被改造为城市绿色廊道，成为公共空间。这种"留白"的设计，成功地建立起不同区域的城市生活联系，减少了道路对城市的割裂作用，减少了污染，并实现了土地的多重利用。这一举措不仅提高了城市空间的利用率，还提升了城市居民的生活质量。新加坡政府在地下空间开发过程中同样注重规划"留白"，已实现城市绿化覆盖率达到 70%、人均公共绿地面积 25m^2 的目标。这一举措使新加坡享有"花园城市"的美誉，大大提升了城市生活品质和国家品牌影响力。新加坡的经验表明，地下空间开发与城市绿化相结合，是实现城市可持续发展的重要途径。

2.1.4　提升土地综合价值

1. 地下空间的开发为城市增加了宝贵的土地资源

在城市土地有限的情况下，地下空间的利用相当于开辟了一片新的土地，可以用于建设停车场、商业设施、交通设施等。这样一来，城市空间的利用率得到了显著提高，土地的经济价值也随之提升。

日本东京中心城区开发密集，土地价值极高，新宿、涩谷等城市副中心区域综合容积率也已达 10.0 以上，城市土地及空间资源极度紧缺。在这种背景下，日本政府采取了一系列措施，积极推进地下空间的开发与利用。首先，制定了相关政策法规，为地下空间开发提供制度保障。例如，《地下空间利用法》明确了地下空间的所有权、使用权和经营权，为地下空间开发提供了法律依据。政府还制定了城市规划、建筑设计、施工安全等方面的规定，确保地下空间开发的安全与合规。其次，在地下空间开发中注重多元化利用。除了常规的停车场、商业设施、交通设施外，还积极开发地下仓储、数据中心、科研设施等。这种多元化利用模式不仅提高了地下空间的利用率，还促进了相关产业的发展，带动了城市经济的增长。再次，强化地下空间开发的科技创新。在地下空间开发过程中，充分利用先进技术，如盾构法、自动化施工设备等，提高施工效率，降低成本，并加强对地下工程风险防控和技术创新的研究，确保地下空间开发的安全和可持续性。最后，重视地下空间与环境、交通、城市规划等方面的协同。在地下空间开发过程中，充分考虑地上与地下空间的互联互通，实现立体化交通、绿化、市政设施等一体化建设，提高城市整体品质。

日本大阪站前地下综合体的规划建设是一个由点到线，再由线到面的长期过程。地下空间各个点的建设是结合该区域的旧城改造进行的。20世纪60年代开始，日本各主要城市都进行了大规模的旧城改造，其中大阪站前区域改造规模最大。从1961年颁布《市街地改造法》进行规划开始，到1983年完成该区域的旧城区改造，历经22年。改造的主体是在站前区域建造4栋高层（第一栋、第二栋、第三栋及第四栋）。建筑高层化这一措施，极大地提高了该区域的容积率，并将零星的地块重新规划，拓宽城市主干道，分别为国道2号线、御堂筋线、梅田站等线路提供了空间。大阪站片区整体俯视图如图2.1-16所示，大阪站前4栋高层建筑的地下建设规模见表2.1-1。

A：大阪站（地下空间、空中广场）   F：新梅田CITY（密度较低，办公、酒店、生活配套）
B：大阪梅田站   G：茶屋町区域（办公、生活配套、剧院）
C：Grand Front Osaka   H：大阪站前地区（含办公、商业、酒店、学校）
    （含商场、办公、洲际酒店、住宅）   I：西梅田地区（办公、购物、医院）
D：梅北地区2期开发项目
E：阪急区域（HEP FIVE摩天轮、办公）

图2.1-16   大阪站片区整体俯视图

大阪站前4栋高层建筑地下建设规模   表2.1-1

项目	第一栋	第二栋	第三栋	第四栋
建筑物高度（m）	53	70	142	110
地下室层数	地下6层	地下4层	地下4层	地下4层
地下总面积（m²）	约30000	约20000	约20000	约16000

　　大阪站前城区改造完成后,吸引了越来越多的人流进入,加上周边有多条地铁、公交线路经过,使该区域成为大阪商务、文化和娱乐中心,这也给地面交通带来了巨大的压力。1987—1988 年,大阪市制定规划,于 1988 年开始,到 1995 年,投资 500 亿日元,建设大阪站前梅田区域地下交通体系,以改善地面交通情况。地下交通体系共有 2 层,上层为地下街和公共地下人行通道,下层主要为地下停车场。地下交通体系主体完成后,由联络通道与原有各大楼的地下空间,以及与通过该区域的地铁御堂筋线的梅田车站相联系,最终形成一个规模巨大,集交通、购物、娱乐等多种功能于一体的地下综合体,为大阪站前区域的发展起到巨大作用(图 2.1-17)。地下综合体大规模的地下停车场,解决了该区域内的停车问题;地下人行通道将地面人流引向地下,地面布置长轴 60m、短轴 35m 的椭圆形广场,在保证建筑开发面积的同时,营造出有效的广场空间,给城市附加了巨大的潜力与综合价值。

图 2.1-17　大阪站前梅田区域地下空间

2. 地下空间的开发有助于优化城市结构

　　通过挖掘地下空间,可以将城市地上与地下空间相结合,形成一个立体化的城市空间结构。这种结构有利于缓解城市交通拥堵、提高城市容量、改善城市环境等,从而为城市带来更大的经济效益。我国北京、上海等一线城市近年来纷纷出台相关政策,鼓励和支持地下空间开发。随着技术的不断进步和城市发展的需求,我国地下空间开发将取得更为显著的成果,为城市可持续发展提供有力支撑。

作为全国第一个建成轨道交通的地级市，苏州的轨道交通 1 号线，总里程为 25.9km，全线地下敷设，其中苏州工业园区段长约 10.6km。设有 10 个站点。依托 1 号线建设，梳理出 3 处位于金鸡湖西 CBD 范围内的行车配线区，通过充分利用车站、配线区间上部空间和城市道路、公共绿地下部空间，同时整合连通各出让地块地下空间的方式，充分挖掘地下空间资源，寻求地下空间和周边土地价值最大化，也提升了整个城市的空间利用效率。

3. 地下空间的开发有助于推动我国城市科技创新

在地下空间开发过程中，相关技术的研究与运用得到了加强，如地质勘察技术、地下建筑设计技术、地下工程施工技术等。这些技术的突破为城市发展提供了强大的支撑。

4. 地下空间的开发有利于实现城市可持续发展

通过充分利用地下空间，可以减少对新增土地的需求，从而保护耕地资源。同时，地下空间开发可以促进城市节能减排，降低城市对自然资源的消耗。这对于实现我国城市可持续发展具有重要意义。

2.1.5 增强城市防灾能力

在城市发展过程中，自然灾害如地震、洪水、台风等突发事件时常威胁着市民的生命财产安全。因此，提高城市的防灾能力，确保市民在面临突发灾害时的安全，成为我国城市规划的重要课题。地下空间作为城市的一部分，其独特的优势使其成为防灾避难的理想场所，为提高城市防灾能力提供了有力保障。

（1）地下空间具有较高的安全性。在自然灾害发生时，地面建筑物和设施很可能受到破坏，而地下空间相对较为稳定。地下避难所可以提供坚固的防护，有效降低市民在灾害中受伤的风险。

（2）地下空间具有较大的容纳能力。地下避难所可以设置在城市的各个区域，既能满足市民疏散的需求，又能确保人员集中管理，提高救援效率。在紧急情况下，地下空间可以迅速转化为临时医疗、救援、物资储备等功能，为受灾市民提供全方位的援助。

（3）地下空间具有一定的隐蔽性。在灾害发生时，地下避难所可以避免受灾群众被恶劣环境影响，降低疫情发生的可能性。同时，地下避难所的位置相对隐蔽，有助于保护市民免受犯罪分子的侵害。

芬兰赫尔辛基自 1932 年起，为了解决城市污染问题，在世界上首次尝试建造地下污水处理厂，并取得了一定的成功。芬兰人因此意识到，相比于地面上的天寒地冻，似乎温暖的地下世界才是我们应该追求的另一片乐土。毕竟地上要度过漫长的波罗的海寒冬，尤其是赫尔辛基市，每天只能获得 6 小时的日照，而地下温暖又舒适，于是，该市在 1967 年修建了地下购物中心，1993 年修建了地下游泳池，1999 年修建了地下冰球场，看起来要把人们的生活全面转移到地下。芬兰人似乎渐渐喜欢上了这种地下生活。走进地下空间，就像是到了一个地下的世外桃源。赫尔辛基市有 500 多座地下建筑物，包括购物中心、健身房、游泳池、巨大的地下公交场，甚至还有溜冰场和 2020 年新修建的足球场。其中地下购物中心直接连接着赫尔辛基中央火车站和城市的中心，是整个地下城市中最重要的中枢和商业中心，这里的商品也基本满足人们在地下生活的日常需要。

日本东京都北部的埼玉县春日部市国道 16 号地下 50m 深处采用盾构技术修建了巨型排水隧道，我国电影《唐人街探案 3》就取景于此，给观众带来非常震撼的视觉感受。该排水系统项目于 1992 年开工建设，2006 年竣工，这个位于地下长达 6.3km 的排水隧道连接着 5 个 22 层楼高竖井筒仓以及调压水槽等设施，耗资 20 亿美元，融合了众多日本最先进的土木工程技术，是目前世界上最大的排水系统，可以防止台风季节因为暴雨而出现的洪涝灾害，号称"地下神殿"。如图 2.1-18 所示。

图 2.1-18　东京都排水系统

2.1.6　完善市政基础设施

（1）地下空间开发对于优化城市基础设施布局具有重要作用。地下管线、通信等市政设施与地下空间的紧密结合，不仅可以提升设施的运作效能，更能确保城市的正常运行。在当前我国城市化进程不断加快的背景下，地下空间开发已成为弥补城市基础设施短板、提升城市品质的关键手段。

（2）地下空间开发有助于缓解城市地上空间紧张问题。随着城市人口的快速增长，土地资源日益紧张，地上空间已经无法满足市政设施建设的需求。利用地下空间进行市政设施布局，可以有效解决地上空间不足的问题，使城市空间得到充分利用。

（3）地下空间开发可以提高市政设施的运行效率。通过将市政设施转入地下，可以减少设施之间的相互干扰，降低维护成本，提高设施的运行稳定性和可靠性。这对于确保城市正常运行、提高市民生活质量具有重要意义。

（4）地下空间开发有利于环境保护和可持续发展。将市政设施建于地下，可以减少对地表环境的破坏，减少噪声、污染等环境问题。同时，地下空间开发可以促进城市节能减排，推动绿色城市建设，实现城市的可持续发展。

（5）地下空间开发有助于提升城市抵御自然灾害的能力。在地下空间布局市政设施，可以提高城市基础设施的抗灾能力，降低自然灾害对城市运行的影响。这对于提高城市安全和居民幸福感具有重要意义。

2.2 转变理念，地下空间是城市可持续发展的保障

在我国新时代的发展进程中，城市规划和建设正面临着前所未有的挑战。传统的工程建设优先、平面扩张的发展模式已经不能满足人们对美好生活和生态环境的向往。为了实现可持续发展，我们需要从以下两个方面进行转变。

2.2.1 从工程建设优先转变为生态保护优先，强化底线约束

在过去的城市建设过程中，工程建设的导向地位常常使生态保护的重要性被忽视。这种模式导致了资源浪费、环境污染以及生态破坏等诸多问题。为了改变这一现状，我们必须明确生态保护的红线，加强底线约束。2016 年，住房和城乡建设部发布了《城市地下空间开发利用"十三五"规划》（建规〔2016〕95 号），该规划秉持生态优先、公共利益优先以及保障公共安全的基本原则，要求城市地下空间的规划建设应以生态底线和生态保护为基础，实现合理开发和利用。该规划强调了对不适宜开发的地下空间进行严格控制。在此基础上，优先安排市政基础设施、地下交通、人民防空工程、应急防灾设施等项目，确保城市运行最优化和相邻空间发展的需求得到满足；同时，保障人民群众生命财产安全和地下空间权利人的合法权益。

2021 年 4 月 7 日，国家最高科学技术奖得主、中国工程院院士钱七虎在苏州科技大学发表了题为"城市地下空间开发利用与碳达峰碳中和"的专题报告。钱院士深入探讨了"气候变化是人类未来面临的最大挑战"以及"全球气候变化挑战的对策"等议题。他强调，碳达峰、碳中和是党中央作出的重大战略决策，也是高质量发展的内在要求。碳达峰、碳中和主要包括降低碳排放和实现碳的负排放，即碳的吸收。地下空间开发对于实现碳达峰、碳中和这两个方向具有重要作用，并能做出积极贡献。钱院士强调有必要加强城市地下空间开发利用，提升碳达峰、碳中和工作成效，力争实现"2030 碳达峰、2060 碳中和"的目标。会后，与会人员实地调研参观了苏州太湖新城核心商务区，深入了解太湖新城核心区地下空间工程项目的具体情况（图 2.2-1）。

图 2.2-1　钱七虎院士调研参观太湖新城核心区地下空间项目

《城市地下空间开发利用"十三五"规划》以及钱七虎院士的专题报告都强调了城市地下空间开发利用在生态保护、碳达峰、碳中和方面的重要性。我们应该充分认识地下空间

开发利用的价值，遵循规划原则，加强底线约束，实现地下空间的合理开发与利用，为我国生态文明建设做出贡献。同时，应加大科技创新力度，推动城市地下空间开发利用技术的发展，助力碳达峰、碳中和目标的实现。通过这种方式，我们可以在城市建设中实现可持续发展，为人民创造更美好的生活环境。

2.2.2　从平面扩张转变为立体集约，科学预留未来发展空间

传统的城市发展模式长期依赖于平面扩张，这种方式虽然在一定程度上推动了城市规模的扩大和经济的增长，但也带来了土地资源浪费、环境污染、交通拥堵等一系列问题。面对这些挑战，我们必须调整发展策略，转向立体集约化的发展道路，为未来的城市发展预留充足的空间。

（1）需要对城市空间布局进行优化，充分挖掘城市地下和地上空间的潜力，实现城市空间的立体化利用。这不仅可以提高土地资源的利用效率，还能为城市发展提供更多的可能性。

（2）推动城市交通体系的建设，提升公共交通的运营效率，以缓解交通拥堵问题。这需要完善公共交通设施，提高公共交通的服务质量，引导市民选择绿色出行方式，从而改善城市交通状况。

（3）加强城市基础设施建设，提升城市的承载能力，为人口和产业的集聚提供保障。这包括提升城市的基础设施水平，如供水、供电、排水等，以及加强公共服务设施的建设，如教育、医疗、文化等。

（4）注重城市规划和人口规模的协调，避免盲目扩张，确保城市发展的可持续性。这意味着需要在城市规划和人口控制上做好文章，防止城市无序扩张，确保城市的健康发展。

总的来说，从工程建设优先到生态保护优先，从平面扩张到立体集约，是我国城市发展模式的重要转变，旨在实现人与自然的和谐共生，推动城市的可持续发展，为人民群众创造更加美好的生活环境。

在这个过程中，各级政府和社会各界需要共同努力，为建设美丽中国贡献力量。我们需要在保护生态环境、提升城市品质、改善人民生活等方面下功夫，以实际行动推动城市发展的转型升级。只有这样，才能实现城市发展的可持续性，为人民群众创造更加美好的生活环境。

2.3　多元融合，地下空间与城市协同融合发展

2.3.1　构建新城片区级地下空间轴线

在当前我国城市发展由增量扩张转向存量提质的新时代背景下，土地资源的集约利用变得至关重要。城市新区作为在城市外围建设的新兴功能区，受制于现状条件的因素较少，因而在规划、设计、建设以及运营维护的全过程中具有科学谋划的优势。随着轨道交通建设的加速推进，越来越多的城市新区开始重视对地下空间这一新型土地资源的科学使用。

通过对若干地下空间规划实践的分析，我们可以从"项目牵头管理、工作任务界定、规划理念创新、规划实施保障"四个方面进行研究。研究结果显示，以"工程思维"精细化编制地下空间规划，前瞻谋划、统筹设计这一复杂的城市系统工程，对于推动城市新区的高质量建设和发展具有重要作用。

1. 高质量发展与城市规划建设的关系

近年来，"高质量"一词在城市建设理念中逐渐成为主流，并被广泛运用。根据党的二十大报告的阐述，我国经济已经从高速增长阶段转变为高质量发展阶段。在这个以高质量发展为主要目标要求的时代背景下，城市规划建设的高质量凸显出两大特征：空间环境高质量和公共服务高质量。

空间环境高质量包括生活环境、工作环境、出行环境和公共活动空间。生活环境的质量关乎市民的生活品质；工作环境的质量影响员工的工作效率和幸福感；出行环境和公共活动空间则是满足市民日常活动和休闲需求的重要场所。

（1）广州珠江新城核心区（图2.3-1）地下空间是广州市政府针对珠江新城中央商务区的商务配套服务功能进一步深化、区域交通条件优化以及珠江新城中央广场整体形象强化的重点工程，是广州市目前规模最大、最重要的地下空间综合开发利用项目。区域内有地铁3号线、5号线和城市新中轴线地下旅客自动输送系统穿过，周边为高级写字楼、星级酒店、四大文化公共建筑（歌剧院、图书馆、博物馆、少年宫）、市民广场等。

图2.3-1　广州珠江新城核心区

珠江新城地下空间主要分为3层：地下一层为珠江新城核心区市政交通项目体系的主平面层，主要布置商业功能，由核心区和东、西侧翼区组成；地下二层为公共停车库、设备空间以及旅客自动输送系统站厅，该层与周围建筑地下车库相连；地下三层为旅客自动输送系统站台和旅客自动输送隧道，以及核心区供冷共同管廊。

总体交通设计：珠江新城地下空间在城市中心构建了以轨道交通为主体、常规公交系统为辅助、私人小汽车为补充的综合交通体系。

过境交通：采用下沉隧道解决过境城市道路，减少对内部交通的影响。

内部车行系统：形成一个大的单行逆时针循环系统和三个环状交通小循环系统；将地下二层公共停车库与周边建筑地下车库连接，并设置共享通道，满足车辆进出需要，增加停车效率。

地下公共交通：在地铁 3 号线、5 号线之间和珠江新城站、火车东站和电视塔之间设置 APM（旅客自动输送轻轨），达到区域内快速中量的人流输送；地下一层设置有公交总站、出租车上下客区、旅游大巴车站和货车装卸区。

（2）钱江世纪城地处萧山城北江滨地区，与杭州钱江新城隔江相望，作为未来杭州城市中央商务区的重要组成部分和城市双心结构的核心内容。世纪城规划总用地 2274 万 m²，可容纳人口 12 万人；核心区面积 402 万 m²，地面建筑面积 650 万 m²，地下建筑面积 210 万 m²。其中停车面积 182 万 m²，商业文化娱乐设施 46 万 m²，其他辅助设施 30 万 m²。核心区地下空间规划旨在引导开发，结合布局，以轨道交通站为枢纽，以广场、绿地、大型公共建筑的地下空间为节点，以地下步行系统为纽带，达到缓解城市交通压力、改善城市环境、完善城市功能结构的目的。地下空间整体结构以波浪文化城为主中心，江锦路和解放东路附近地块为副中心，以富春路地下购物走廊为连接纽带；新城核心区地下空间以商业、文化、停车为主要功能。商业功能主要布置在富春路南地下一层，结合轨道交通站场、高层建筑地下室，通过地下通道连接形成以通道为主体，下沉广场、共享中庭相结合的新城东西向直线复合型地下商业街，同时充分利用轨道交通与公交站场周边发展商业，并与地面商业相连接。文化娱乐主要以波浪文化城地下商业、文化、旅游、休闲、娱乐设施为主体，结合地面杭州大剧院、国际会议中心构成文化活动主体。

总体交通设计：钱江世纪城地下空间以地铁站为枢纽，通过地下步行系统将地下各项功能串联起来；以商业、娱乐设施为主元素，激活地下空间过境交通：采用下沉隧道解决过境城市道路，减少对内部交通的影响。

地下交通系统：地下道路在钱塘江边采用下穿的方式；地下步行系统以地下一层为主，少量结合地铁站厅与地块步行通道设置地下商业设施，强调简洁的步行流线，形成树枝状地下步行线网，并通过下沉广场、过街通道与城市空间连通，或直达建筑内部。地下停车以地下二层、三层为主，根据需要局部考虑地下四层。

在城市新区的建设过程中，秉承"先规划后建设"的理念，结合国土空间规划、控制性详细规划、城市设计、交通规划、地下空间规划、市政基础设施专项规划等，为复杂的城市系统工程设施提供空间载体，从而保证城市新区建设的顺利进行和市民生活的便利与舒适。

（3）作为全国"最强地级市"的苏州，其工业园区是中国和新加坡两国政府间的旗舰合作项目。苏州工业园区 1994 年 2 月经国务院批准设立，辖区面积 27800 万 m²，是毗邻古城建设的城市新区的典型成功范例。在商务部国家级经开区综合考评中已实现"七连冠"，跻身科技部建设世界一流高科技园区行列。

2023 年 7 月 5 日，习近平总书记来到江苏苏州，刚刚抵达，即乘车前往苏州工业园区，车窗外，视野所及，高楼大厦鳞次栉比，生动诠释着这片"创新之城、非凡园区"的澎湃活力。在调研苏州工业园区规划展示馆时，有一张手绘的规划图（图2.3-2），深深吸引了总书记的目光。那时候的园区，还只是人们畅想中的模样。经过二十多年的接续奋斗，画里的美好设想成了真，曾经的泥泞水塘变成了高楼林立的现代化园区。图2.3-3为2007年拍摄的苏州工业园区；图2.3-4为2023年7月4日无人机拍摄的苏州工业园区。

图 2.3-2　1994 年苏州工业园区手绘规划图

图 2.3-3　2007 年的苏州工业园区

图 2.3-4　2023 年的苏州工业园区

2.项目实例概况与地下空间规划需求

为满足城市新区高强度的功能开发需求，需要合理、高效地利用地下空间资源，以应对未来建设发展所带来的各种挑战，包括交通、市政、安全和环境等方面。因此，科学编制地下空间规划显得尤为重要。

在总体规划的指导下，苏州工业园区从一开始就确立了"适度超前、滚动开发"的开发原则和"先规划后建设、先地下后地上"的开发程序。自 2006 年起，借苏州作为地级市获得轨道交通 1 号线的审批批复的契机，园区着手加快推进了城市从平面开发向立体综合开发的转型（图 2.3-5）。在苏州轨道交通 1 号线沿线范围内，同步规划了 35 万 m² 的城市公共地下空间，并形成了《苏州工业园区轨道交通 1 号线沿线公共地下空间开发规划》的指导文件，文件中规定以轨道站点分类，地下空间分为 CBD（中央商务区）站点组团、CWD（文化行政中心）站点组团以及二、三区中心区组团三大类型。根据不同区域的特点制定相应的地下空间规划，如核心区以商业服务为主、地下停车为辅；居住区以地下停车为主、公共配套服务为辅。特别值得一提的是，工业园区的规划部门也做起了"有心人"，在轨道交通 1 号线尤其是配线明挖区间段，提前谋划并预留了主体结构空间，这些空间为未来核心区的地下公共步行系统提供了优秀的硬件条件。

图 2.3-5 苏州工业园区核心区

地下空间具有极大的不可逆性；作为工程项目，地下空间涵盖了轨道交通、市政管线、隧道、车库、人行通道、地下商业等各项设施。此外，地下空间工程涉及产权主体、投资主体、建设主体以及运营主体等多个主体单位。考虑到这种多主体、边界条件复杂、工程不可逆的城市复杂巨系统特性，为确保地上地下立体空间设施的有序衔接并保障城市功能的良性运转，我们需要更加科学地编制地下空间规划。在规划过程中，需要综合考虑各种因素，包括地质条件、交通流量、市政设施布局、安全风险等，以确保地下空间资源的合理利用和城市的可持续发展。

3.地下空间规划实践与探索

（1）项目牵头管理：确定开发建设机制及项目开发模式

首先，确定开发建设体制。在新城片区开发建设的初期，通常遵循"政府主导、指挥部统筹、国企参与、市场化运作"的思路，探索建立了"Z＋Y＋D"（指挥部＋一级开发主体＋多方面市场化参与）开发建设机制。这一机制的设立，确保了项目建设的高效率快速推进，如项目管理团队的组建，基于项目规划条件与需求的竞赛招标，遴选高水平设计单位等。为了编制出高标准的规划设计，指挥部组织设计单位与相关部门频繁对接，对空间落位、景观、建筑设计等规划关键节点及交通、地下空间规划等专项方案进行反复推敲，力图为公众呈现高质量的城市建设作品。

其次，确定项目开发模式。在地下空间规划编制工作开始之前，项目管理团队充分认识到城市综合体开发建设工程的技术复杂性和经济敏感性，为了尽早确定投资、建设以及运营主体，明确政府、建设方和市场运营方的权责关系，避免项目实施方案的反复，指挥部牵头项目团队到国内外先进城市考察学习成熟经验。在对比了不同开发模式的立体空间开发工程后，结合该项目自身的特点，综合考虑"资金平衡、规划审批、拿地主体、权责协调、建设周期、环境品质"六个因素，最终确定了"政府负责公共部分、企业负责地块部分"的开发模式。在该模式下，政府和平台公司专注于高品质打造市政、交通、绿地、公建等公共基础设施，而私有地块内部则由企业基于规划边界条件进行详细规划设计并与城市公共系统相衔接。

（2）工作任务界定：明确需求、划定规划层次并提出任务要求

首先，需要在规划层面上做出选择。城市地下空间开发利用规划是城乡规划的重要环节，分为总体规划和详细规划两个阶段。在总体规划阶段，地下空间规划的主要关注点是地下空间管制区的范围以及各项设施的总体布局要求。在详细规划阶段，地下空间规划又分为控制性详细规划和修建性详细规划两个层面。

控制性详细规划：需要明确地下空间规划的强制性与指引性内容。包括地下空间开发边界、开发强度、建设规模、使用功能、竖向高程、出入口位置、地下公共通道位置、连通方式以及分层要求等。

修建性详细规划：主要针对重点地区的地下空间开发利用制定详细的规划方案。

通过对比各个层面的规划特征，可以发现，控制性详细规划阶段的地下空间规划在地块指标的确立、土地出让条件的出具以及指导公共地下空间项目建设服务等方面的导控作用最为突出。因此，大部分新城片区级地下空间的规划工作都要求在控制性详细规划阶段完成。

其次，针对设计单位的咨询服务工作，项目业主在招标阶段就明确提出高要求。考虑到该项目的规划设计边界条件的复杂性，中标单位需要同时进行地下空间规划编制和系统规划设计咨询服务。从规划范围内的首批土地出让之日起，规划编制单位需作为技术总控制、总协调、总接口，对项目协调审批、地块招拍挂、前期策划咨询以及地下空间详细规划等阶段的设计工作内容提供技术咨询服务，并统筹地上地下空间、确定开发原则、同步咨询设计。此外，项目业主还要求规划编制单位派驻具有丰富工作经验的工程师现场办公，参与探讨项目推进事宜，做好业主的咨询顾问服务工作。这项附加任务对于规划编制单位在及时发现技术问题、保证工程质量等方面具有重要作用。

（3）规划理念创新：前瞻谋划、功能复合、智慧融合

苏州吴中太湖新城地下空间的规划是非常具有前瞻性和创新性的。它以地铁站点建设

为依托，以公共地块地下开发利用为骨架，构建了"一纵、两横、一环、多点"的空间规划结构。这样的规划结构不仅使地下空间得到充分利用，而且为区域城市功能的配套完善、交通及市政设施的优化保障提供了系统化的立体空间载体。

在这个规划中，地下总开发规模约为 30 万 m²。同时，项目将地下步行商业街、地下道路、综合管廊、立体停车等功能集约整合，这种集约化的设计使地下空间的功能更加丰富和多元化。

通过这样的规划，苏州吴中太湖新城地下空间将成为一个高效、便捷、舒适的空间（图 2.3-6），为城市的发展提供强有力的支持。同时，这也体现了城市规划者对于地下空间的重视和开发利用的决心，对于城市的可持续发展具有重要意义。

图 2.3-6　苏州吴中太湖新城地下空间

4. 规划实施保障：规划图则管控引导、协同融入地上控规

（1）地下方案协同融入地上控规，保障规划导控法定效力

地下空间规划应加强图则的管控与引导。在控规层面，应对地块地下空间开发深度、功能、接口等要素进行控制性规定；对地下开发强度、步行通道和广场等作出指引性规定。此外，针对重要节点，应详细构思设计方案。为确保方案合理性，项目团队应与轨道、市政设计单位进行联动对接，协调地下设施与地块的接口及竖向标高，确保区域地上地下空间各系统的完整性，推动地下空间工程精准实施。为使地下空间规划方案更好地融入地上控规，协同发挥法定效力，应进行立体协同管控。地下空间规划应主动对接地上控规，并将地下相关规划管控要素作为重要专项支撑纳入地上控规，以便协同上报城市规划委员会审议、上报政府主管部门审核批准。

（2）带着工程思维编制规划，保障空间方案合理性

在大型地下空间项目中，涉及的主体方众多，如何有效地协调和处理各种设施的布局关系以及建设时序，成为一个具有挑战性的问题。为了解决这个问题，项目团队在竞赛性投标阶段就承诺将在后续的工程设计咨询过程中，全程参与规划编制，引导项目实现统一的规划与分期实施。

在规划阶段，建议优先进行地下道路、地下街的工程预研究工作，以确保方案落地的可行性。通过多专业的配合，对地铁、地下车行系统、地下人行系统、地下市政管网等各

个系统进行平面的合理避让和竖向的分层叠加处理,从而确保地下各系统能够有机地复合、高效地运转。

（3）抓住地铁建设契机,空间预留,保障工程精准实施

规划阶段建议工程实施以片区轨道交通、地铁建设为契机,为地下设施做好空间预留,片区主干道下方地下车库联络道与地下步行通廊可结合地铁大预埋工程同步明挖建设。这一策略具有前瞻性,充分考虑了城市未来发展的需要。通过与地铁建设相结合,地下设施得以更好地规划和发展,为未来的公共交通网络提供支持。

地下步行通廊的建设实施应具有很高的实用性和创新性。建成后,地下步行通廊可作为项目前期重要的基础公共服务设施和公共活动空间,为初期入驻的企业提供商业配套设施。这意味着企业和居民将能够享受到更加便捷和高效的交通环境,同时为城市提供更多的公共活动空间。

地下车库联络道的建设则根据地块建设情况分期投入运营。这种灵活的运营方式将确保项目的可持续性和长期发展。随着地块建设的不断推进,地下车库联络道也将逐步投入运营,满足日益增长的停车需求,同时为周边商业和居民提供便利的停车服务。

综上所述,通过对地下设施的合理规划和建设,可为城市提供更加便捷、高效和可持续的交通环境,同时为居民和企业提供更多的公共活动空间和商业配套设施。这些都将进一步促进城市的繁荣和发展。

2.3.2　地下空间与轨道交通多元融合

城市轨道交通是都市公共交通的主力军,利用地下空间的发展,可以城市轨道交通线路为架构,构建一个全面的地下空间网络,例如东京都心及蒙特利尔市中心的地下街区,都充分展现了这一点。其中东京都心的地下空间与城市轨道交通线路建设相结合,形成了立体交通体系,实现了地上地下的协同发展。

城市轨道交通线路周边的地下空间开发,为城市轨道交通提供了客流储备,而城市轨道交通带来的大量客流又回馈给城市开发,从而提升了地下空间的利用率及综合开发效益。城市轨道交通融合型地下空间开发主要有以下几种方式。

（1）单座车站的节点型连接开发。城市轨道交通枢纽站的流线复杂、功能多样且客流量大,是城市交通和公共活动最活跃的区域。依靠区位优势和换乘便捷性聚集的客流提升了车站及周边区域的商业价值,促进了城市的可持续发展。

（2）多座车站连续的地下空间开发。这是一种创新的城市规划策略,通过将两个或更多的城市轨道交通车站连接在一起,形成一条连续的线性地下公共空间,以更充分地发挥城市轨道交通作为城市交通骨干的作用。这种开发方式可以显著提高公共交通的效率和便利性,同时可以带动城市的发展和繁荣。

在这种开发方式下,多个车站的地下空间被有效地利用和开发,形成一个大型的地下公共空间网络。这个网络通过公共步道等行人系统连接在一起,使乘客可以方便地从一站步行到另一站,进一步增强城市轨道交通的可达性和便利性。同时,开发区域沿着轴线带状拓展,不仅增加了城市的空间利用效率,还有利于城市的整体规划和布局。通过这种方式,地下空间可以被更有效地利用,也为城市的发展提供了更多的可能性。

（3）地下空间的综合开发利用。这种开发方式涉及多座车站及整个片区的整体规划，采用站城一体化理念，以促进基于 TOD（以公共交通为导向的发展模式）的"轨道＋物业"模式的兴起，同时推动"地上城市＋地下城市"的稳健发展。这种开发策略不仅注重提高城市的交通便捷性，还充分挖掘地下空间的潜力，通过合理规划与设计，将地下空间有效地整合到城市的整体规划中。这种方式能够提高城市的综合承载能力，同时为市民提供更舒适、更便捷的生活环境。

2.3.3　地下空间与城市开放空间协同一体

在人们对美好生活愿景的追求不断提高的背景下，人们对建筑物的要求也发生了变化。他们不再只关注建筑物的使用功能，而是更加关注当前所处空间的景观感受和生态环境。因此，仅有优美的环境或新奇的建筑是不够的，必须将两者最大限度地融合，才能营造出人们理想的生活环境，延长他们在空间中停留的时间，激发他们的消费意愿。特别是对于开放性地下空间建筑，除了设置下沉广场以增加地上地下的联系之外，更重要的是将地面景观渗透到地下，消除人们往地下行走的心理障碍，将人流自然引导到地下空间。同时，从地下空间衍生到地面的建筑也应尊重地面周边环境，不仅不能破坏，更要起到画龙点睛的作用。只有这样，才能真正实现地上地下整体设计，最大限度地展现地块的商业价值和社会效应。

1. 开放性地下空间与地面景观的整体设计的必要性

无论地下空间的形式如何，它们都与地面有着某种联系，从而与外部环境保持一定的交互性。过去由于技术和条件的限制，地下空间往往只能满足基本的防灾需求，例如作为地下密闭空间来使用。在人们的印象中，地下空间往往是"沉闷、封闭、恐惧"的。

然而，开放性地下空间与地面景观的整体设计为我们带来了一个全新的视角。这种设计方法能够将自然元素，如水、光、绿等引入原本缺乏生机的地下空间，不仅为地下空间增添了生命力，也与地面景观形成了有机的整体。这种设计方式与传统的完全依赖人工建造的环境截然不同，它更注重人类感性的表达，创造了一种能够引发人们共鸣和情感投入的环境效果。

在保障疏散安全的同时，这种设计方法也考虑了人员的舒适度要求，遵循以人为本的原则，致力于创造一个安全、舒适且开放的空间环境，让人们在地下空间中也能感受到与地面景观的整体联系和自然元素的滋养。因此，地下空间与地面景观的整体设计具有其必要性，它不仅是对地下空间利用的一种创新，也是对人类生活品质提升的积极回应。

2. 开放性地下空间与地面景观的整体设计的必然性

地下空间开发的最终目的是聚集人气，创造商业价值，因此必然会对空间的适用性、灵活性、便捷性及多元性提出要求。合理利用地块周边商业聚集的优势，以立体化的衔接方式，充分引导城市道路人流、高铁人流、公园休憩人流等，合理组织地块开口、交通人流与商业布局新的联动模式，建立起商业与周边地块的平层沟通，利用周边现有的商业资源，合理引导整合，实现"无感过渡""无缝连接"，真正挖掘出地下空间的商业潜力与城市功能。这样才能使基地不再是孤零零的个体，而是能够同外围地块及景观联系起来，联动开发，创造更高效、更具价值的商业空间。

2.4　应联尽联，城市轨道与地下空间一体化实践

2.4.1　地下公共空间与轨道交通一体化驱动因素

1863 年，英国伦敦建成了世界上第一条地铁，开启了轨道交通地下空间发展的序幕。后来在战争时期，伦敦地铁还发挥着战时指挥中心、工厂、避难所及绝密通道的作用。

近年来，各国地下空间的开发建设都呈现出迅猛的增长趋势，其中与地下公共服务空间开发关系密切的是地铁和地下街。这些发展在诸如日本、美国、英国、德国等发达国家表现得尤为成熟。以日本东京和美国纽约的地铁系统为例，其线路长达几百千米，地铁站对地下公共服务空间开发的推动作用主要体现在通过地铁站和地下街将城市中心区紧密联系在一起，进而促进地铁站域和地下街沿线地下空间系统的形成。这些地下空间具有良好的可达性，且人流密集，极大地提升了其商业价值。再以加拿大蒙特利尔的地下城为例，其高度发达的地下步行系统将 60 多个约 360 万 m² 的建筑群串联起来，地下城规模庞大，功能多样，涵盖了商店、超市、餐馆、影剧院、展览馆以及交通等功能。当轨道交通站域地面空间容量较高时，将部分功能置于地下将有效改善空间品质。驱动地下公共空间开发的主要因素包括土地价值、开发强度、客流强度及服务水平、地下空间利用分异情况等。

1. 土地价值

轨道交通建设对提升站域土地价值具有积极作用。这主要体现在两个方面：首先，由于站域土地费用较高，开发地下空间获取的空间可以有效缓解高地价带来的经营压力；其次，地下空间不计容，通过开发地下空间可以承接站点大量客流，实现客流集散和空间立体开发的相辅相成。

2. 开发强度

在土地开发强度较高的区域，通常人口密度和开发效益也会相应增高。然而，这种高强度开发往往会导致区域环境品质下降，主要原因在于，这些区域通常绿地率较低，空间拥挤，且区域规划指标无法满足现有的需求。一旦达到一定阶段，这种状况将对该区域的进一步发展造成阻碍。如果能够抓住轨道交通建设的机遇，协同开发地下公共空间，将能够在很大程度上缓解空间容量不足的问题，同时改善高强度开发区域的基础设施水平。

3. 客流强度及服务水平

当前，轨道交通的乘客流量巨大，仅依靠现有的疏散出入口难以满足瞬间客流的集散需求。特别是在城市中心区人流密集的轨道交通站点，开发建设地块地下空间与轨道交通站点连通，可以有效地缓解客流压力。通过整合地下公共空间体系，使得将乘客转化为顾客成为可能。以日本东京为例，通过轨道交通站域更新，重点开发地下空间不仅能够满足换乘需求，也为未来的地下空间综合开发利用预留了足够的空间。

4. 地下空间利用分异情况

在站域范围内集中开发商业和办公功能，可以产生良好的效益。在相对较远的地方开发居住区等功能，站点周边功能混合，可形成功能多样的有机统一体，且开发强度随着与站点距离增大而减小。

综合来看，轨道交通与站域土地利用一体化开发对城市土地价值、站域土地开发强度、客流聚集度和地下空间利用分异等方面可产生积极的推动作用。在轨道交通与土地利用一体化发展的促进下，站域地下空间随着地面用地开发强度的增加而增加，其功能不断丰富，与包含轨道交通地下出入口在内的周边地下空间连通，推动站域地下空间与轨道交通产生一体化趋势。这一趋势随着城市中心区轨道交通站间地下空间一体化逐渐形成连片趋势。轨道交通的提升促进了站域可达性的提高，进而推动了土地价值和人口密度的提升，增加了换乘效率。站域土地开发强度的提升则引发了地下空间功能需求的增加，并进一步推动站域地下空间的开发，形成良性互动。

2.4.2　轨道交通串联城市发展理论基础与组织模式

城市轨道交通沿线土地的综合开发已成为实现城市空间资源可持续利用的重要手段，对于提升城市空间效率、优化城市空间形态和布局、解决城市问题以及促进轨道交通的良性运营均具有积极的影响。本节在整理城市轨道交通系统构成及其规划设计理论、城市中心区分类构成、地下公共空间规划设计理论的基础上，依据地下公共空间与轨道一体化发展的相关基础理论，从宏观到微观，梳理了城市中心区轨道交通线网到站点的地下公共空间与轨道交通一体化发展的基础理论，并对国内外典型案例进行分析，为后续进一步提出城市地下公共空间与轨道交通一体化发展水平测度指标体系，探讨不同城市区域地下公共空间与轨道交通一体化发展水平的空间分异提供基础。

1. 城市轨道交通线网架构方案形成

大运量的轨道交通系统在城市中扮演着重要的角色，其站点向周边扩散，显著提高了交通可达性。在确定线网规模后，我们需要进一步深入分析客流空间分布，并结合城市当前的发展现状和未来的发展趋势，形成一套完整的线网架构方案。

线网架构方案不仅包括客流集聚点的甄别，还涵盖了轨道交通走廊的识别、线路的功能定位、线路等级的确定以及架构方案的优化等关键内容。这些步骤的目的是使城市交通系统更加高效、便捷和人性化。

城市中心区的客流集聚情况呈现出多元化的特征，主要包括商业、办公和交通换乘等方面，也有一部分居住、学校和医院等区域成为客流集聚点。这些特征可以通过 POI（Point of Interest，兴趣点）数据来表征，即通过记录和追踪商业设施、公共设施、文化设施等兴趣点的信息，来反映城市中心区的客流集聚情况。

轨道交通走廊是城市交通网络中的重要组成部分，其识别方法通常包括职住关联、出行期望和客流集散点识别等。这些方法主要依赖于 OD（Origin Destination，交通出行量）数据，即记录乘客的出发地和目的地信息的数据，结合相应的模型进行刻画和分析。

位于城市中心区的线路通常被定义为市区干线、中心线、直径线中心段和半径线位于城市中心区一端的线路。这些线路在城市交通网络中扮演着重要的角色，为乘客提供便捷的交通服务。

随着轨道交通站点向周边扩散，周边地区的土地利用和开发形态也会受到影响。人流集聚在站点周边地区，提升了周边用地的开发强度。当土地开发强度提升和人口密度增加时，轨道交通影响域的地下空间开发强度也会随之提升。

轨道交通影响域地下公共空间综合开发与一般的地下公共空间开发有所不同。由于客流疏导和交通换乘等刚性需求的存在，为周边以地下商业为代表的地下公共空间的规模开发提供了契机。这些地下公共空间不仅提供了更多的商业机会，也极大地丰富了城市的公共空间体系，提升了城市的整体品质。

2. 城市轨道交通线路设计构成

城市轨道交通线路设计是一项复杂而关键的任务，由五个主要方面构成，包括路由选择、敷设方式选择、线路平面设计、配线设计和线路纵断面设计。这五个方面相互关联，共同决定了轨道线路的功能、安全和效率。

路由比选是规划人员在制定方案时的辅助手段，涉及城市发展、社会和经济等方面。线路长度和线形是影响轨道线路效率和安全的关键因素，同时，还要评估线路对周边地块开发的带动作用，以及对道路交通的影响。此外，服务覆盖率、实施条件以及投资等方面也是重要的考虑因素。为了找出最符合城市发展的线路路由，我们需要对这些因素进行全面的比较和分析。为了实现这一目标，我们通常采用 AHP（层次分析法）—模糊综合评价法进行多方案比选，结合定性和定量分析，能够全面而准确地评估各个方案的优劣。通过这样的方法，我们可以为城市轨道交通线路设计与片区地下空间结合提供有力的支持，推动城市的发展和进步。

3. 城市轨道交通站点构成与规划

1）城市轨道交通站点构成分类

根据车站立体位置，城市轨道交通站点可分为地面站、高架站和地下站；根据功能形式，站点可分为中心型、居住型和枢纽型。综合考虑站点周边用地特征，站点还可以分为综合枢纽型、公共服务型、居住生活型、商务办公型、商业中心型和混合型等类型。对于位于城市中心区的城市轨道交通站点，我们需要对其客流规模、站点规模及其与周边城市地面和地下空间开发的相关参数进行分析。结合后续一体化耦合优化中的布局与形态优化，我们还应对上述多种类型站点进行综合分析。

2）城市轨道交通站点规划

城市轨道交通站点分布受到诸多因素的影响。在规划阶段，需要全面考虑沿线的客流集聚点、城市发展的现状及未来趋势，在此基础上对轨道交通的车站进行专门选址，并进一步研究站点周边的客流量、城市规划、区域现状、交通接驳以及被选区域的工程地质环境等。具体而言，城市轨道交通站点规划主要受到以下因素的影响。

（1）客流集聚点的规模：大型客流集聚点通常会设置多线换乘站，其站点规模和出入口数量通常大于普通站点。

（2）站点周边的人口密度：人口密度大的区域，其站点分布密度也会相应加大。

（3）轨道交通线路长度：线路越长，站点分布也会相应增加。

（4）地形地貌与设施分布：地形条件、地质环境的复杂程度以及地面公交系统分布状况等都会对站点布局产生影响。

总之，城市轨道交通站点规划需确保站点分布既能满足乘客需求，又能实现与城市发展的良性互动。

2.4.3　城市中心区地下公共空间开发原则和开发特征

与轨道交通类似，城市中心区地下公共空间串联城市的目的，是通过开发新的空间解决"城市病"，为人们提供安全、便捷、舒适的空间环境。同时，这种开发方式也可以为地面腾出景观绿化空间，改善区域空间品质，为营造兼具文化特色和时代气息的城市中心区提供空间保障。

1. 城市中心区地下公共空间开发原则

地下空间规划是对城市中心区地下空间资源的系统规划，涉及市政管网、人防、轨道交通、地下步行系统和地下公共空间等多个系统的规划。在规划过程中，应遵循统一规划、兼顾专项规划和综合规划的原则，并确保与城市总体规划的协调。其协调性体现在地下公共空间布局与地上布局的协调，以及城市地下空间设计与地面建筑功能的协调。具体如下。

（1）统一规划，综合开发。地下公共空间开发应与城市总体规划、地下空间规划等相关规划相协调，确保其与城市整体发展相一致。同时，应注重综合开发，将商业、文化、娱乐等多种功能整合在一起，提高地下空间的利用效率。

（2）注重安全，便捷舒适。在地下公共空间开发中，应注重提高安全性能，确保人们能够在舒适、安全的环境中通行和使用。同时，应提供便捷的交通联系和完善的设施服务，方便人们的使用。

（3）保护环境，提升品质。地下公共空间开发应注重保护生态环境，减少对地面景观的影响。同时，应通过精致的景观设计、人性化的公共空间营造等手段提升区域空间品质。

（4）合理利用，可持续性。地下公共空间开发应注重合理利用资源，避免浪费和过度开发。同时，应注重可持续性发展，为未来的城市发展留有余地，确保地下空间的可持续利用。

2. 城市中心区地下公共空间开发特征

地铁车站空间复合开发对于提升轨道交通运营收益至关重要。尽管目前已在站点出入口与地块间的衔接空间逐渐开发了商业，但尚未达到轨道交通客流转化效益最大化。地下空间与地面功能相互补充，可促进空间的连续性和功能的互补性。例如，加拿大蒙特利尔地下城通过地下公共空间的开发，结合地下中庭、下沉广场等空间与地面环境相呼应，以及与周边建筑功能相协调，形成高效互动的城市地下公共空间系统。

城市中心区地下公共空间开发模式主要有地铁综合体型、地下街型和独立综合体型。地铁综合体型主要是指结合地铁建设集商业、办公和换乘等功能于一体的地下公共空间，通过与周边的多交通换乘和与周边地块的多维度连通，形成综合性地下公共空间；地下街型是指围绕城市轨道交通换乘线路构建兼具商业和文娱设施的线性地下交通系统，例如早期日本地下街开发较多，我国深圳市地下街发展较好；独立综合体型是指与轨道交通站点通过连通空间相接，目前这类综合体地下空间多以停车为主。

2.5　经验总结，城市地下空间规划建筑设计方法

面对当今城市发展的日新月异和土地资源紧张的现状，如何高效利用有限空间成为城市规划者面临的重大课题。在此背景下，超前谋篇布局、空间统筹预留、上下协同规划的理念应运而生。这一理念旨在优化城市空间结构，提升城市空间利用效率，实现城市可持续发展。

2.5.1　超前谋篇布局，空间统筹预留，上下协同规划理念

1. 超前谋篇布局

超前谋篇布局强调对未来城市发展的预测和规划。城市规划者需站在全局高度，全面考虑城市人口增长、经济发展、社会需求等因素，进行长远规划。这要求规划者具备前瞻性思维，以应对未来可能出现的需求和挑战。例如，需预测新兴产业发展趋势，为未来可能出现的新兴产业留出足够的发展空间，确保城市发展的连续性和前瞻性。

（1）对未来城市发展的预测与规划

城市，作为现代社会的核心载体，其发展态势备受关注。在城市规划中，超前谋篇布局的理念被日益强调。这一理念的核心在于预测和规划未来城市的发展趋势，以确保城市在人口增长、经济发展、社会需求等多方面的持续稳定发展。

（2）站在全局高度进行城市规划

城市规划者需站在全局的高度，全面考虑城市发展的各个方面，包括城市人口的增长、经济的繁荣、社会需求的变化等，这些因素都是城市发展的重要驱动力。通过综合分析这些因素，规划者可以制定出符合城市发展需求的长远规划，为城市的未来描绘出一幅清晰的蓝图。

（3）以前瞻性思维应对未来挑战

城市规划者需具备前瞻性思维，通过预测新兴产业发展趋势，为未来可能出现的新兴产业留出足够的发展空间，确保城市发展的连续性和前瞻性。只有这样，城市才能在不断变化的发展环境中保持活力，实现可持续发展。

2. 空间统筹预留

空间统筹预留是我国城市规划的重要原则之一，它强调在城市发展的过程中，必须充分考虑各个空间层次的需求和相互关系，以实现城市空间的合理利用和可持续发展。这不仅包括地上空间与地下空间的协调，城市中心与城市边缘的平衡，还包括城市与周边卫星城的协同发展。通过科学的统筹规划，可以实现各类空间资源的合理配置，提高城市的整体效益。

（1）地上空间与地下空间的协调是空间统筹预留的关键。地上空间可以规划为商业、住宅、办公等功能，以满足居民的日常生活和工作需求；地下空间则可以开发为停车场、交通枢纽等，解决城市交通拥堵的问题，从而实现地上地下空间的优化利用，提高城市的空间利用率。

（2）城市中心与城市边缘的平衡是空间统筹预留的重要内容。城市中心通常是商业、

政治、文化等活动的集中地，城市边缘则更多的是住宅区和工业区。为了实现城市空间的均衡发展，需要在城市规划中充分考虑这两部分的关系，确保城市中心的繁荣和城市边缘的可持续发展。

（3）城市与周边卫星城的协同发展是空间统筹预留的重要方向。城市与卫星城之间的协同发展，可以有效缓解城市的人口压力，促进区域经济的均衡发展。为此，需要在规划中充分考虑城市与卫星城之间的交通、产业、资源等方面的互联互通，以实现区域经济的协同发展。

3. 上下协同规划

上下协同规划强调政府、企业、社会组织和市民在城市建设过程中的积极参与和合作。各部门和利益相关者需共同参与城市规划的制定和实施，确保城市规划充分体现民意和公共利益。此外，上下级政府之间要加强沟通和协作，形成统一的战略规划和实施体系。例如，各级政府可建立合作机制，共同推进城市基础设施建设，实现城市发展的有序进行。

（1）上下协同规划是一种强调各方积极参与和合作的城市建设模式。在这个模式中，政府、企业、社会组织和市民都被视为城市建设的关键参与者，他们的共同参与和协作是实现城市规划目标的关键。一方面，城市规划制定过程中，需要充分听取各方意见，确保城市规划能够全面、准确地反映社会大众的需求和期望，充分地体现民意和公共利益，为城市的可持续发展奠定基础。另一方面，城市规划的实施需要各部门和利益相关者共同参与，共同努力，确保规划的各项措施能够得到有效执行，城市规划的目标能够更好地实现，城市的建设和发展能够更加有序。

在此基础上，上下级政府之间需要加强沟通和协作，包括制定统一的战略规划，确保各级政府的规划目标一致；共同推进城市基础设施建设，实现城市发展的有序进行。

（2）各部门和利益相关者之间需要建立有效的合作机制，例如定期召开协调会议、设立专门的合作平台等。通过这些方式，各部门和利益相关者能够及时交流信息，协调行动，确保城市规划的顺利实施。

2.5.2 功能多元复合，设施系统化布局，精细化打造立体空间

到 2035 年，中国城市化率将达到 75%以上，全国 60%以上的人口将集中在长三角、珠三角、京津冀等七个城市化区域。随着大城市人口数量和人口密度的不断增加，城市空间的立体复合利用正逐步成为一种趋势：从地下配套停车空间立体交通、立体步行到车站上盖立体开发等一系列的实践都表明，对城市土地和空间资源的集约、高效利用不但要在地块开发上"加密加实"，还要让地块之间通过多种城市功能的复合叠加实现"上下互通"。

不同于北美洲和欧洲的城市，亚洲城市大多具有土地资源有限、人口高密度集聚的特点。因此，立体城市作为城市形态组织的探索，虽然在世界各地都有所实践，但在亚洲城市中，这种探索更为突出，如东京、大阪、新加坡及中国香港等。高密度城市尤其需要关注和推动立体城市的发展。

相较于大量以街道平面（土地）为基准展开地块开发建设所主导的方式，精细化打造立体空间更突出城市组织的立体化。如果把城市各个组成部分归类为不同的空间，如交通空间、功能空间、自然空间、历史空间、公共空间等，那么立体城市就突破了用土地平面

来划分和组织各类空间的思维。它不仅意味着将同一属性空间中的不同要素如车行道、步行道等进行立体组织，也意味着通过不同属性空间之间的立体组合获得空间的集约化使用，如将轨道车站或道路等市政设施与商业空间组合；同时，更强调立体建构下的城市设施系统性，如地下、地上的立体步行系统通过明确的空间序列及节点设计串联众多城市功能空间和公共空间，成为可生长的独特骨架；在开敞的地下空间出入口与下沉广场之间建立良好的过渡空间，通过天然的采光和通风条件，营造活力、有序、亲切、温暖的空间氛围；清晰醒目的日常导向标识系统和设施可实现城市车行、步行体系的有效疏导分流，进一步鼓励地铁、公交、步行等绿色出行方式，抑制小汽车出行造成的高碳排放影响，也避免城市在平面上的无限扩展，引导形成紧凑、低碳、立体化的宜居城市。这些因素都赋予了当代城市精细化、立体化发展的新动力。

2.5.3 先进经验借鉴，模式试点建设，地下空间融入智慧元素

城市规划创新是我国城市发展的重要环节，关系到城市的可持续发展和居民生活质量。在此背景下，先进经验借鉴和模式试点建设，成为推动城市规划创新的重要途径。

首先，应积极学习国际先进的城市规划理念和实践。全球各国的城市规划都有其独特之处，从中挑选出适合我国国情和城市发展的经验或教训，可为我国城市规划创新提供有力支持。此外，还应该关注国际上最新的城市规划发展趋势，以便及时调整我国的城市规划策略，确保我国城市发展与世界接轨。

其次，开展国内不同地区的试点项目也是推动城市规划创新的重要手段。我国地域辽阔，不同地区的城市发展状况和需求各异，通过在各地开展试点项目，可以针对性地探索适合我国国情的城市规划模式，为未来城市发展提供有力支撑。例如，在资源丰富、环境优美的城市开展生态城市试点，而在人口密集、经济发达的城市开展智慧城市试点，以期为全国其他城市提供可借鉴的经验。

最后，地下空间融入智慧元素将成为未来城市规划的重要方向。随着科技的发展，地下空间在城市建设中的作用愈发显著。通过利用现代科技手段（大数据、物联网、人工智能等），可将地下空间与地上空间有机结合，打造立体化的城市空间体系，有助于提高城市空间的利用效率，缓解城市拥挤问题，为居民提供更舒适的生活环境。例如，可以利用大数据分析城市人口分布、交通流量等信息，优化地下空间布局，确保地下空间的合理利用，同时满足居民的需求。借助物联网技术可实现地下设施的智能化管理，从而提高地下设施的运行效率，降低维护成本。

借鉴国际先进经验、开展试点项目以及融入智慧元素是我国城市规划创新的重要措施。通过这些措施，我们有信心为我国城市发展打造更美好的未来。

总之，在城市规划中贯彻超前谋篇布局、空间统筹预留、上下协同规划的理念，有助于优化城市空间结构，提高城市空间的利用效率，实现城市可持续发展。同时，我们还需关注城市功能的多元化、设施的系统化、先进经验的借鉴以及地下空间的智慧化发展，以应对未来城市发展的挑战，为人民创造更美好的生活环境。在实践中，我们要不断探索和创新，将先进理念付诸实践，为构建宜居、宜业、宜学的新型城市贡献力量。只有这样，我们才能迎接未来城市发展的机遇和挑战，为人民创造更加美好的生活环境。

第 3 章

城市地下空间综合防灾设计

城市地下空间
关键技术集成应用

3.1 地下空间灾害的类型及特点

城市所面临的灾害主要包括自然灾害和人为灾害。自然灾害主要表现为地震、洪水、台风及海啸等，人为灾害则主要表现为火灾、交通事故、恐怖袭击及战争灾害等。值得注意的是，除火灾和洪涝灾害外，城市地下空间对于上述灾害的抵御能力相较于地面建筑而言，具有显著的优势。因此，地下空间灾害的主要类型包括火灾、洪涝灾害以及地震灾害。

根据日本近十年灾害类型统计（图 3.1-1），火灾引起的灾害事故最多，约占 1/3，其次为施工事故占 19%。火灾、爆炸、空气质量恶化等是威胁地下空间安全的主要灾害。我国对地下空间灾害事故在管理时的受重视程度进行了专家调研，调研显示，受重视程度最高的五类灾害事故依次为火灾、爆炸、施工塌陷、空气污染、水灾。因此，地下空间开发应对这些灾害事故进行有效的预防和管理。

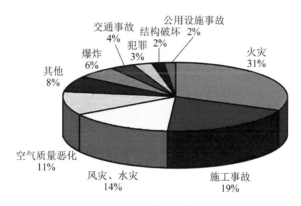

图 3.1-1　日本近十年灾害类型统计

虽然地下空间的防灾性能总体上优于地上建筑，但其疏散施救的难度却相对较大。地下空间灾害防治的特点体现在两个方面：①地下空间对于地震、台风等灾害的防御能力远大于地面建筑；②一旦地下空间发生火灾、洪涝灾害或爆炸等事故，其所造成的危害程度远大于地面建筑。

我国在城市地下空间灾害防治方面已经取得了显著的成果。首先，我国在地震灾害防御方面，通过科学规划和管理，提高了地下空间的抗震性能。例如，对地下建筑的抗震设计要求较高，确保在地震发生时，地下空间能够承受住一定的破坏力。此外，我国还在地下空间配备了避难所，可为民众提供一个相对安全的避难场所。其次，针对洪涝灾害，我国通过完善城市排水系统、提高地下空间的防水性能等措施，降低了洪涝灾害对城市的影响。同时，地下空间的防洪设施也在不断增强，以确保洪涝期间地下空间的安全。

在人为灾害防治方面，我国通过加强地下空间的安全管理，降低了恐怖袭击、战争灾害等风险。例如，对地下设施进行严格的安全检查，防止危险品进入地下空间；加强地下空间的监控系统，提高安全防范能力。

然而，火灾灾害仍然是地下空间防治的重点和难点。一旦地下空间发生火灾，由于空间狭窄、通风不畅等原因，火势容易蔓延，救援难度增大。为应对这一挑战，我国加强了地下空间的消防设施建设，提高了消防设备的性能和可靠性。同时，定期开展消防演练，提高民众的消防安全意识。

总的来说，尽管我国在地下空间灾害防治方面取得了一定的新的成果，但仍面临一些挑战。一是地下空间灾害防治技术的不断创新和发展，需要及时跟进和应用；二是城市地下空间的不断拓展，带来了新的安全隐患，需要加强规划和监管；三是民众的防灾意识仍需提高，应加大宣传教育力度，使更多人了解和掌握防灾知识。

3.2 地下空间防火设计

火灾，作为地下空间中发生频率较高、损失严重的灾害类型，一直以来都备受关注。在我国，火灾在各类灾害事件中所占的比例约为 1/3，这一数据无疑令人触目惊心。从消防安全的角度来看，地下空间存在诸多不利因素，这些因素无疑增加了火灾的风险，也使火灾的防控变得更加困难。

地下空间相对封闭，面积较小，火灾一旦发生，烟雾和有毒气体难以排出，火势将迅速蔓延，极大地增加了人员的逃生难度。同时，地下空间的出入口较少，造成火灾发生时限制了人员的疏散途径，也增加了救援队伍的进入难度。此外，地下空间的自然通风和排烟效果较差，这无疑加剧了火灾现场的烟雾污染和毒气积累。再加上天然采光困难，地下空间主要依赖人工照明，一旦火灾发生，照明系统很可能受损，进一步降低了逃生和救援的效率。

更为严重的是，一旦火灾在地下空间发生，由于空间的封闭性和复杂性，救援队伍难以迅速找到火源和被困人员，火势也更容易蔓延。因此，地下空间火灾的损失往往比地面高层建筑更为严重。

相较于地面高层建筑，地下空间火灾的发生频率是其 3~4 倍，死亡人数为 5~6 倍，直接经济损失为 1~3 倍。这些数据充分展示了地下空间火灾防控的紧迫性和重要性。因此，我们必须高度重视地下空间的消防安全，采取有效措施，提高火灾防控能力，以确保人民群众的生命安全和财产安全。

3.2.1 地下空间火灾的特点

（1）氧含量急剧下降

地下空间的特殊性在于其相对封闭的环境，使得一旦发生火灾，新鲜空气和氧气的补充变得极为困难。正常情况下，空气中的氧气含量约为 20.9%，这是人类正常生活和生理功能所必需的。然而，在地下空间火灾中，由于空气流动受限，氧气会迅速被消耗，导致空气中氧含量急剧下降。

当氧气含量降至 10%~12%时，人们开始感受到严重的不适。这主要是因为大脑和其他器官无法获得足够的氧气供应，从而导致恶心、呕吐、四肢无力，甚至瘫痪。这些症状会使人们在灾难中更加无助，增加了逃生的困难。当氧气含量降至 6%时，由于氧气供应严重不足，人体细胞无法正常运作，导致器官衰竭。在短短的几分钟内，人们将会面临死亡的威胁。

（2）发烟量大

在地下空间环境中，火灾的发生往往会带来严重的安全隐患。当火灾发生时，地下空间内的空气流动受到限制，使烟雾和有毒气体无法迅速排出。这样一来，燃烧过程中产生的有毒烟气就会在地下空间滞留，这些有毒烟气中含有大量的一氧化碳，不断积累后将导致人体组织缺氧。有毒烟气还会降低空气的能见度。在烟雾弥漫的环境中，人们难以看清周围的情况，逃生路线也会变得模糊不清。这无疑增加了火灾事故中人员伤亡的风险。

有毒烟气的存在也会对救援人员造成危害，增加了救援工作的难度和风险。

（3）排烟和排热量大

地下空间通常被厚厚的土石所包围，这导致了热交换的困难，使火灾蔓延的速度得到加快。火源产生的高温会迅速传导至周围土壤和建筑结构，从而使火灾蔓延范围不断扩大。由于地下空间的相对密闭性，火灾发生时，烟气会迅速弥漫至整个区域。这种迅速上升的烟气不仅使温度急剧升高，还可能导致人员窒息，进一步加大了救援难度。消防人员在进入火灾现场时，往往会面临恶劣的环境，如高温、浓烟、缺氧等，这些因素严重威胁到消防人员的生命安全，并影响火灾扑救的效果。

（4）火情探测和扑救困难

当地下空间遭遇火灾，消防人员往往无法直接观察到火灾现场的真实状况。因为地下空间的特殊性，如出入口的局限性、排烟系统的欠完善、仅依靠应急照明的照明条件等，都导致了在高温浓烟的环境下，消防人员难以清晰地看到火源和烟雾的扩散方向，难以靠近火源，需要经过综合调查及分析才能确定着火方位。火情探测和救援工作的开展因此面临着巨大的挑战。

此外，火灾发生时因为火灾造成的破坏以及地下环境的遮挡，地下空间的通信信号往往较差，导致消防人员之间以及与地面指挥部门之间的联系不便，信息传输不畅，从而降低了救援效率。

（5）人员疏散困难

当火灾发生时，正常电源会被立即切断，导致单纯依靠应急照明的地下空间无法自然采光，或者采光不足。原本宽敞明亮的空间顿时变得灰暗，人们只能依赖应急照明和疏散指示灯来获取有限的光照。火灾产生的烟雾使空气变得污浊，能见度极低。在这种情况下，人们看不清周围环境，无法辨别方向，极易感到恐慌和焦虑。同时，疏散过程中的不确定性让人们更加惊慌，加剧了疏散的困难。

在疏散过程中，人们往往会选择与烟气扩散方向一致的方向逃离。这种现象可以理解为人们在火灾发生时，由于恐慌和紧张，更容易跟随人群，而不是冷静地选择最佳的疏散路线。结果可能导致人员聚集在危险区域，进一步加大疏散难度。

3.2.2　地下空间防火技术要求

地下空间的特性使其防火设计原则和方法有别于地面建筑，旨在最大限度地降低灾害损失。地下空间防火设计涉及建筑结构材料、防火分区、防烟排烟、火灾报警与灭火设置等方面，具体需满足以下规定。

1. 结构材料选择

建筑结构材料的选择至关重要。由于地下空间相对封闭，火灾发生后，烟雾和高温容易在空间内传播，因此，建筑结构材料应具有较高的耐火性能和热稳定性。常见的地下建筑结构材料包括钢筋混凝土、砖石、钢材等。在实际工程中，例如苏州工业园区中央公园站地下空间新建项目，按 50 年设计使用年限设计，对结构的耐久性要求较高，结构设计时采取下列措施确保结构具有足够的耐久性：采用强度等级不低于 C35 的混凝土，混凝土应避免采用高水化热水泥，主体结构宜采用高性能补偿收缩防水混凝土；混凝土抗渗等级不低于 P8、局部采用 P10，且具有整体密实性、防水性、抗腐蚀性，使用阶段钢筋混凝土结构没有渗水裂缝；严格控制水泥用量，C35 高性能混凝土配合比的单位水泥用量一般不大于 320kg/m³，胶体用量不小于 290kg/m³；严格控制水胶比的最大限值为 0.45；配置混凝土的骨料质地应均匀坚固，粒形和级配良好，空隙率小；粗骨料的压碎指标不大于 10%，吸水率不大于 2%；在不掺缓凝剂的情况下，一般环境混凝土 12h 标准养护强度不大于 8kPa 或 24h 标准养护强度不大于 12kPa 等。混凝土耐久性检测按《混凝土耐久性检验评定标准》JGJ/T 193—2009 的相关要求执行。

这些材料在火灾工况条件下必须根据建筑耐火等级，满足耐火极限的要求，并采取必要的防火措施，提高建筑的防火性能。

2. 防火分区设计

（1）民用建筑

地下空间根据不同使用功能划分防火分区。若作为商业功能，每个防火分区的面积不大于 1000m²（当设自动灭火系统时，防火分区面积不大于 2000m²），其中餐饮的防火分区最大不能超过 1000m²；若作为办公或设备功能，每个防火分区的面积不大于 500m²（当设自动灭火系统时，防火分区面积不大于 1000m²）；若作为一般机动车库功能，每个防火分区的面积不大于 2000m²（当设自动灭火系统时，防火分区面积不大于 4000m²）；非机动车库每个防火分区面积不大于 500m²（当设自动灭火系统时，防火分区面积不大于 1000m²）。所有的防火分区之间应采用防火墙及甲级防火门分隔。

（2）地铁车站

地铁地下车站和站厅乘客疏散区应划为一个防火分区。当地下多线换乘车站共用一个站厅公共区时，站厅公共区的建筑面积不应超过 5000m²。地下一层侧式站台与同层的站厅公共区划为一个防火分区。

地铁车站内的行车值班室或控制室、变电所、配电室、通信及信号机房、通风和空调机房等重要设备用房，应采用耐火极限不低于 3h 的防火墙和耐火极限不低于 2h 的楼板与其他部位隔开，建筑吊顶应采用不燃烧材料，隔墙门窗应采用甲级防火门窗。

3. 防烟排烟设置

国内外的多次火灾表明，火灾中产生的烟气的遮光性、毒性和高温是造成火灾人员伤亡的最主要因素。尤其是内部环境封闭、出入口少、疏散路线长、通风照明条件差、安全逃生方式与途径单一、火灾救援疏散困难的城市地下空间,一旦发生火灾极易造成重大人员伤亡和财产损失。为确保人员安全疏散及消防扑救的顺利进行,布置有效的烟气控制设施、组织合理的烟气控制方式是十分必要的。

2018 年我国实施了第一部专门针对防烟排烟系统设计的国家标准——《建筑防烟排烟系统技术标准》GB 51251—2017(以下简称《烟标》)。建筑防烟排烟设计是建筑防火安全设计的重要组成部分,但是《烟标》受篇幅所限,众多条文中,部分术语未经详尽阐释,在实际工程中需要同时结合《建筑设计防火规范》GB 50016—2014(2018 年版)、《消防设施通用规范》GB 55036—2022、《建筑防火通用规范》GB 55037—2022 以及相关指南、解释才能更好地理解和执行。以下就城市地下空间防烟排烟重点予以分析,供类似工程设计参考。

(1)地下楼梯间加压送风

公共建筑疏散楼梯间是火灾时供建筑内人员紧急避火和逃生的重要竖向通道。地下空间受自身条件限制,火灾时的人员疏散比地面建筑更加困难,必须要确保人员进入疏散楼梯间后能够连续、通畅、安全地直接到达室外地面或其他安全区,因此,地下楼梯间应避免与地上疏散楼梯间共用一个楼梯间,其出口在首层一般应直通室外。在实际工程中经常遇到地下楼梯间和地上楼梯间设置在同一个平面位置的情况,这种共用楼梯间的情况应满足《建筑设计防火规范》GB 50016—2014(2018 年版)第 6.4.4 条第 3 款要求:"建筑的地下或半地下部分与地上部分不应共用楼梯间,确需共用楼梯间时,应在首层采用耐火极限不低于 2.00h 的防火隔墙和乙级防火门将地下或半地下部分与地上部分的连通部位完全分隔,并应设置明显的标志。"

《烟标》第 3.1.6 条规定:"封闭楼梯间应采用自然通风系统,不能满足自然通风条件的封闭楼梯间,应设置机械加压送风系统。当地下、半地下建筑(室)的封闭楼梯间不与地上楼梯间共用且地下仅为一层时,可不设置机械加压送风系统,但首层应设置有效面积不小于 1.2m² 的可开启外窗或直通室外的疏散门。"上述条文明确了地下一层的封闭楼梯间(不与地上楼梯间共用)采用自然通风的要求。

对于与地上楼梯间共用或服务层数为 2 层的地下封闭楼梯间、防烟楼梯间,应满足《烟标》第 3.2.1 条规定的自然通风条件,即当建筑高度大于 10m 时,应在楼梯间的外墙上每 5 层内设置总面积不小于 2.0m² 的可开启外窗或开口,且布置间隔不大于 3 层。楼梯间应在最高部位设置面积不小于 1.0m² 的可开启外窗或开口。

《浙江省消防技术规范难点问题操作技术指南(2020 版)》[以下简称《浙江省指南(2020 版)》]及上海市《建筑防排烟系统设计标准》DG/TJ 08—88—2021(以下简称《上海标》)均对地下 3 层及以上疏散楼梯间自然通风防烟给出了具体的要求。依据《浙江省指南(2020 版)》第 7.1.7 条规定,当采用自然通风方式防烟时,需贴邻下沉式广场等室外空间布置、层数不大于 3 层且满足自然通风要求。《上海标》第 3.1.8 条和第 3.2.6 条规定,除该标准另有规定外,采用自然通风防烟方式的地下室疏散楼梯间或前室应贴邻下沉式广场或对边净距不小于 6m×6m 的无盖采光井设置。

综合各方面规定,地下疏散楼梯间和前室自然通风防烟要求见表 3.2-1。

地下疏散楼梯间和前室自然通风防烟要求　　　　表 3.2-1

地下空间	地下楼梯间与地上楼梯间是否共用	楼梯间形式	楼梯间自然通风要求	前室自然通风要求
地下 1 层（埋深小于 10m）	是	封闭楼梯间	注 1	无前室
地下 1 层（埋深小于 10m）	否	封闭楼梯间	注 2	无前室
地下 2 层（埋深小于 10m）	是/否	封闭楼梯间	注 2	无前室
地下 1 层（埋深大于 10m）	是/否	防烟楼梯间	注 2	注 5、注 6
地下 2 层（埋深大于 10m）	是/否	防烟楼梯间	注 2	注 5、注 6
地下 3 层	是/否	防烟楼梯间	注 3	注 5、注 6
地下 3 层以上	是/否	防烟楼梯间	机械加压，注 4	注 5、注 6

注：1. 按照《烟标》第 3.1.6 条，首层应设置有效面积不小于 1.2m² 的可开启外窗或直通室外的疏散门。
　　2. 按照《浙江省指南（2020 版）》第 7.1.7 条，应在地下楼梯间的外墙上设置面积不小于 2m² 的可开启外窗，且在最高部位设置面积不小于 1m² 的可开启外窗。
　　3. 按照《上海标》第 3.1.8 条和第 3.2.6 条，地下室疏散楼梯间或前室应贴邻下沉式广场或对边净距不小于 6m×6m 的无盖采光井设置。
　　4. 按照《浙江省指南（2020 版）》第 7.1.7 条，大于 3 层不允许自然通风，必须采用机械加压。
　　5. 自然通风时按照《上海标》第 3.2.6 条，地下室疏散楼梯间或前室应贴邻下沉式广场或对边净距不小于 6m×6m 的无盖采光井设置。
　　6. 楼梯间自然通风，前室机械加压时按照《烟标》第 3.1.3 条第 2 款，机械加压送风口设置在前室的顶部或正对前室入口的墙面；楼梯间机械加压满足《烟标》第 3.1.5 条第 1 款规定的"采用独立前室且仅有一个门与走道或房间相通"的情况时前室可以不加压，除此以外的其他情况前室均须设置机械加压。

（2）通风空调与排烟

由于地下空间机电设备管线众多，吊顶高度十分紧张，为了充分利用空间，排烟通常与正常使用的通风空调共用一套系统，比如地下车库的排烟通常与平时的通风共用一套系统等。

《烟标》第 4.4.3 条规定："排烟系统与通风、空调系统应分开设置；当确有困难时可以合用，但应符合排烟系统的要求，且当排烟口打开时，每个排烟合用系统的管道上需联动关闭的通风和空气调节系统的控制阀门不应超过 10 个。"也就是说，这种系统也要满足规范中关于排烟系统的通用要求。因此在设计通风空调系统兼排烟系统时，需注意每个防烟分区的排烟分支管路上也要设置常闭的排烟阀或者排烟口，参考国标图集《〈建筑防烟排烟系统技术标准〉图示》15K606 第 98 页的做法，应该在每个防烟分区单独设置的一根排烟支管上设置排烟阀或者排烟口。

排烟阀或者排烟口应能满足规范中对于控制的要求。如《烟标》第 5.2.2 条第 4 款对于排烟风机、补风机的控制方式的规定："系统中任一排烟阀或排烟口开启时，排烟风机、补风机自动开启"；第 5.2.3 条规定"机械排烟系统中的常闭排烟阀或排烟口应具有火灾自动报警系统自动开启、消防控制室手动开启和现场手动开启功能，其开启信号应与排烟风机联动。"有了这些明确的规定后，可以确保通风空调系统兼排烟系统不受其他因素的影响，提高系统的可靠性。

另外，大开间式的商业基本都设有集中式中央空调系统，因此可以充分利用空调送风机作为火灾发生时机械排烟的补风机使用。当空调送风口数量比较多且布置分散，利用空调送风口作为火灾补风口时，要充分考虑火灾时气流组织问题，其与排烟口最小水平距离及设置高度均应满足《烟标》的相应规定，避免短路，并应注意空调送风机作为补风机时其送风量与排烟量的比例匹配性，应满足不低于排烟量的 50%，同时不高于 80% 的要求。当火灾确认后，同一排烟系统中着火的防烟分区中的排烟口应呈开启状态，其他防烟分区的排烟口应呈关闭状态。

城市地下空间的防烟排烟系统一直是防火设计中的重点和难点，合理的设计应能够保证火灾发生初期人员的安全疏散和消防扑救。在方案阶段，暖通设计人员就应与建筑、结构专业人员充分沟通，结合地下空间的平面布置，通过多方案比较、优化，找出最佳的防烟排烟系统设计方案。

4. 火灾报警与灭火设置

1）火灾自动报警系统的设置

火灾自动报警系统主要设置于机械排烟、防烟系统，雨淋或预作用自动喷水灭火系统，固定消防水炮灭火系统、气体灭火系统等需与火灾自动报警系统联锁动作的场所或部位。

（1）设置内容

民用建筑地下空间火灾报警总系统的主要形式为集中型报警系统，由火灾探测器、手动报警按钮、火灾声光报警器、消防应急广播、消防专业电话、消防控制室图形显示装置、火灾报警控制器、联动控制器等组成。

消防控制室、安保控制中心内消防设备包括：火灾报警控制器、消防联动控制器、消防控制室图形显示装置、消防电话专用总机、消防应急广播控制装置、消防应急照明及疏散指示系统控制装置、消防电源监控器、电气火灾监控系统控制装置、防火门监控系统控制装置、可燃气体探测报警系统控制装置。

接到火灾报警后，值班人员应立即以最快方式确认；火灾确认后，值班人员应立即确认火灾报警联动控制开关处于自动状态，同时拨打"119"报警。

消防控制室、安保控制中心内严禁无关管线穿越。消防控制室、安保控制中心竣工后，应具有各分系统逻辑关系控制说明、设备使用说明、系统操作规程、应急预案、维护保养制度及值班记录等文件。

（2）设置要求

①系统总体设置。系统总线上应设置总线短路隔离器，每只总线短路隔离器保护的火灾探测器、手动火灾报警按钮和模块等消防设备的总数不应超过 32 点；总线穿越防火分区时，应在穿越处设置总线短路隔离器。

②消防设备设置。设备机房、楼梯间、走道等场所设置感烟探测器，厨房设置感温及可燃气体探测器；每个防火分区公共活动场所的出入口等处设置手动报警按钮。

消防控制室设置消防专用电话总机；消防水泵房、变配电室、主要通风和空调机房、排烟机房及其他与消防联动控制有关的且经常有人值班的机房设置消防专用电话分机。公共部位设置消防广播及声光报警器。

③消防控制要求。消防联动控制器按设定的控制逻辑向各相关的受控设备发出联动控制信号，并接收相关设备的联动反馈信号；各受控设备的特性参数应与消防联动控制器发

出的控制信号匹配；需要联动的消防设备，其联动触发信号应采用两个独立的报警触发装置报警信号的"与"逻辑组合；对于消防水泵、消防风机的启停，除自动控制外，消防控制室还应能手动直接控制。消防控制室火灾报警及联动控制器能显示报警部位和联动控制状态信号。

消防控制室确认火灾后，火灾自动报警联动系统启动建筑内所有的火灾声光报警器，消防广播工作。火灾声报警器设置带有语音提示功能，并有语音同步器，其声压级不小于60dB；火灾自动报警系统能同时启动和停止所有火灾声报警器；消防广播与背景音响合用时，火灾时应强制切入消防状态。控制消防泵的启停，显示其工作、故障状态并接收其反馈信号，显示启泵按钮的位置；控制喷淋泵的启停，显示其工作、故障状态并接收其反馈信号，显示水流指示器、湿式报警阀的工作状态；控制消防风机的启停，显示其工作、故障状态并接收其反馈信号，显示防火阀的工作状态；切断相关部位非消防电源；顺序启动全楼疏散通道的应急照明；联动打开疏散通道上由门禁系统控制的门及停车场出入口挡杆，使其处于开启状态；联动所有电梯迫降至首层并接收其反馈信号。控制防火卷帘下降，并接收其反馈信号。用于防火分隔的防火卷帘门应直接下降至底；位于疏散通道上的防火卷帘门在感烟探测器动作后下降至距地面1.8m，感温探测器动作后下降至底。

④系统供电。火灾自动报警系统的交流电源采用消防电源，备用电源采用火灾自动报警器和消防联动控制器自带的蓄电池电源。

⑤设备安装。探测器周围0.5m内不应有遮挡物；火灾探测器至墙壁、梁边水平距离不应小于0.5m；至空调送风口边的水平距离不应小于1.5m，并宜接近回风口安装；与照明灯具水平净距大于0.2m；消防模块严禁设置在配电（控制）箱内，本报警区域内模块不应控制其他报警区域的设备。

⑥线路敷设。供电线路、消防联动控制线路采用铜芯耐火电线电缆，报警总线、消防应急广播和消防专用电话等传输线路采用阻燃型或阻燃耐火型电线电缆，电线电缆的燃烧性能均不低于B2级。不同电压等级的线缆单独穿保护管、合用线槽时，线槽内采用隔板分开。消防控制线路与火灾报警系统的传输、通信、警报线路，暗敷时穿金属管并应敷设在不燃烧体结构内且保护层厚度不应小于30mm。当在吊顶内敷设或明敷设时，应穿金属管或封闭式金属桥架、线槽，并应刷防火漆两道。

2）自动喷水灭火系统的设置

下列建筑或场所应设置自动喷水灭火系统：

（1）总建筑面积大于500m²的地下或半地下商店。

（2）设置在地下或半地下的歌舞娱乐放映游艺场所。

（3）位于地下或半地下且座位数大于800个的电影院、剧场或礼堂的观众厅。

（4）建筑面积大于1000m²且平时使用的人民防空工程。

（5）停车数大于10辆的地下或半地下汽车库。

工程中除不宜用水扑救的房间外，均可设置自动喷水灭火系统进行保护：危险等级为中危Ⅱ级，设计强度为8.0L/（m²·min），作用面积160m²，持续工作时间1h。

喷淋用水由喷淋加压泵抽取消防水池内储水加压后供给。

湿式报警阀组集中设置于消防水泵房或湿式报警阀间内。每组湿式报警阀控制的喷头不超过 800 个；每组报警阀组的最不利喷头处设末端试水装置，其他防火分区的最不利喷头处设 DN25 试水阀。自动喷水灭火系统每个防火分区均设信号阀和水流指示器。

喷淋加压泵启动方式包括：①湿式报警阀压力开关信号直接自动启动；②泵房内手动启动；③控制中心遥控启动，并显示工作状态。

同时，下列地下建筑应设置与室内消火栓等水灭火系统供水管网直接连接的消防水泵接合器，且消防水泵接合器应位于室外便于消防车向室内消防给水管网安全供水的位置：

（1）设置自动喷水、水喷雾、泡沫或固定消防炮灭火系统的地下建筑。

（2）室内消火栓设计流量大于 10L/s 且平时使用的人民防空工程。

（3）地铁工程中设置室内消火栓系统的建筑或场所。

（4）设置室内消火栓系统的交通隧道。

（5）设置室内消火栓系统的地下、半地下汽车库。

（6）设置室内消火栓系统，建筑面积大于 10000m² 或 3 层及以上的其他地下、半地下建筑（室）。

3.2.3　地下空间防火设计

1. 确定地下空间分层功能布局

根据《建筑设计防火规范》GB 50016—2014（2018 年版）第 5.4 节平面布置中的要求，有些功能不能设置在地下或半地下建筑内，例如托儿所和幼儿园的儿童用房和儿童活动场所、医院和疗养院的住院部分；有些功能只能设置在地下一层，如老年照料设施中的老年人公共活动用房、康复与医疗用房；而歌舞厅、录像厅、夜总会、卡拉 OK 厅、游艺厅、桑拿浴室、网吧等歌舞娱乐放映游艺场所不应设置在地下二层及以下，最大开发深度不得超过地面以下 10m；营业厅、展览厅、剧场、电影院、礼堂则不应设置在地下三层及以下楼层。具有明火的餐饮店铺应集中布置，重点设防。

规范对于地下空间功能布局有一定的约束，这是因为民用建筑的功能多样，往往有多种用途或功能的空间布置在同一座建筑内，不同使用功能空间的火灾危险性及人员疏散要求也各不相同，加上地下区域更容易受到地质灾害和其他意外情况的影响，一旦发生事故，救援和疏散难度较大。因此，为了保障人民群众的生命安全，我国对地下建筑功能的设置进行了严格的限制。

2. 设置防火防烟分区及防火隔断装置

地下空间防烟分区的设立应遵循不超过且不跨越防火分区的原则，同时，必须配备排烟排风控制系统。每个防火防烟分区的范围应控制在不大于 2000m²，且至少具备 2 个与地面相连的出入口，并且直接通向室外安全区域。在防火分区连接部位，应配备耐火等级满足 3.00h 的防火墙、甲级防火门、防火卷帘等防火设施。针对地下空间与地面的高差大于 10m 的情况，应设立防烟楼梯间、前室，并配置独立的进排风系统。

以苏州太湖新城核心区地下空间项目为例，该项目地下一层按照面积小于 20000m² 划分防火分隔区段，各区段之间设置防火墙进行分隔，采用下沉式广场或防火隔间相连接，如图 3.2-1、图 3.2-2 所示。在面积小于 20000m² 各防火分隔区段内，地下商业用房以不大于 2000m² 作为一个防火分区（加喷淋），餐饮以不大于 1000m² 作为一个防火分区（加喷淋）。每个防火分区设自动喷淋灭火系统，柜架式营业厅安全疏散距离控制在 37.5m 之内。每个防火分区设置不少于 1 个通向下沉广场的安全出口。无条件直通下沉广场的防火分区，设置避难走道与下沉广场相连。地下一层东南部设有地下自行车停车库，按照自行车库的要求设非机动坡道出入口（至少 2 个），且自行车库的人员最大疏散距离控制为 30m，每个防火分区面积按照 1000m²（加喷淋）分区控制。

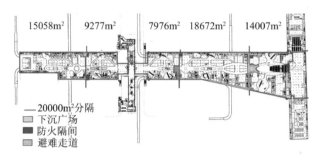

图 3.2-1　苏州太湖新城核心区地下空间项目 20000m² 防火分隔区段

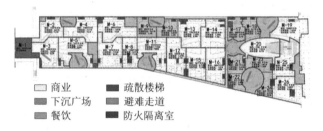

图 3.2-2　苏州太湖新城核心区地下空间项目地下一层商业防火分区

　　地下二层、地下三层为车库，按面积不大于 4000m² 作为一个防火分区（加喷淋）；不大于 2000m² 作为一个防烟分区，且不得跨越防火分区。若地下车库有电动车充电停放区域，则必须按面积不大于 1000m² 划分防火分区，设防火卷帘及人员疏散口。

3. 地下空间出入口设置和布局设计

（1）出入口设置

　　为确保地下空间内人员安全疏散，根据《建筑设计防火规范》GB 50016—2014（2018 年版）的要求，地下商业空间内任意一点至最近安全出口的最大距离不得超过 30m，并应确保每个出入口所服务的面积均衡分布。地下空间合理布置出入口，可以防止因某个防火分区内出入口数量较少或单个出入口过宽而引发人员拥挤现象，进而影响疏散效率。同时，出入口的宽度设计需与预期的最大人流强度相匹配，以保障人员在紧急情况下能够迅速、有序地疏散。

　　城市地下空间在有条件的情况下通常会设计开放的下沉广场作为出入口和疏散途径。这是一个非常有效的方法，能够使采光通风、安全疏散、自然景观、交往空间多种功能融于一体，有利于地下空间立体交通系统的完善。以广州花城广场为例，这是一个庞大的地下空间项目,南至黄埔大道,北连海心沙亚公园,纵向贯穿了江临大道、花城大道和金随路。整个地下空间也根据交通及功能划分为南区、中区和北区,包含 12 个中庭出入口,每个出入口设计在保证安全疏散的情况下,都有各自的主题,别具匠心,并与城市广场和道路进行了很好的连接(图 3.2-3、图 3.2-4)。

图 3.2-3 花城大道中庭   图 3.2-4 花城广场北区下沉广场

在苏州太湖新城核心区地下空间项目中,为了充分发挥地下空间的核心枢纽作用,构建区域便捷、安全的步行系统,在地下一层设置商业,在地面以上设置横跨城市道路的人行景观平台。大平台的中间位置设置椭圆形水盘天窗,在水盘朝向太湖方向形成入口,通过大台阶将平台、地面层和地下一层连通,实现了人行交通的无缝对接。为使人流从各个方向都能很容易进入本区域,将中轴大道规划为主动线,设置了大量的下沉式广场,这些下沉式广场作为购物、散步的起点,形成了街区内的网状水平动线,如图 3.2-5 所示。下沉式广场中所设的自动扶梯和螺旋楼梯,为地面层和地下商业之间提供了便捷的竖向交通。同时,该项目以轨道交通为依托,将地下一层的商业空间与轨道交通 4 号线溪霞路站相连;在下沉广场内预留出与周边地块的接口,使城市步行交通体系与周边建筑地下室连成整体,有效提升了商业空间价值。

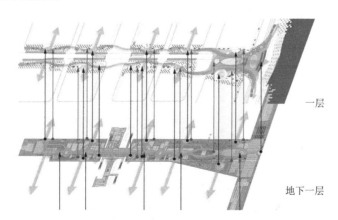

一层

地下一层

图 3.2-5 苏州太湖新城核心区地下空间项目步行交通系统

(2)布局设计

地下空间通道布局应简约,主要通道和次要通道应有明确区分。由于在地下的方向感比较差,因此在主要通道上应设置放大的节点空间便于人群集散,增强识别性,避免过多的曲折和高低错落增加逃生的难度。为了确保安全性，降低人员在逃生过程中迷失方向的风险，每条通道的转折处不宜超过 3 处，弯折角度应大于 90°，便于通道清晰可见。以广州花城广场为例，其地下一层的平面布局中，将主通道设置于地下空间的中轴上，作为商业人流的主要动线，并且设置了多处开放空间作为通道节点；将次要通道布置于两侧，一头与主通道相连，另一头与地面出入口、后勤区域或周边地块相连，各司其职。如图 3.2-6、图 3.2-7 所示。

图 3.2-6　花城广场南区主通道　　　　　图 3.2-7　花城广场南区室内中庭

4. 地下空间装修材料和消防设施设置

为了实现地下、地上空间的无差别感，摆脱以往大众对地下空间封闭黑暗的固有认知，在装修材料的材质和颜色方面，可以尽量采用浅色系材料，提高视觉上的亮度，或局部采用亮色彩绘，强调活跃的气氛。另外，能带来亲和力的材料、绿色植物和室内灯光的处理都能增强使用者体验感。广州双环广场也是一个地下空间的经典案例，室外打造的多层次立体式绿色下沉广场，给使用者带来了无感式下沉的体验，在不知不觉中步入地下商业入口，如图 3.2-8 所示；室内装修简约，墙面、柱面和地面均采用浅驼色系的石材，光滑有质感，并且与室外广场的主要材料颜色统一，实现了视觉效果的无缝对接，如图 3.2-9 所示。地下空间装饰装修材质和颜色的良好选用可提升火灾时的应急救援能力，同时应选用阻燃、无毒的 A 级材料，禁止使用易燃、燃烧后产生有毒气体的材料。

地下空间消防设计应按照规范要求配置应急照明系统、应急疏散指示标识、火灾自动报警系统等。

图 3.2-8　广州双环广场下沉广场　　　　　图 3.2-9　广州双环广场室内空间

3.3　地下空间防洪涝设计

地下空间的开发利用在很大程度上缓解了城市土地资源的紧张状况，减轻了地面交通压力，也为社会创造了财富。然而，近年来地下空间洪水侵袭不仅导致了设备损失、人员伤亡等直接经济损失，还造成了难以估算的间接损失。尤其是在多雨、暴雨集中以及台风频繁的季节，洪涝灾害的频发使地下空间极易遭受水灾，诸如地下仓库被淹、地下仓库周边水库溢出、地下室渗水等情况屡见不鲜。洪涝灾害一直是许多城市亟待关注和重点防御的自然灾害之一。

3.3.1　地下空间洪涝灾害的特点

地下空间通常处于城市建筑的最低部位，一旦发生洪涝，将首先殃及地下空间（图 3.3-1、图 3.3-2）。在地面建筑尚属安全的情况下，洪水会由地下建筑物入口处灌入，波及整个相连通的空间，甚至直达多层地下空间的最深层，造成人员伤亡以及地下的设备和储存物质的损坏。由于周围地下水位上升，即使入口处没有进水，长期被饱和土所包围的防水质量不高的工程衬砌同样会渗入地下水，使地下空间变得异常潮湿，不得不长期开启除湿机抽湿防潮；严重时甚至会引起结构破坏，造成地面沉陷，影响到邻近地面建筑物的安全。

3.3.2　地下空间防洪涝技术要求

鉴于地下空间独特的构造特性，为确保其安全，防护对象的防洪标准应以其能够抵御的洪水或潮水的重现期为依据进行划定。对于至关重要的防护对象，应采取更为严格的防护措施，将可能的最大洪水作为设定防护标准的重要参考。根据防护对象的具体需求和实际情况，防护标准可细分为设计一级或设计、校核两级，以确保其安全性能达到最高水平。

1.防护对象和防洪标准

在防护区内存在两种或多种防护对象，且无法单独实施防护时，防洪标准应依据防护区与主要防护对象的要求中较高者来确定。对于受灾损失严重或次生灾害影响较大的防护对象，需专门研究并制定相应的防洪标准。通常情况下，地下空间的防洪标准应遵循所在城市的相关规定，特殊情况下可选用高于城市防洪标准一级的标准。若地下空间位于滨海地带，设计标高低于当地历史最高潮位时，须以历史最高潮位为准则进行校核。

2.地下结构设计要求

依据《建筑与市政工程防水通用规范》GB 55030—2022 的规定，地下结构出入口的地面标高，对于不同部位，至少比室外地坪分别高出 300mm 或 500mm，并需满足当地的防洪要求。对于跨越河流或邻近河流的地下结构，可根据其规模大小，分别采用 100 年一遇或 50 年一遇的防洪标准。在出水口处，应适当设置防淹措施。针对可能液化的土层，应采取挖出换填或人工加密的处理方式。对于软土地基，可采取挖出软土或设置砂井加速排水的措施，以提高地基强度。若在地基持力层范围内存在高压缩性土，可考虑采用桩基方案。

3. 配套设施要求

针对露天出入口及通风口排水泵房的雨水排放设计，应以当地 50 年一遇的暴雨强度为依据进行计算，确保集流时间在 5～10min 内得以控制。在此条件下，洞口雨水泵房的集水池有效容积应满足不小于最大水泵在 5～10min 内所能排出的水量。

针对关键的地下空间，应根据防洪标准设置强度和抗渗性能均符合要求的防洪墙。为确保结构稳定，防洪墙的埋设深度应在冲刷线以下 0.5～1.0m。在此基础上，为确保结构稳定，防洪墙必须设置变形缝。同时，在地面标高、土质、外荷载及结构断面变化处也应适当设置变形缝。

图 3.3-1　广州地铁站洪涝灾害　　　　图 3.3-2　郑州地铁站洪涝灾害

3.3.3　地下空间防洪涝措施

城市地下空间防洪措施主要分为工程设计措施与非工程措施两类。

1. 工程设计措施

（1）出入口防水设计。地下空间出入口、进排风口、排烟口都应设置在地势较高的位置，出入口标高应高于当地最高洪水位。出入口设置防淹门，在发生事故时快速关闭，堵截暴雨洪涝或防止江水倒灌。另外，可在暴雨时临时插入叠梁式防水挡板，减少进入地下空间的水量，并在较大洪水时降低洪水流入速度。如图 3.3-3、图 3.3-4 所示。

 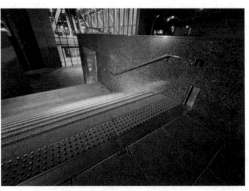

图 3.3-3　地铁防水挡板　　　　图 3.3-4　日本大阪梅田下沉广场入口防水措施

（2）排水设计。洪水入侵、线路渗漏水以及冲洗水和发生火警时的消防水等，都会聚集到地下空间标高最低处，因此在此处应设置排水泵站或集水井，将水量及时排出。图 3.3-5 为日本大阪地铁站疏散楼梯明沟排水，图 3.3-6 为日本大阪地下非机动车库入口排水措施。

图 3.3-5　日本大阪地铁站疏散楼梯明沟排水　图 3.3-6　日本大阪地下非机动车库入口排水措施

（3）防漏防渗设计。通常采取双层墙结构等方式，并在其底部设排水沟、槽，减少渗入地下空间的水量。

（4）合理设置地下空间入口结构。结合地下空间所在地区的地域性特点，在地下空间入口处内外两侧均设置排水沟，外侧与室外地坪相接处设台阶或坡道，使入口附近地面具有一定高度，有效地减少入侵水量。

2. 非工程措施

（1）绘制洪水风险图。一方面，可以使群众了解地下空间的洪水风险，增强安全意识；另一方面，出现洪水警报或洪水灾害时，可指导群众安全避难。

（2）防汛应急预案。作为水灾应急救援行动计划和实施指南，应急预案能有效应对暴雨、洪水等突发事件，保证抢险工作高效、有序进行。由于洪灾历时短、影响面广、危害大，可制定几套较为可靠的抢险预案措施用来应对突发事故。

（3）准备充足、良好的防汛物资和器材。防汛物资主要包括：沙袋、挡水板、五金工具、雨衣及雨靴等。防汛器材主要包括：备用潜水泵及水管、电源拖线盘、照明器材、发电机组、工业除湿机等。地下空间出口处应设置应急挡水设施，如活动挡水板、充水坝、充气坝或升降闸坝等。采光窗、竖井、通风孔等各类外露孔口及设有电梯的地下空间要落实各项防汛措施，如砌高或安装防水挡板、沙袋等。

（4）保持排水系统设施完好且排水畅通。应定时检查、清理、疏通地下空间各种排水措施，保持其性能完好。

3.4　地下空间抗震设计

3.4.1　地下空间地震灾害特点

地下空间位于岩土层的包围中,岩石或土体结构为其提供弹性抗力,可有效抑制结构位移的发展,对地震震动具有优良的阻尼作用,降低振幅。

地下空间在地震中的优势不仅体现在其对地震震动的阻尼作用,还表现在其良好的承载能力。由于岩土层的支撑,地下空间在地震过程中能够保持稳定性,避免因地面震动导致的结构破坏。此外,地下空间的深度越大,受到地震灾害的影响越小,这为地下空间的开发提供了有力的保障。

在地震过程中,地下结构的反应呈现出明显的各点相位差异,这是由于地下空间的复杂地质条件以及震动波在地下传播的特性所导致的。这种相位差异为地震动的分析和预测提供了有价值的信息。通过对这些信息的深入研究,可以更好地了解地震对地下空间的影响程度,从而为地下空间的抗震设计提供科学依据。

地下空间在抗震中的优势使其在抗震救灾方面具有重要作用。在地震发生后,地下空间可以作为避难所,为受灾群众提供暂时的生活保障。此外,地下空间还可用于储存重要物资,以应对地震带来的次生灾害。在我国,许多城市已经在地下空间开发方面取得了显著成果,例如地铁、地下停车场等,这些设施在地震发生时具有良好的抗震性能。

地下空间结构的破坏特征多样,且相互关联。地下空间隧道结构的破坏特征主要表现为:衬砌出现裂缝、剪切破坏、边坡失稳导致隧道坍塌、洞门破损、渗水以及边墙变形等。地下空间框架结构的破坏特征主要表现为:混凝土柱子的损坏程度相对较大,其破坏形式包括弯曲、剪切破坏以及弯剪联合破坏等。为保证地下空间的安全使用,应在设计和施工过程中充分考虑各种破坏因素,采取有效措施预防破坏现象的发生。同时,应加强对已建地下空间结构的监测和维护,及时发现和处理安全隐患,以确保城市地下空间的安全和可持续发展。

3.4.2　地下空间抗震技术要求

1. 抗震设防标准

当抗震设防烈度为6~8度时,甲类建筑地下结构,应按当地抗震设防烈度提高一度的要求确定地震作用并加强抗震措施;乙类建筑地下结构,应按当地抗震设防烈度的要求确定地震作用,按当地抗震设防烈度提高一度的要求加强抗震措施;丙类建筑地下结构,应按当地抗震设防烈度的要求确定地震作用和抗震措施。

2. 设计地震动参数

在抗震设计中,地震动参数的确定是一个至关重要的环节,它直接影响到工程结构的稳定性和安全性。为了确保设计出的结构能够抵御地震带来的破坏,须按以下三个步骤来确定场地设计地震动参数。

（1）根据结构所在地的地震动参数分区，给出设计基本地震加速度或相应的抗震设防烈度。这一步骤的目的是确保设计出的结构能够承受所在地区可能的地震作用。地震动参数分区是根据地区的地震活动性、地质条件和地貌特征等因素综合划分的，设计基本地震加速度或抗震设防烈度则是根据地震动参数分区来确定的。

（2）根据地下结构的重要性分类。地下结构的重要性分类是根据其功能、所处位置和可能遭受的地震破坏程度等因素来判断的。这一步骤的目的是确保重要地下结构在地震发生后能够发挥其应有的功能，减少地震对城市正常运转的影响。

（3）场地设计反应谱特征周期T的确定。反应谱特征周期T是衡量地震动破坏能力的一个重要参数，它反映了地震动在时间上的变化特点。根据场地设计反应谱特征周期T的分组，可以确定地震动对场地产生的影响，从而为场地设计提供可靠的依据。

3. 场地适应性判别和选址要点

在地下空间的建设场地选择中，需要根据场地的地质条件、地形地貌以及潜在的地震风险，将场地划分为四类：有利地段、一般地段、不利地段和危险地段。

（1）有利地段主要包括坚硬的土壤和开阔平坦、密实均匀的中硬土地段。这些地段由于土壤的稳定性较好，能够降低地震对地下建筑的影响。

（2）不利地段主要包括软弱土、液化土、自重湿陷性黄土、河岸和边坡边缘等地段。这些地段在地震过程中，地质条件容易发生变动，导致地下建筑的破坏，因此需要采取更为严格的抗震措施，以提高地下建筑的抗震能力。

（3）危险地段是指在地震时可能发生严重地质灾害的地段，如滑坡、崩塌、地陷、地裂等，应尽量避免在危险地段建造地下建筑。

（4）除上述三类外的其他地段划为可进行建设的一般地段。

综上所述，场地选址要点为：应选择有利地段或一般地段，避开不利地段，不应在危险地段建造地下建筑。当含有软土夹层时，经专门研究，适当调整其特征周期。

4. 地质和地下结构抗震设计要点

地下结构抗震设计过程中，当设防烈度为 8 度时，必须对地下建筑进行抗震稳定性验算；当设防烈度为 7 度及以上，且进出口部位的岩体破碎、节理裂隙发育时，同样需要对其抗震稳定性进行验算。在计算掩体地震惯性力时，可不考虑动力放大效应。在进行地震反应计算时，地下结构通常采用反应位移法、反应加速度法、土层-结构时程分析法等；半地下结构则适用多点输出弹性支撑动力分析法。值得注意的是，当设防烈度为 8 度时，应避免在地形陡峭、岩体风化、裂隙发育的山体中建造大跨度傍山地下空间结构。

3.4.3　地下空间抗震设计目标

我国抗震规范通常遵循"小震不坏、中震可修、大震不倒"的设防准则，以确保群众生命安全为主要目标。这一准则能确保建筑工程大震时主体结构稳定不倒，但中震时可能导致结构正常使用功能受损，进而引发严重的经济损失。

尽管地下空间结构的抗震能力较强，抗震性能优于地面建筑，但地下空间通常是不可再生的资源，一旦在地震中遭到破坏，损坏后一般不能推倒重来，而原地修复的难度较大，费用昂贵。另外，随着经济不断发展，地下空间内部装修、非结构构件以及信息智能化设备的费用已远超结构本身成本，损失将愈发严重。

因此，需对地下空间结构抗震设计提出更高的目标：在遭受设计烈度地震作用时，结构一般不应损坏；在遭受超设计烈度地震作用时，结构可能损坏，但不应丧失主要功能，或不产生危及其内人员生命的严重破坏。

为满足上述抗震设计目标，同时克服现有抗震设计规范中单一的设计方法，专家们提出了性能化抗震设计思想（PBSD）。PBSD 的核心观念是将抗震设计从单纯追求强度转向关注性能，以便地震发生时，建筑物能更好地抵御灾害，降低人员伤亡和财产损失。PBSD 包括确定地震风险水平、选择性能水平和性能目标、确定适宜场地、方案设计、初步设计、施工图设计、设计过程的可行性检查、设计审核，以及在结构施工过程中的质量保证和使用阶段的监测维护等细化工作。其设计主要分为三步：①根据性能要求，确定满足规范甚至是高于规范的性能目标；②根据性能目标选用合适的结构体系、构筑材料及设计方法；③评估建筑结构的性能要求，并得到建设方的认可。

第 4 章

城市地下空间结构计算分析方法

城市地下空间
关键技术集成应用

4.1 城市地下空间结构及地震反应特点

随着城市化进程的不断推进，开发并利用地下空间成为越来越重要的发展方向。目前地下工程已经广泛地应用于轨道交通、地下商场、综合管廊等多个城市建设领域。

4.1.1 地下空间结构分类

地下空间结构形式多样，分类方法也比较多。本章根据地下工程结构形式、地震响应、地震破坏等特点和抗震能力分析方法的不同，将地下空间结构大致归纳为细长型地下隧道类结构、空间分布型地下框架类结构及地下壳体类结构三种。

1. 细长型地下隧道类结构

地下隧道按地质条件可分为土质隧道和石质隧道；按埋深可分为浅埋隧道和深埋隧道；按所处位置可分为山岭隧道和城市隧道；按施工方法可分为明挖隧道和暗挖隧道；按断面形状可分为圆形隧道、矩形隧道、马蹄形隧道等；按隧道功能可分为公路隧道、铁路隧道和地铁隧道。尽管形式多样，但这些隧道的主体结构主要是由衬砌结构和内部结构这两大部分构成，而且隧道的纵向长度相对于横向尺寸大得多，也称为线型地下结构。

2. 空间分布型地下框架类结构

此类地下空间结构具有较大的内部空间，外墙基本是钢筋混凝土墙，而内部根据建筑需求以框架结构为主，有时在不影响使用功能的位置设置部分混凝土墙，这样保持了框架结构易于分割空间、立面易于变化等特点。结构水平荷载由混凝土墙和框架共同承担，而竖向荷载主要由框架承受，这类结构在地下空间开发利用中充分发挥了类似地上框架-剪力墙结构体系的优点。目前通常采用地下框架结构的有地铁车站、地下停车场、地下商场以及综合管廊等。

3. 地下壳体类结构

地下壳体类结构是指修建在地下的薄壳结构。薄壳结构不仅有合理的空间曲面，能够将其所承受的外荷载转换成沿壳体表面的径向压力，从而具备良好的传力性能，而且结构本身的厚度较小，相较于一般的梁板式结构，能够形成较大的空间跨度。因此在实际工程应用中，薄壳结构以其承载能力强、空间可用度高、材料节省等优点满足了大量工程对于高承载能力以及大跨度空间的需求，在地下工程中的应用也较为广泛，例如地下石油燃气储罐、地下仓储室及核电站等。

4.1.2 地下空间结构地震反应特点

地下空间结构的震害形态与地震的强度、至震源中心的距离、地震波的特征、地质条件、结构构造和施工方法等密切相关，地震引发的主要和次要效应都会对地下工程产生不同程度的损坏。地下空间结构的抗震能力，主要体现在结构与周围土体变形是否相适应。因此，在地下空间结构抗震设计时，不能一味地提高结构的刚度，应该保证结构具有足够的延性来吸收地震产生的变形。研究结果表明，在地震作用下，周围土层的水平相对位移对地下结构变形起着控制作用，土层变形较小时地下结构的水平位移也较小，土层发生较大变形时地下结构也将发生较大的变形，其至发生破坏。一般情况下，地下结构因受到周围地基土体的约束，其震害程度相对较轻。

林皋院士根据地上结构和地下结构在地震作用下不同的动力反应特征，得出了极具参考性的结论，概括如下。

（1）地下结构在地震作用下的变形主要取决于周围土体地基的约束，一般结构的自振特性不在结构动力反应中表现。对于地上结构来说，其本身的自振特性是其动力响应的主要表现，尤其是在低阶模态下。

（2）周围地基的地震动响应一般不受地下结构存在的影响。

（3）地震波的输入方向对于地下结构的振动形态影响显著，即使地震波的输入方向变化不大，地下结构的地震响应也能发生很大变化。但是地震波的输入方向对地上结构的振动形态影响很小。

（4）地下结构在地震作用下，各个点的相位差很大，地上结构则不明显。

（5）地下结构振动的主要应变和地震波加速度的相关性不大。而地上结构的地震响应受地震动加速度的影响非常明显。

（6）埋深对地下结构地震反应的变化不大，但地上结构地震反应受埋深影响显著。

（7）对地下结构和地上结构来说，地基与地上、地下结构的相互作用都能够明显影响到结构的动力反应，但有着不同的影响方式以及影响程度。

4.2   地下空间结构计算分析方法

4.2.1   反应谱法

振型分解反应谱法是计算多自由度体系地震作用的一种方法。该法利用单自由度体系的加速度设计反应谱和振型分解的原理，求解各阶振型对应的等效地震作用。假定建筑结构是线弹性的多自由度体系，利用振型分解和振型正交性的原理，将求解 n 个自由度弹性体系的地震反应分解为求解 n 个独立的等效单自由度弹性体系的最大地震反应，进而求得对应于每一个振型的作用效应（弯矩、剪力、轴向力），再按一定法则将每个振型的作用效应组合成总的地震作用效应进行截面抗震验算。反应谱法的计算基本假定为：结构的反应是弹性的，可以采用叠加原理进行振型组合；现有的反应谱是指结构的所有支撑处的地震动完全相同，基础与土壤无相互作用，即标准反应谱；结构最不利的地震反应为最大的地震反应，而与其他的动力反应参数无关。

采用弹性反应谱方法计算地震作用，一般需建立三维空间结构计算模型，参与计算的振型数应保证其振型质量之和不小于结构总质量的90%。

4.2.2   惯性力法

惯性力法将地下结构视为弹性地基上的平面框架，将质量集中在框架的各节点处，计算简图如图 4.2-1 所示。计算中主要考虑地震作用下结构所受的两部分附加作用：①结构的惯性力F_{ij}（i 为横向构件层数，j 为竖向构件列数）为作用在节点 ij 上的等代水平地震惯性力；②地层提供的水平抗力。结构惯性力按照下式计算：

$$F_{ij} = K_{c}Q_{ij} \tag{4.2-1}$$

式中　F_{ij}——第 i 层、第 j 节点的惯性力；

　　　K_{c}——水平地震惯性力系数；

　　　Q_{ij}——第 i 层、第 j 节点的集中质量。

关于地层水平抗力，很多其他方法是结合土层特性和地层变形来确定的；为了简化计算，直接假设地层水平抗力呈三角形分布，并且其值可由水平方向作用的等代地震作用的平衡条件确定。

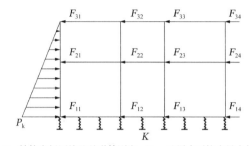

K—结构底板压缩地基弹簧刚度；P_{k}—地层水平抗力最大值

图 4.2-1　惯性力法计算简图

4.2.3　等代水平地震加速度法

在国家标准《城市轨道交通结构抗震设计规范》GB 50909—2014、上海市地方标准《地下铁道结构抗震设计标准》DG/TJ 08—2064—2022 中都提到了等代水平地震加速度法。该方法将地下结构的地震反应简化为沿垂直向线性分布的等效水平地震加速度的作用效应，使两者作用下结构内力最大值相等、出现部位相同，从而将动力问题转化为静力问题。等代水平地震加速度法计算简图如图 4.2-2 所示，图中 H 为计算土层的总厚度；h_{1}、h_{2} 分别为结构顶板、底板埋深；β_{1}、β_{2} 分别为等代水平地震加速度荷载影响系数，$0.1g$ 为设计基准期 50 年且超越概率为 10%，设防烈度为 7 度地表处的设计基本地震加速度。

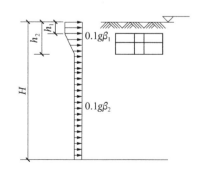

图 4.2-2　等代水平地震加速度法计算简图

4.2.4　反应位移法

1. 计算模型

反应位移法认为地下结构地震时的响应特点是其加速度、速度与位移等与周围土层基本保持相等，土层与地下结构成为一体。天然土层在地震时，其振动特性、位移、应变等会随不同位置和深度而有所不同，从而会对处于其中的地下结构产生影响，即地下结构在地震时的反应主要取决于周围土层的变形。一般来说，这种不同部位的位移差会以强制位移的形式作用在结构上，从而使地下结构中产生应力和位移。

反应位移法将土以等效刚度的弹簧来代替，将土层在地震时产生的变形通过地基弹簧以静荷载的形式作用在结构上，同时考虑地震剪应力和结构自身的惯性力。采用反应位移法进行地下结构横向地震反应计算时，将周围土体作为支撑结构的地基弹簧，结构可采用梁单元进行建模，计算简图如图 4.2-3 所示。

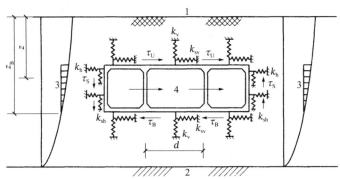

1—地面；2—设计地震作用基准面；3—土层位移；4—惯性力；
k_v—结构顶底板压缩地基弹簧刚度；k_{sv}—结构顶底板剪切地基弹簧刚度；
k_h—结构侧壁压缩地基弹簧刚度；k_{sh}—结构侧壁剪切地基弹簧刚度；
τ_U—结构顶板单位面积上作用的剪力；τ_B—结构底板单位面积上作用的剪力；
τ_S—结构侧壁单位面积上作用的剪力；Z_B—结构底部深度

图 4.2-3　反应位移法计算简图

1）反应位移法的计算过程

（1）计算求得弹簧刚度。

（2）将土层位移沿深度变化假设为余弦函数，计算出土层位移，然后计算出地震动土压力。

（3）将地震剪应力沿深度变化假设为正弦函数，计算出地震剪应力。

（4）计算得到结构自身的惯性力。

（5）各力施加在结构上，计算出结构内力。

2）地震作用在计算模型中的施加方法

（1）以地震时一维自由土层在结构上、下底位置相对水平位移达到最大值时的位移作为强制位移施加到土体弹簧远离梁单元的一端。

（2）将地震时结构接触面位置自由土层的剪应力离散为接触面切线方向的节点力，施加到接触面的梁单元节点上。

（3）假设地震时自由土层的反应加速度与结构的反应加速度是一致的，将其作为体积力转化成横向节点力并施加于结构全体梁单元。

2. 土层位移

采用反应位移法进行地下结构地震反应计算时，应考虑土层相对位移、结构惯性力和结构周围剪力作用。土层相对位移、结构惯性力和结构周围剪力可由一维土层地震反应分析得到。对于进行了工程场地地震安全性评价工作的，可采用其得到的位移随深度的变化关系。对于未进行工程场地地震安全性评价工作的，土层位移沿深度变化规律如图 4.2-4 所示，地震时土层沿深度方向位移可按式(4.2-2)确定；土层水平峰值位移沿深度和地下结构轴向分布如图 4.2-5 所示，地震时土层沿地下结构轴向位移可按式(4.2-3)确定。

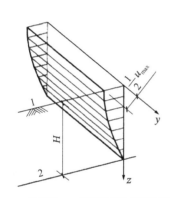

1—地表面；2—设计地震作用基准面

图 4.2-4 土层位移沿深度变化规律 图 4.2-5 土层水平峰值位移沿深度和轴向分布

$$u(z) = \frac{1}{2} u_{\max} \cdot \cos \frac{\pi z}{2H} \tag{4.2-2}$$

$$u(x, z) = u_{\max}(z) \cdot \sin \frac{2\pi x}{L} \tag{4.2-3}$$

式中　$u(z)$——地震时深度z处土层的水平位移（m）；

$u(x, z)$——地震时深度z处土层沿地下结构轴向位移（m）；

$u_{\max}$——场地地表水平向设计地震动峰值位移（m），取值参考《城市轨道交通结构抗震设计规范》GB 50909—2014。Ⅱ类场地设计地震动峰值位移见表 4.2-1，场地地震动峰值位移调整系数见表 4.2-2；

$u_{\max}(z)$——地震时深度z处土层的水平峰值位移；

H——地面至地震作用基准面的距离（m）；

L——土层变形的波长（m），即强迫位移的波长。

地表下 50m 及其以下部分的峰值位移可取地表处的 1/2，不足 50m 处的峰值位移应按深度线性插值。

Ⅱ类场地设计地震动峰值位移 $U_{\max Ⅱ}$（m）　　　　　表 4.2-1

地震动峰值加速度分区	0.05g	0.10g	0.15g	0.20g	0.30g	0.40g
多遇地震作用	0.02	0.04	0.05	0.07	0.10	0.14
设防地震作用	0.03	0.07	0.10	0.13	0.20	0.27
罕遇地震作用	0.08	0.15	0.21	0.27	0.35	0.41

场地地震动峰值位移调整系数 γ_{u}　　　　　表 4.2-2

场地类别	Ⅱ类场地设计地震动峰值位移$U_{\max Ⅱ}$（m）					
	≤0.03	0.07	0.10	0.13	0.20	≥0.27
Ⅰ$_0$	0.75	0.75	0.80	0.85	0.90	1.00
Ⅰ$_1$	0.75	0.75	0.80	0.85	0.90	1.00
Ⅱ	1.00	1.00	1.00	1.00	1.00	1.00
Ⅲ	1.20	1.20	1.25	1.40	1.40	1.40
Ⅳ	1.45	1.50	1.55	1.70	1.70	1.70

3. 土体与结构相互作用弹簧刚度

计算模型中，结构周围土体采用地基弹簧表示，包括压缩弹簧和剪切弹簧。地基弹簧刚度按下式计算：

$$k = KLd \tag{4.2-4}$$

式中　k——压缩、剪切地基弹簧刚度（kN/m）；

K——地基反力系数（kN/m³）；

L——地基的集中弹簧间距（m）；

d——土层沿地下结构纵向的计算长度（m）。

《城市轨道交通岩土工程勘察规范》GB 50307—2012 给出了通过地质勘察和工程经验确定地基反力系数的方法。

4. 土层位移引起的作用于结构的地震力

在反应位移法中需将地下结构周围自由土层在地震作用下的最大位移（可取相对变形，相对于结构底面深度的位移为零）施加于结构两侧面压缩弹簧及上部剪切弹簧远离结构的端部。需要说明的是，由于有限元软件中要实现在弹簧远离结构的一端施加强制位移较为困难，因此，可将强制位移按式(4.2-5)、式(4.2-6)转换为直接施加在结构侧壁和顶板上的等效荷载。

$$p(z) = K_n[u(z) - u(z_B)] \tag{4.2-5}$$

$$p(z_v) = K_{sv}[u(z_u) - u(z_B)] \tag{4.2-6}$$

式中　　　$p(z)$——直接施加在结构侧壁上的等效荷载（kN）；

$p(z_v)$——直接施加在结构顶板的等效荷载（kN）；

$u(z)$、$u(z_B)$、$u(z_U)$——分别为距地表面深度z处、地下结构底板(z_B)处和顶板(z_U)处的土层位移（m）。

　　结构自身的惯性力可采用地下结构的质量乘以最大加速度来计算,作为集中力作用在结构形心上,也可以按照各部位的最大加速度计算结构的水平惯性力并施加在相应的结构部位上。

　　结构上、下表面的土层剪力可采用反应谱法计算土层位移,通过土层位移微分确定土层应变,最终通过物理关系计算得到。

4.2.5　反应加速度法

　　近年来,国内逐渐接受并推广反应加速度法,国家标准《城市轨道交通结构抗震设计规范》GB 50909—2014、上海市地方标准《地下铁道结构抗震设计标准》DG/TJ 08—2064—2022 都引入了这种方法。土体与地下结构组成的系统在地震作用下的受力以体积力为主,土层与地下结构之间存在着动力相互作用,土层对地下结构的约束作用不可忽略。在地震的动力作用下,当位于地下结构位置处的土层发生最大变形时,结构的受力为最不利状态,此时结构位置的土层处于最大剪应变状态。有限元反应加速度法通过对各土层和地下结构按照其所在的位置施加相应的水平有效惯性加速度,来实现在整个土-结构系统中施加水平惯性体积力。此方法适用于地震反应主要受土层相对位移控制的隧道,如盾构、明挖和沉管隧道等。

　　采用反应加速度法时,须用场地土层地震动加速度确定地震作用,施加于地下结构及周围土体,对地下结构进行抗震计算。根据《城市轨道交通结构抗震设计规范》GB 50909—2014 的规定,当采用反应加速度法时,土体可采用二维平面应变单元、结构可采用梁单元进行建模。计算模型底面应采用固定边界,侧面应采用水平滑移边界。模型底面可取设计地震作用基准面,顶面取地表面,侧面边界到结构的距离宜取结构水平有效宽度的 2～3 倍。反应加速法计算简图如图 4.2-6 所示。

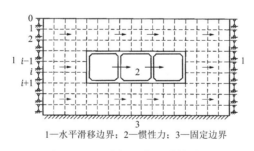

1—水平滑移边界;2—惯性力;3—固定边界

图 4.2-6　反应加速度法计算简图

　　土层和地下结构根据其所在位置施加相应的水平加速度 a_i,其中 a_i 应取地下结构上、下底处土层发生最大相对位移时刻第 i 层土单元水平加速度;地下结构位置处的土层发生最大变形时刻各层土中的剪应力分布可以通过一维土层地震反应分析方法计算得到。求得自由场的水平有效惯性加速度分布后,即可在静力分析模型中按照各土层单元所在的位置施加于相应的土层上,模型中结构部分也按照所在土层深度位置作用水平有效惯性加速度。而加速度值是以体积力的方式转化成节点力施加到二维有限元模型的节点上,即将地下结构的单元质量乘以最大加速度得到集中力,作用在结构单元形心上。为提高计算精度,可按照各部位的最大加速度计算结构的水平惯性力,并施加在相应的结构部位上。

　　当需要同时考虑重力荷载与地震作用时,也可先计算自重作用下自由土层反应,将计算得到的侧向边界条件(水平荷载＋竖向位移)施加在模型侧面,建立完整的土-结构相互作用分析模型；采用静力分析方法计算模型在自重作用下的静力反应，在完成重力反应的基础上，再在土-结构相互作用模型中施加水平等效惯性加速度，以此计算结构真实的地震反应。其中，侧向边界条件为混合边界条件，水平向为力边界条件，竖向为位移边界条件，施加的水平力和竖向位移分别等于一维土层自由场模型重力反应分析得到的侧向土压力和竖向位移。

反应加速度法需要获取地震作用下土层沿深度变化的水平向加速度。通常认为，同一土层的加速度是一样的，结构的加速度等于相应位置处土层的加速度，但这忽略了结构存在对场地地震动参数的影响。根据南京工业大学陈国兴针对南京地铁软弱地基浅埋隧洞对场地设计地震动的影响研究表明，结构的存在对场地地震动参数的变化还是有一定的影响。

4.2.6 土层-结构时程分析法

土层-结构时程分析法即结构直接动力法，是最经典的方法之一。其基本原理为，将地震运动视为一个随时间变化的过程，将地下结构和周围岩土体介质视为共同变形受力的整体，通过直接输入地震动加速度记录，在满足变形协调条件的前提下，分别计算地下结构和周围岩土体介质的位移、速度、加速度，以及内力和应变，进而验算场地的稳定性和进行结构截面设计。时程分析法具有普遍适用性，在地质条件及结构形式复杂，宜考虑地基和结构的相互作用及地基和结构的非线性动力特性时，应采用这种方法。土层-结构时程分析法计算简图如图 4.2-7 所示。

时程分析法平面应变问题网络划分时，侧向边界宜取至距离相邻结构边墙至少 3 倍结构宽度处；底部边界取至基岩表面，或经时程分析试算结果趋于稳定的深度处；上部边界取至地表。计算的边界条件，侧向边界可采用自由场边界，底部边界离结构底面较远时可取为输入地震动加速度时程的固定边界，地表为自由变形边界。

采用空间结构模型计算时，在横截面上的计算范围和边界条件可与平面应变问题的计算相同，在纵向边界可取与结构端部距离为 2 倍结构横断面面积当量宽度处的横截面，边界条件均宜为自由场边界。

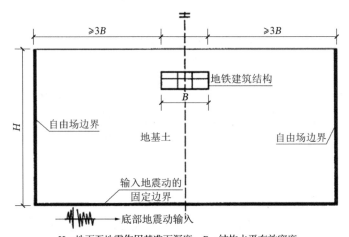

H—地面至地震作用基准面深度；B—结构水平有效宽度

图 4.2-7 土层-结构时程分析法计算简图

4.3 地下空间结构计算分析方法适用范围

目前《建筑抗震设计规范》GB 50011—2010（2016年版）、《地下铁道结构抗震设计标准》DG/TJ 08—2064—2022、《城市轨道交通结构抗震设计规范》GB 50909—2014等规范对各种类型的地下空间结构设计中所采用的结构计算分析方法都有各自相关的规定，虽然表述略有差别，但基本原则一致，即根据地下空间周围地质条件、结构体型、内部空间的复杂程度来确定结构的计算模型、计算分析方法及地震作用计算参数。

4.3.1 计算模型

1）依据《建筑抗震设计规范》GB 50011—2010（2016年版）

（1）周围土层分布均匀、规则且具有对称轴的纵向较长的地下空间，结构分析可选择平面应变分析模型。

（2）长宽比和高宽比均小于3及上述第（1）条规定以外的地下空间，宜采用空间结构分析计算模型。

2）依据《地下铁道结构抗震设计标准》DG/TJ 08—2064—2022

（1）在软土地层中穿越的纵向长度较大、横向构造不变的区间隧道和地铁车站一般可按平面应变模型进行横向水平地震作用的计算。

（2）结构形式复杂或工程地质条件变化较大的区域，应按空间结构模型计算。

3）依据《城市轨道交通结构抗震设计规范》GB 50909—2014

（1）当进行隧道与地下车站结构横向地震反应计算时，可采用土-结构动力相互作用计算模型，按平面应变问题分析。

（2）当地下车站结构形式变化较大，需考虑空间动力效应时，宜采用三维计算分析模型。

4.3.2 计算分析方法

1）依据《建筑抗震设计规范》GB 50011—2010（2016年版）

（1）周围土层分布均匀、规则且具有对称轴的纵向较长的地下空间，结构计算分析可采用反应位移法、等代水平地震加速度法或惯性力法。

（2）长宽比和高宽比均小于3及上述第（1）条规定以外的地下空间，结构计算分析宜采用土层-结构时程分析法。

2）依据《地下铁道结构抗震设计标准》DG/TJ 08—2064—2022

（1）进行7度设防烈度地震作用下的内力和弹性变形分析时，可根据结构特点采用弹性时程分析法、等代水平地震加速度法或反应位移法。

（2）弹性时程分析法具有普遍适用性，但计算分析便捷程度不如等代水平地震加速度法和反应位移法；等代水平地震加速度法和反应位移法一般仅适用于平面应变问题的计算。

（3）地下结构设计中，可根据结构特点，在弹性时程分析法、等代水平地震加速度法和反应位移法这三种方法中选择合适的方法计算弹性工作状态下的地震反应。

3）依据《城市轨道交通结构抗震设计规范》GB 50909—2014

（1）抗震设计中地震反应的计算方法宜按表 4.3-1 采用，其中性能要求Ⅰ和性能要求Ⅱ应符合《城市轨道交通结构抗震设计规范》GB 50909—2014 第 3.2.2 条和第 3.2.3 条的规定。

地震反应计算方法   表 4.3-1

结构构件	抗震设防类别	性能要求	计算方法	说明
地下车站结构	特殊设防类	Ⅰ	反应位移法 反应加速度法 弹性时程分析法	需考虑土层非线性时，应采用非线性分析法
	重点设防类 标准设防类	Ⅰ	反应位移法 反应加速度法	
		Ⅱ	反应加速度法 非线性时程分析法	
区间隧道结构	重点设防类	Ⅰ	反应位移法 反应加速度法	
		Ⅱ	反应加速度法 非线性时程分析法	

（2）对于地质条件及结构形式简单的隧道结构，横向抗震计算可采用反应位移法或反应加速度法。

（3）对于周围土层分布均匀、断面形状标准、规则且无突变的隧道结构，纵向抗震计算宜采用反应位移法。

（4）在地质条件及结构形式复杂的情况下，隧道结构宜考虑地基和结构的相互作用以及地基和结构的非线性动力特性，并应采用时程分析法进行抗震计算。

4.3.3 地震作用计算参数

1）依据《建筑抗震设计规范》GB 50011—2010（2016 年版）

（1）地震作用的方向应符合下列规定：

①对于按平面应变模型分析的地下结构，可仅计算横向的水平地震作用。

②对于不规则的地下结构，宜同时计算结构横向和纵向的水平地震作用。

③对于地下空间综合体等体型复杂的地下结构或地基地质条件复杂的线型地下结构，抗震设防烈度为 8、9 度时尚宜计及竖向地震作用。

（2）地震作用的取值应随深度增大较地面相应减小，基岩处的地震作用可取地面的一半，地面至基岩的不同深度处可按插入法确定；地表、土层界面或基岩面较平坦时，也可采用一维波动法确定；地表、土层界面或基岩面起伏较大时，宜采用二维或三维有限元法确定。

（3）结构的重力荷载代表值应取结构、构件自重和水、土压力的标准值及各可变荷载的组合值之和。

（4）采用土层-结构时程分析法或等代水平地震加速度法时，土、岩石的动力特性参数可由试验确定。

2）依据《地下铁道结构抗震设计标准》DG/TJ 08—2064—2022

（1）一般地铁车站、区间隧道、区间隧道间的联络通道和出入口通道，抗震设计时可仅计算沿结构横向的水平地震作用；建筑布置不规则的地下车站以及形状变化较大的区间隧道渐变段，应同时计算沿结构横向和纵向的水平地震作用；枢纽站、采用多层框架结构的地下换乘站，以及地基地质条件明显变化的隧道区段必要时尚应计及竖向地震作用。

（2）采用土层-结构时程分析法或等代水平地震加速度法按平面应变模型计算地震反应时，侧向边界宜取至距离相邻结构边墙至少 3 倍结构宽度处，底部边界取至距离地表 70m 深处（或经时程分析试算，计算结果趋于稳定的深度处），上部边界取至地表。

（3）计算地震作用时，重力荷载代表值应取为结构自重及水、土压力的标准值，以及各可变荷载的组合值之和。按实际情况计算的楼面活荷载组合值系数取 1.0；按等效均布荷载计算的楼面活荷载组合值系数取 0.5。

3）依据《城市轨道交通结构抗震设计规范》GB 50909—2014

（1）对于沿纵向结构形式连续、规则、横向断面构造不变，周围土层沿纵向分布一致的隧道或地下车站结构，可仅计算横向的水平地震作用。

（2）抗震设防烈度为 8 度及以上时，对于形状不规则的地下车站、枢纽站、采用多层框架结构的地下换乘站等，宜计入竖向地震作用。

（3）对于埋置于土层中的地下隧道和地下车站结构，设计地震作用基准面宜取在隧道和地下车站结构以下剪切波速大于或等于 500m/s 岩土层位置。对于覆盖土层厚度小于 70m 的场地，设计地震作用基准面与结构底面的距离不宜小于结构有效高度的 2 倍；对于覆盖土层厚度大于 70m 的场地，宜取为场地覆盖土层 70m 深度的土层位置。

4.4　应用实例

4.4.1　苏州轨道交通 8 号线时代广场站（反应位移法、二维土层-结构时程分析法）

1. 工程概况

1）项目概况

时代广场站北接西沈浒路站，南接右岸街站，处于苏州大道、现代大道与华池街交叉路口之间，沿华池街南北走向，跨路口敷设，为地下 3 层岛式站。

2）结构形式

本车站采用明挖顺筑法施工（局部盖挖逆作法施工），标准段开挖深度为 25.6～26.4m，围护结构采用 1000mm 厚地下连续墙＋混凝土内支撑（第一、四道支撑）和钢管内支撑（第二、三道支撑）体系，车站标准段地下墙墙深 46.55m（冠梁底起算），坑底土层⑥$_1$黏土。标准段结构内衬墙地下一、二层厚 800mm，地下三层厚 1000mm，顶板厚 800mm，底板厚 1100mm，地下一、二层中板厚 400mm，柱截面尺寸为 700mm×1200mm。车站主体结构标准段剖面图如图 4.4-1 所示。

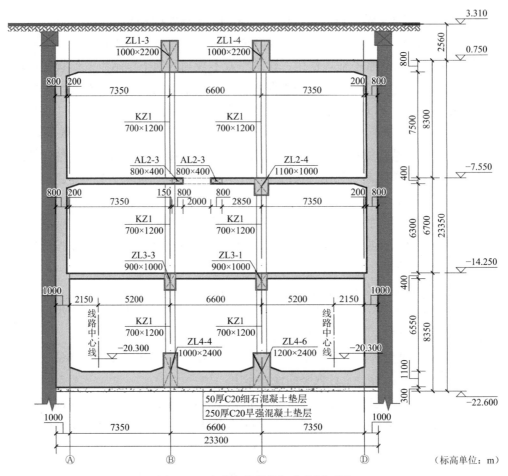

图 4.4-1　车站主体结构标准段剖面图

3）岩土力学参数

本车站各土层物理力学性质指标见表 4.4-1。

土层物理力学性质指标　　　　　　　　　　　　　　　　表 4.4-1

层号及名称	含水率w （%）	重度γ （kN/m³）	压缩模量 $E_{S1\text{-}2}$（MPa）	回弹模量 （MPa）	静止侧压力系数K_0
①₃素填土	（30.0）	（19.0）	（4.0）	—	（0.55）
②₁粉质黏土	27.5	19.6	5.2	—	0.52
③₁黏土	25.7	20.0	6.4	—	0.50
③₂粉质黏土	30.1	19.2	5.1	—	0.52
③₃黏质粉土夹粉砂	29.0	19.3	10.8	—	0.45
④₂粉砂夹砂质粉土	24.8	19.8	12.9	76.2	0.43
⑤₁粉质黏土	31.0	19.2	4.6	55.7	0.55
⑥₁黏土	23.8	20.3	7.1	41.2	0.45
⑥₂粉质黏土	29.3	19.3	5.9	63.4	0.48
⑦₁粉质黏土	30.9	19.1	5.4	68.5	0.55
⑦₂砂质粉土	26.3	19.6	10.3	80.3	0.45

层号及名称	含水率w（%）	重度γ（kN/m³）	压缩模量$E_{S1\text{-}2}$（MPa）	回弹模量（MPa）	静止侧压力系数K_0
⑦₃粉质黏土	30.1	19.3	5.5	58.8	0.55
⑧₂粉质黏土	30.1	19.4	5.4	—	—
⑩₁粉质黏土	26.6	19.9	6.0	—	—
⑪粉细砂	18.0	20.6	12.5	—	—
⑫粉质黏土	22.0	20.3	6.3	—	—

注："（ ）"内指标根据经验确定。

2. 静力作用下结构计算

1）静力荷载计算

静力作用阶段，结构控制工况为抗浮工况，即高水位工况，抗浮水位取地表下 0.5m，荷载标准值计算见表 4.4-2。

荷载标准值计算（kPa）　　　　　　　　　　　　　表 4.4-2

顶板荷载	恒荷载	覆土	60
	活荷载	地面超载	20
中板荷载	恒荷载	设备荷载	8
	活荷载	人群荷载	4
底板荷载	恒荷载	底板处水浮力	257.5
侧墙水平荷载	恒荷载	顶板处水侧压力	29
		顶板处土侧压力	19.5
		底板处水侧压力	252
		底板处土侧压力	131
	活荷载	地面超载产生侧压力	10

2）静力计算简图

主体结构标准段静力计算简图如图 4.4-2 所示。

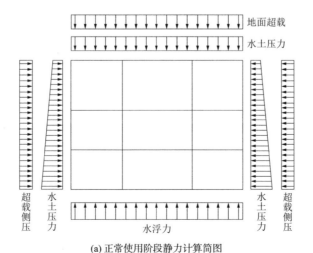

(a) 正常使用阶段静力计算简图

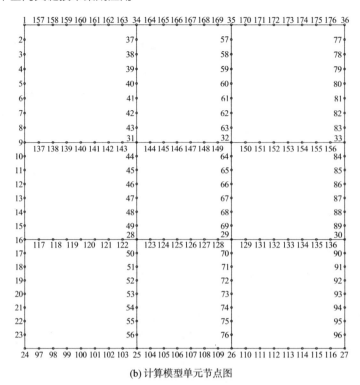

(b) 计算模型单元节点图

图 4.4-2　主体结构标准段计算简图

3）静力计算结果

（1）主体结构正常使用阶段准永久组合内力（弯矩、剪力、轴力）计算结果如图 4.4-3～图 4.4-5 所示。

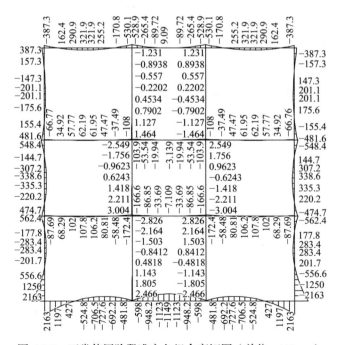

图 4.4-3　正常使用阶段准永久组合弯矩图（单位：kN·m）

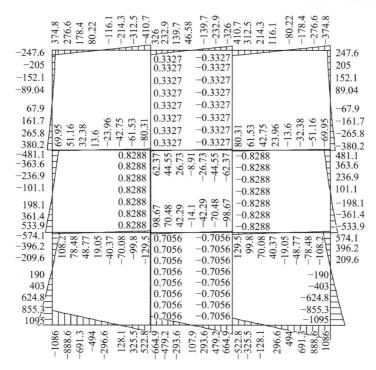

图 4.4-4　正常使用阶段准永久组合剪力图（单位：kN）

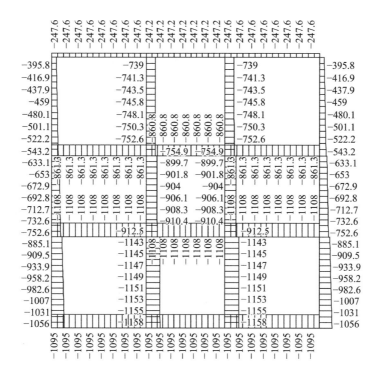

图 4.4-5　正常使用阶段准永久组合轴力图（单位：kN）

（2）主体结构正常使用阶段基本组合内力（弯矩、剪力、轴力）计算结果如图 4.4-6～图 4.4-8 所示。

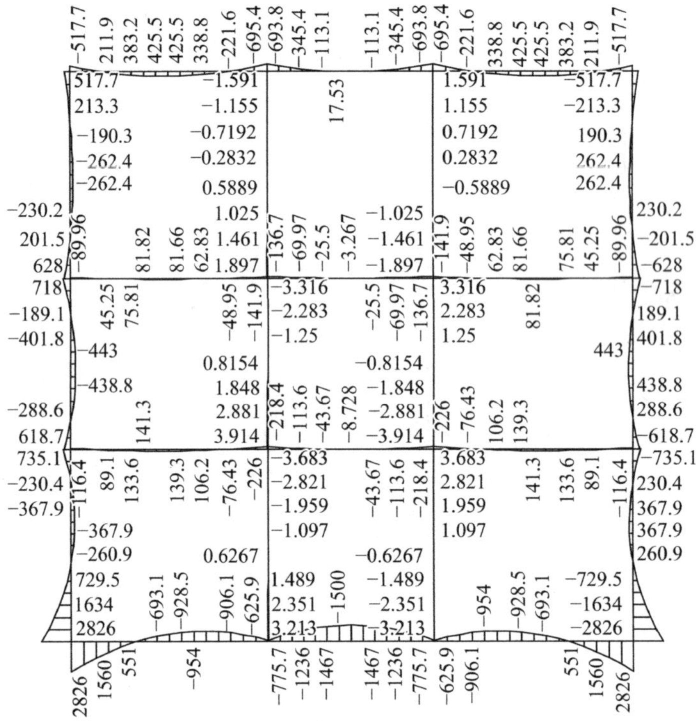

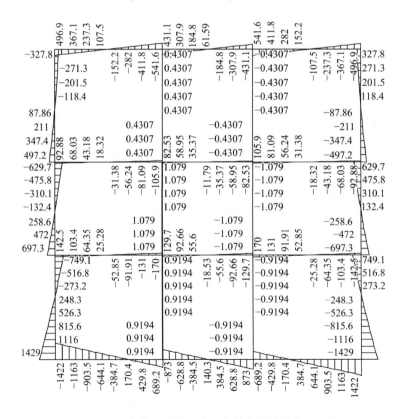

图 4.4-6　正常使用阶段基本组合弯矩图（单位：kN·m）

图 4.4-7　正常使用阶段基本组合剪力图（单位：kN）

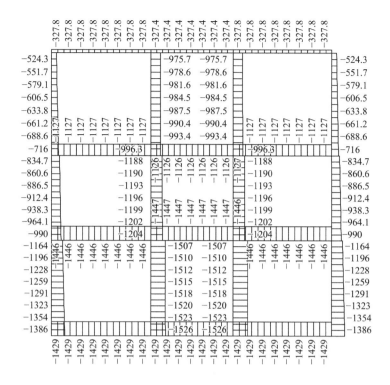

图 4.4-8 正常使用阶段基本组合轴力图（单位：kN）

3. 抗震设计计算参数

1）抗震设防类别及抗震等级

本车站抗震设防类别为重点设防类，抗震措施按照苏州市抗震设防烈度提高一度的要求确定，抗震等级为二级。

2）设计地震动参数

根据《苏州市轨道交通 8 号线工程场地地震安全性评价报告》（以下简称《安评报告》），本车站场地水平向设计地震动参数见表 4.4-3。地表处 50 年超越概率 10%（重现期 475 年）的峰值加速度为 0.128g。

工程场地水平向设计地震动参数 表 4.4-3

计算深度	超越概率	A_{max}	β_{max}	α_{max}	T_1（s）	T_2（s）	γ
地表	50 年 63%	0.046g	2.50	0.1148g	0.10	0.40	0.90
	50 年 10%	0.128g	2.50	0.3189g	0.10	0.50	0.90
	50 年 2%	0.204g	2.50	0.5102g	0.10	0.70	0.90
	100 年 63%	0.066g	2.50	0.1658g	0.10	0.45	0.90
	100 年 10%	0.153g	2.50	0.3827g	0.10	0.55	0.90
	100 年 2%	0.214g	2.50	0.5357g	0.10	0.80	0.90

计算深度	超越概率	$A_{\max}$	$\beta_{\max}$	$\alpha_{\max}$	T_1（s）	T_2（s）	γ
底板 −13.34m	50 年 63%	0.031g	2.50	0.0765g	0.10	0.40	0.90
	50 年 10%	0.082g	2.50	0.2041g	0.10	0.65	0.90
	50 年 2%	0.133g	2.50	0.3316g	0.10	0.85	0.90
	100 年 63%	0.041g	2.50	0.1020g	0.10	0.45	0.90
	100 年 10%	0.102g	2.50	0.2551g	0.10	0.75	0.90
	100 年 2%	0.163g	2.50	0.4082g	0.10	0.90	0.90

注：此表为与本站相邻换乘的车站地震动参数，换乘站为地下 2 层站，底板标高−13.34m，本站为地下 3 层站，底板位置相应地震动参数采用线性外插。

3）场地类别

本车站场地类别为Ⅲ类，特征周期为 0.45s。

4）抗震分析方法

本车站为沿纵向结构形式连续、规则、横向断面构造基本不变的地下车站结构，抗震分析时可近似按平面应变问题处理，沿横向进行水平地震作用计算。

设防地震（E2）作用下，采用反应位移法进行内力计算，满足性能要求Ⅰ，即地震后不破坏或轻微破坏，能保持其正常的使用功能，结构处于弹性工作状态。

罕遇地震（E3）作用下，采用土层-结构时程分析法进行计算，满足性能Ⅱ的要求，即地震后可能破坏，经修补，短期内应能恢复其正常使用功能，结构局部进入弹塑性工作阶段。

4. 设防地震作用下结构计算（反应位移法）

1）荷载计算

（1）静力荷载

地震组合工况结构静力荷载与基本组合使用工况一致。

（2）地震作用

①弹簧支座位移及等效地震作用计算

根据《中国地震动参数区划图》GB 18306—2015 规定及《安评报告》确定的车站设防地震作用下（50 年超越概率 10%）的地表峰值加速度，取二者较大值，即按《安评报告》取为 0.128g。

根据《城市轨道交通结构抗震设计规范》GB 50909—2014 第 5.2.4 条规定，Ⅲ类场地设计地震动峰值位移 $u_{\max} = 0.07 \times 1.2 = 0.084\text{m}$；设计地震动峰值位移按与峰值加速度的比值 1/15 进行估算为 $u_{\max} = 0.128 \times 10 \div 15 = 0.085\text{m}$。取两者中较大值，即 $u_{\max} = 0.085\text{m}$。地震作用基准面取在剪切波速大于 500m/s 的⑪粉细砂层（剪切波速 501m/s）；基准面土层深度为 118.5m，大于 70m，因此取 $H = 70\text{m}$。

设防地震工况各弹簧支座绝对位移、相对位移及等效地震作用见表 4.4-4。

弹簧支座绝对位移、相对位移及等效地震作用 表 4.4-4

位置	节点号	基准面 H (m)	地表位移 $u_{\max}$ (m)	深度 z (m)	绝对位移 u_z (m)	相对位移 u (m)	弹簧刚度 K (kPa/m)	等效地震作用 P_z (kPa)
外侧墙	1	70	0.085	3.40	0.04254	0.00678	3544	24.0
	2	70	0.085	4.41	0.04246	0.00669	7088	47.4
	3	70	0.085	5.43	0.04235	0.00659	25313	166.7
	4	70	0.085	6.44	0.04222	0.00646	25313	163.4
	5	70	0.085	7.45	0.04207	0.00631	23288	146.8
	6	70	0.085	8.46	0.04190	0.00613	25313	155.3
	7	70	0.085	9.48	0.04171	0.00594	25313	150.4
	8	70	0.085	10.49	0.04149	0.00572	25313	144.9
	9	70	0.085	11.50	0.04125	0.00549	34469	189.2
	10	70	0.085	12.46	0.04101	0.00524	33500	175.7
	11	70	0.085	13.41	0.04075	0.00498	33500	166.9
	12	70	0.085	14.37	0.04047	0.00470	33500	157.5
	13	70	0.085	15.33	0.04017	0.00440	33500	147.4
	14	70	0.085	16.29	0.0398	0.00408	33500	136.8
	15	70	0.085	17.24	0.0395	0.00375	33500	125.5
	16	70	0.085	18.20	0.0392	0.00339	33156	112.5
	17	70	0.085	19.14	0.0388	0.00303	13125	39.7
	18	70	0.085	20.08	0.0384	0.00264	13125	34.7
	19	70	0.085	21.01	0.0380	0.00224	13125	29.5
	20	70	0.085	21.95	0.0376	0.00183	13125	24.0
	21	70	0.085	22.89	0.0372	0.00140	34688	48.4
	22	70	0.085	23.83	0.0367	0.00095	34688	32.8
	23	70	0.085	24.76	0.0362	0.00048	34688	16.7
	24	70	0.085	25.70	0.0358	0.00000	17344	0.0

②剪切力计算

采用反应位移法计算土层位移，通过土层位移微分确定土层应变，最终通过物理关系计算土层剪力。作用于主体结构顶板、底板和侧墙的剪切力 τ 由下式确定：

$$\tau = G \cdot \gamma_{xz} \tag{4.4-1}$$

式中 G——土体的动剪切模量，$G = \rho V^2$；ρ 为土的质量密度，V 为土体的剪切波速；

γ_{xz}——土层应变。

根据《安评报告》得到：

顶板土体的动剪切模量 66.7MPa；

顶板处土层应变 $\gamma_{xz} = \dfrac{\partial u(z)}{\partial z} = -\dfrac{\pi}{2H} \dfrac{1}{2} u_{\max} \sin \dfrac{\pi z}{2H} = 0.000073$；

作用于结构顶板剪切力标准值 $\tau = G \cdot \gamma_{xz} = 4.87$kN/m；

底板土体的动剪切模量 129.8MPa；

底板处土层应变 $\gamma_{xz} = \dfrac{\partial u(z)}{\partial z} = -\dfrac{\pi}{2H} \dfrac{1}{2} u_{\max} \sin \dfrac{\pi z}{2H} = 0.000522$；

作用于结构底板剪切力标准值 $\tau = G \cdot \gamma_{xz} = 67.76\text{kN/m}$；

结构侧墙剪切力标准值 $\tau_s = (\tau_{顶} + \tau_{底})/2 = 36.32\text{kN/m}$。

③惯性力计算

根据下式计算地震惯性力：

$$f_i = m_i \ddot{u}_i \tag{4.4-2}$$

式中　f_i——结构i单元上作用的惯性力；

m_i——结构i单元的质量；

$\ddot{u}_i$——地下结构顶、底板处自由土层发生最大相对位移时刻，自由土层对应于结构i单元处的加速度。

各个深度的峰值加速度，采用《中国地震动参数区划图》GB 18306—2015 规定值和《安评报告》计算结果取大值，50 年超越概率 10%和 50 年超越概率 2%的地表（3.75m）峰值加速度分别为 0.128g 和 0.220g；−13.34m 标高处峰值加速度分别为 0.082g 和 0.133g；顶板、上下段侧墙中点、中板、底板处峰值加速度采用线性插值的方式计算确定。不同深度的峰值加速度见表 4.4-5，地震惯性力计算结果见表 4.4-6。

不同深度的峰值加速度　　　　　　　　　　表 4.4-5

位置	深度（m）	50 年超越概率 10%	50 年超越概率 2%
地表	0	0.128g	0.220g
顶板	3.4	0.119g	0.190g
地下一层侧墙	7.45	0.108g	0.173g
地下一层板	11.5	0.097g	0.156g
地下二层侧墙	14.85	0.088g	0.142g
地下二层板	18.2	0.079g	0.128g
地下三层侧墙	21.95	0.069g	0.113g
底板	25.7	0.059g	0.097g

地震惯性力　　　　　　　　　　表 4.4-6

位置	每延米结构体积（m³）	设防地震惯性力标准值（kN/m）
顶板	0.8	2.38
地下一层侧墙	0.8	2.16
地下一层板	0.4	0.97
地下二层侧墙	0.8	1.76
地下二层板	0.4	0.79
地下三层侧墙	1.0	1.72
底板	1.1	1.62
地下一层柱	0.123	0.23
地下二层柱	0.123	0.19
地下三层柱	0.123	0.15

2）抗震计算结果

主体结构地震组合工况计算结果如图 4.4-9～图 4.4-12 所示。

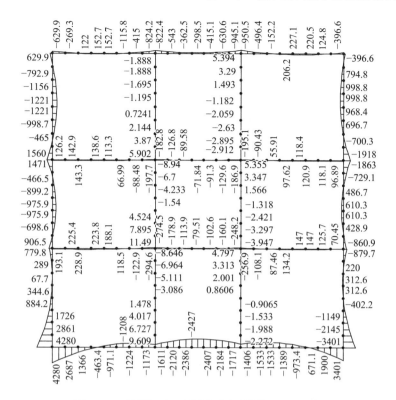

图 4.4-9　地震组合工况弯矩图（单位：kN·m）

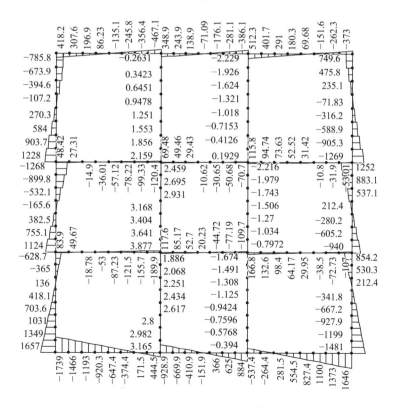

图 4.4-10　地震组合工况剪力图（单位：kN）

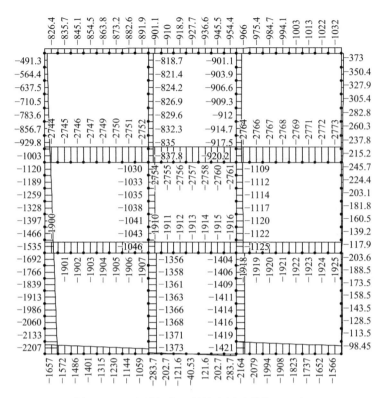

图 4.4-11　地震组合工况轴力图（单位：kN）

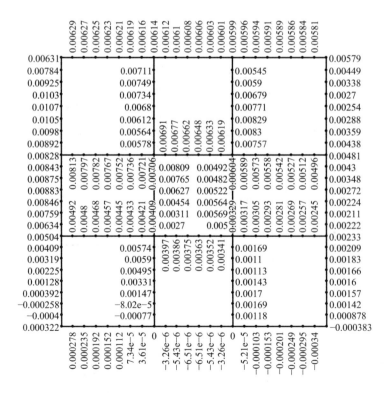

图 4.4-12　地震组合工况位移图（单位：m）

5. 罕遇地震作用下结构计算（二维土层-结构时程分析法）

1）计算模型

本车站二维土层-结构时程分析计算模型如图 4.4-13 所示，模型底部尺寸竖向为 $3h$（h 为车站高度），横向为 $7d$（d 为车站宽度）。土层采用二维平面单元模拟，墙、板、柱采用梁单元模拟。

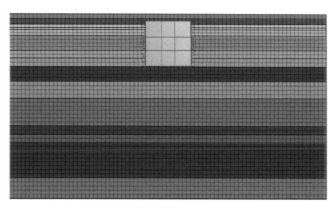

图 4.4-13　二维土层-结构时程分析法计算模型

二维土层-结构时程分析采用大型专业岩土工程有限元分析软件 midas/GTS 进行。本车站各土层物理力学参数见表 4.4-7。

土层物理力学参数　　　　　　　　　　　　　　　　　表 4.4-7

层号	动剪切模量 G_d（MPa）	动弹性模量 E_d（MPa）	动泊松比 υ_d
①₁	25.40	75.15	0.480
①₃	32.47	96.32	0.484
②₁	41.15	122.51	0.488
③₁	69.11	205.48	0.487
③₂	60.01	178.43	0.487
③₃	69.21	205.82	0.487
④₂	94.93	282.04	0.486
⑤₁	53.61	159.67	0.490
⑥₁	130.68	387.59	0.483
⑥₂	107.96	320.48	0.484
⑦₂	116.74	345.67	0.481

2）罕遇地震作用下非线性时程分析

输入 3 组地震波的加速度时程曲线如图 4.4-14～图 4.4-16 所示。由《安评报告》可知罕遇地震作用下峰值加速度为 $0.204g$，《中国地震动参数区划图》GB 18306—2015 规定的罕遇地震作用下峰值加速度为 $0.22g$，取两者较大值，即地震峰值加速度为 $0.22g$。

时程分析中选取特征值分析得到的第 1、2 阶振型周期作为时程计算参数，结构阻尼比采用混凝土结构常用阻尼比 0.05。

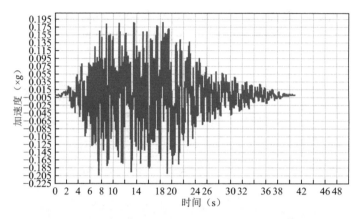

图 4.4-14   罕遇地震下第一组地震波加速度时程曲线

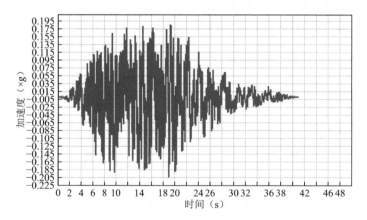

图 4.4-15   罕遇地震下第二组地震波加速度时程曲线

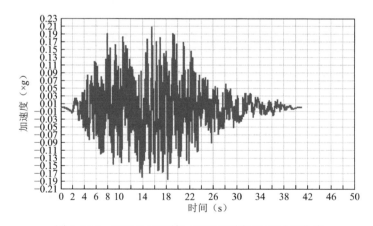

图 4.4-16   罕遇地震下第三组地震波加速度时程曲线

3）计算结果

各组罕遇地震波作用下结构层间相对位移时程曲线如图 4.4-17～图 4.4-25 所示。

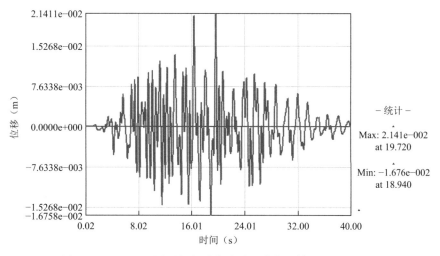

图 4.4-17　地下一层层间相对位移时程曲线（第一组地震波）

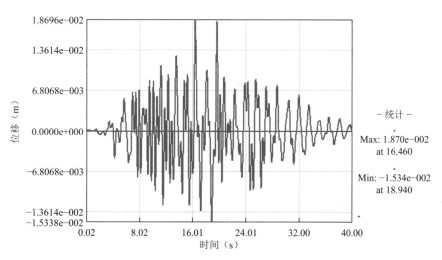

图 4.4-18　地下二层层间相对位移时程曲线（第一组地震波）

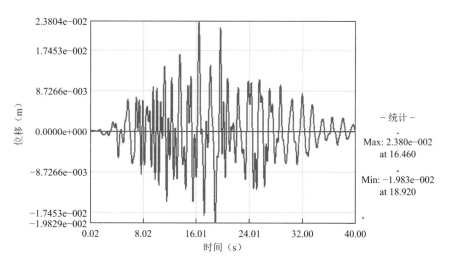

图 4.4-19　地下三层层间相对位移时程曲线（第一组地震波）

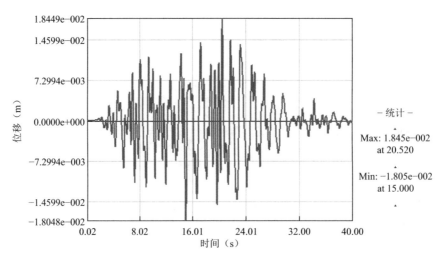

图 4.4-20　地下一层层间相对位移时程曲线（第二组地震波）

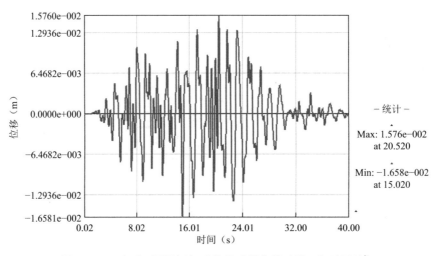

图 4.4-21　地下二层层间相对位移时程曲线（第二组地震波）

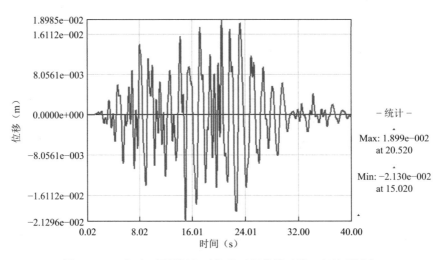

图 4.4-22　地下三层层间相对位移时程曲线（第二组地震波）

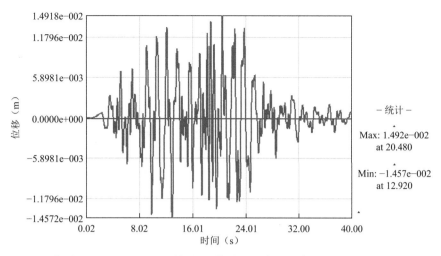

图 4.4-23　地下一层层间相对位移时程曲线（第三组地震波）

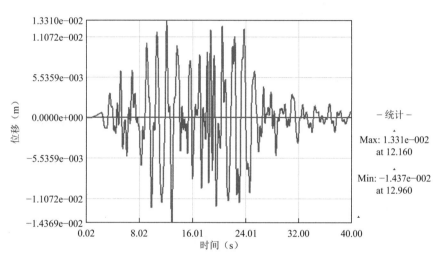

图 4.4-24　地下二层层间相对位移时程曲线（第三组地震波）

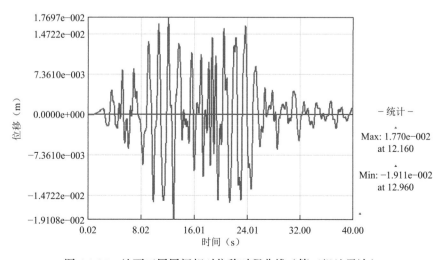

图 4.4-25　地下三层层间相对位移时程曲线（第三组地震波）

4）计算结果分析

在罕遇地震作用下需要满足性能Ⅱ的要求，即地震后可能破坏，经修补，短期内应能恢复其正常使用功能，结构局部进入弹塑性工作阶段。具体来说，要求结构的层间位移角不大于1/250。

本车站主体断面层间相对位移和层间位移角最大值见表4.4-8。

层间相对位移和层间位移角最大值　　　　　　　　表 4.4-8

地震波	层间相对位移（cm）	层间位移角
第一组地震波	2.38	1/315
第二组地震波	2.13	1/352
第三组地震波	1.91	1/392

由表4.4-8可知，3组地震波作用下本车站主体断面层间位移角均小于限值1/250，在罕遇地震作用下结构整体变形满足性能Ⅱ的要求。

6. 结构内力组合计算

1）抗震计算结构内力调整

根据《建筑抗震设计规范》GB 50011—2010（2016年版）和《城市轨道交通结构抗震设计规范》GB 50909—2014的相关规定，进行结构抗震验算时，应对梁、柱、墙的设计内力按"强柱弱梁、强剪弱弯"的原则进行调整。本车站框架按抗震等级二级进行内力调整。侧墙的受力性能更接近于梁，且轴压比较小，故对侧墙不调整其弯矩设计值，仅调整剪力设计值。

2）静力计算与抗震计算结构内力对比

本车站主体结构标准段对主要控制截面各工况进行内力和配筋对比，控制截面位置如图4.4-26所示，标准段内力和配筋计算结果见表4.4-9。

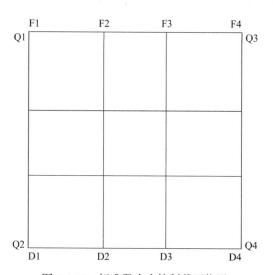

图 4.4-26　标准段内力控制截面位置

标准段内力和配筋计算结果　　　　　　　　　　　表 4.4-9

位置	构件尺寸（mm）	截面内力	准永久组合使用工况	基本组合使用工况	地震组合工况（反应位移法）
F1/F4	顶板 800	M（kN·m）	387.3	517.7	629.9(× 0.75)
		V（kN）	374.8	496.9	418.2(× 0.85)
		N（kN）	247.6	327.8	1032
		受拉区A_s（mm²）	2615	2268	1870
		实际配筋	$\phi25@150 + \phi25@150$		
		受拉区实配A_s（mm²）	6545		
		裂缝控制（mm）	0.036		
F2/F3	顶板 800	M（kN·m）	530.1	695.4	950.5(× 0.75)
		V（kN）	410.7	541.6	512.3(× 0.85)
		N（kN）	247.6	327.8	966
		受拉区A_s（mm²）	3578	3085	2865
		实际配筋	$\phi25@150 + \phi25@150$		
		受拉区实配A_s（mm²）	6545		
		裂缝控制（mm）	0.101		
Q1/Q3	侧墙 800	M（kN·m）	387.3	517.7	629.9(× 0.75)
		V（kN）	247.6	327.8	785.8(× 0.85)
		N（kN）	395.8	524.3	491.3
		受拉区A_s（mm²）	2615	2268	1870
		实际配筋	$\phi25@150 + \phi25@150$		
		受拉区实配A_s（mm²）	6545		
		裂缝控制（mm）	0.036		
Q2/Q4	侧墙 1000	M（kN·m）	2163	2826	4280(× 0.75)
		V（kN）	1095	1429	1657(× 0.85)
		N（kN）	1056	1386	2207
		受拉区A_s（mm²）	10260	8270	8899
		实际配筋	$\phi32@150 + \phi32@150$		
		受拉区实配A_s（mm²）	10722		
		裂缝控制（mm）	0.276		

续表

位置	构件尺寸（mm）	截面内力	准永久组合使用工况	基本组合使用工况	地震组合工况（反应位移法）
D1/D4	底板 1100	M（kN·m）	2163	2826	4280(× 0.75)
		V（kN）	1086	1422	1739(× 0.85)
		N（kN）	1095	1429	1657
		受拉区 A_s（mm²）	10260	7302	7842
		实际配筋	$\phi32@150 + \phi32@150$		
		受拉区实配 A_s（mm²）	10722		
		裂缝控制（mm）	0.276		
D2/D3	底板 1100	M（kN·m）	−271.4	−345.7	−1279(× 0.75)
		V（kN）	664.9	873	928.9(× 0.85)
		N（kN）	1095	1429	2164
		受拉区 A_s（mm²）	0	0	0
		实际配筋	$\phi32@150$		
		受拉区实配 A_s（mm²）	4105		
		裂缝控制（mm）	0		
中柱 1200 × 700（柱跨 9.76m）		M（kN·m）	3.00	3.91	11.49
		V（kN）	0.83	1.08	3.88
		N（kN）	1158	1526	1421
		计算轴压比	—	—	0.78

注：1. 表格中内力为每延米构件内力，中柱内力 = 每延米中柱内力 × 柱跨；
　　2. 准永久组合作用下按裂缝验算时，裂缝宽度不大于 0.3mm；
　　3. 括号内容(× 0.75)/(× 0.85)表示地震组合工况应乘以承载力抗震调整系数 0.75/0.85（受弯/受剪）；
　　4. 地震组合工况构件剪力应乘以剪力增大系数 1.2。

对比静力计算与设防地震作用计算结果可知，结构各构件内力和配筋除中柱由地震组合工况控制外，其余均由准永久组合作用下的裂缝控制。

4.4.2　地下变电站（三维土层-结构时程分析法）

1. 工程概况

1）项目概况

本工程位于苏州市工业园区，平面尺寸为 58.4m × 27.7m，埋深 18.80m。主体结构为地下 3 层，其中地下一层为 35kV 配电装配室，1 号 SVG 设备室，层高 5.700m；地下二层布置 1 号和 2 号主变室、GIS 室，2 号 SVG 设备室，110kV/35kV 电缆室，接地电阻和站用变室等，层高 5.400m；地下三层为电缆夹层，配置气瓶间，层高 4.950m。出地面为楼（电）梯门厅、风井以及大型设备的吊装口，其上为覆土绿化。地下一层平面图如图 4.4-27 所示，建筑纵剖面图如图 4.4-28 所示。

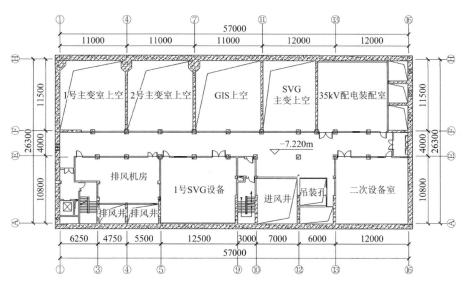

图 4.4-27　地下一层平面图

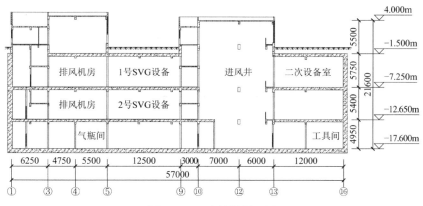

图 4.4-28　建筑纵剖面图

2）岩土力学参数

本工程各土层物理力学性质指标见表 4.4-10。

土层物理力学性质指标　　　　　　　　　　表 4.4-10

层号及名称	含水率 w（%）	重度 γ（kN/m³）	孔隙比 e_0	液性指数 I_L	压缩系数 $\alpha_{(0.1-0.2)}$（MPa⁻¹）	压缩模量 $E_{s(0.1\sim0.2)}$（MPa）
①₃ 素填土	44.4	17.4	1.244	1.49	1.01	3.01
②₂ 粉质黏土	30.7	18.9	0.854	0.65	0.37	5.19
③₁ 黏土	27.4	19.3	0.773	0.36	0.23	7.75

续表

层号及名称	含水率w（%）	重度γ（kN/m³）	孔隙比e_0	液性指数I_L	压缩系数$\alpha_{(0.1\sim0.2)}$（MPa^{-1}）	压缩模量$E_{s(0.1\sim0.2)}$（MPa）
③₂粉质黏土	29.2	19.0	0.819	0.59	0.31	5.85
④₁粉土夹粉质黏土	30.6	18.8	0.847	1.04	0.29	7.00
④₂粉砂夹粉土	27.0	19.2	0.748	—	0.16	11.40
⑤₁粉质黏土	32.4	18.5	0.910	0.78	0.42	4.63
⑤₁A粉土夹粉质黏土	30.9	18.6	0.857	1.18	0.26	7.54
⑦₁粉质黏土	33.9	18.3	0.952	0.85	0.48	4.14
⑦₂粉砂夹粉土	25.3	19.5	0.700	—	0.13	14.09
⑦₃粉质黏土	33.2	18.4	0.932	0.77	0.45	4.42
⑦₄粉砂夹粉土	27.1	19.2	0.753	—	0.17	11.27
⑧₂粉质黏土	29.3	19.0	0.823	0.55	0.32	5.83
⑨粉细砂	24.8	19.5	0.686		0.12	14.51
⑩₁粉质黏土	32.3	18.5	0.909	0.72	0.41	4.78
⑪粉细砂	25.0	19.6	0.688	—	0.14	14.26
⑫₁粉质黏土	29.4	19.0	0.825	0.51	0.28	6.86
⑫₂黏土	31.6	18.7	0.889	0.55	0.33	5.88
⑬细砂	24.2	19.6	0.671	—	0.11	15.87
⑭粉质黏土	27.0	19.4	0.754	0.37	0.23	7.56
⑮细砂	22.6	20.0	0.621	—	0.10	17.10

2. 抗震设计计算参数

本工程设计使用年限为50年，耐久性使用年限为100年，建筑结构安全等级为一级。苏州市抗震设防烈度为7度，设计基本地震加速度为0.10g，设计地震分组为第一组。抗震设防类别为重点设防类，建筑场地类别为Ⅲ类。场地实测等效剪切波速V_{se}为170m/s，场地覆盖层厚度大于50m，按《建筑抗震设计规范》GB 50011—2010（2016年版）第4.1.6条插值计算，取场地特征周期T_g为0.53s。

本工程为框架-剪力墙结构体系，框架抗震等级为三级，剪力墙抗震等级为二级。地下室底板、地下二层楼板、地下一层楼板和顶板的厚度分别为1200mm、400mm、400mm和500mm，侧壁厚度为800mm，框架柱截面尺寸为700mm×700mm。

3. 地震作用计算

本工程长宽比和高宽比均小于3，按《建筑抗震设计规范》GB 50011—2010（2016年版）规定，宜采用空间结构分析计算模型并采用土层-结构时程分析法计算。

本工程采用midas/GTS三维土层-结构时程分析法、ETABS反应谱法、SATWE反应谱法和 PKPM 时程分析法分别进行地震作用计算，并将地震剪力计算结果进行对比分析。图 4.4-29 为 ETABS 计算模型。

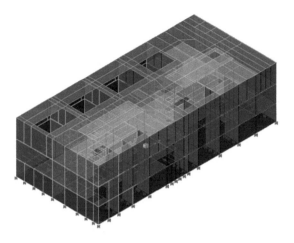

图 4.4-29　ETABS 计算模型

1）midas/GTS 计算模型

本工程典型横向宽度约 27.7m，模型两侧各取 3 倍宽度土体，模型总宽度为 193.9m；纵向长度为 58.4m，模型两侧各取 2 倍长度土体，模型总长度为 292m。根据苏州市地质土层分布情况，本工程基岩地震动的入射基准面，计算模型中取为地面下 100m 处。地下变电站结构单元网格尺寸划分约为 1m，远离中心处单元尺寸逐渐加大，单元网格类型均为四边形。单元划分在接触面上与土层平面单元耦合，内部梁柱按 1m 分割。模型四周水平方向及模型地表为自由边界，模型底部水平设置固定约束，midas/GTS 计算模型如图 4.4-30 所示。

时程分析采用 2 条实际强震记录地震曲线［T1-Ⅲ-1 波，EL Centro Site（1940）波］和 1 条人工模拟加速度时程曲线（TH63A1 波），地震波的输入参数见表 4.4-11。基岩处地震动时程为地表处的一半，对地震动加速度时程曲线取调整系数 0.5，最终得到计算基底处的输入地震动时程。

图 4.4-30　midas/GTS 计算模型

地震波输入参数

表 4.4-11

地震波	输入加速度峰值	原始加速度峰值	地震波调整系数	时长（s）	地面地震动峰值加速度
TH63A1 波	0.035g	0.038g	0.92	25	0.036g
T1-Ⅲ-1 波	0.035g	0.44g	0.08	60	0.034g
EL Centro Site（1940）波	0.035g	0.038g	0.92	55	0.038g

2）地震作用分析比较

地下变电站结构不同计算模型的地震作用计算结果见表 4.4-12。可以看出，ETABS 和 SATWE 两种模型的计算结果相差不大，基本吻合。midas/GTS 中 3 条地震波计算所得地震力均小于反应谱法计算结果，X向 midas/GTS 计算最大地震力为反应谱法的 83%，Y向 midas/GTS 计算最大地震力为反应谱法的 73%。

midas/GTS 三维土层-结构时程分析法计算所得地震力小于 PKPM 时程分析法计算结果，X向 midas/GTS 计算最大地震力为反应谱法的 80%，Y向 midas/GTS 计算最大地震力为反应谱法的 83%。

分析上述计算结果，原因首先是场地土层较好，地下结构受土层约束共同变形，表现为土层承担更多的地震作用，地下结构本身承担的地震作用减小；其次，本工程地下结构埋深较大，与土层结合较为紧密，相比地上结构来说所受地震作用较小，计算结果与国内相关地下结构地震作用研究结果一致。

不同计算模型地震力对比

表 4.4-12

方向	地震波	①midas/GTS 土层时程地震力（kN）	②ETABS 地震力（kN）	③SATWE 地震力（kN）	④PKPM 时程地震力（kN）	①/②	①/③	①/④
X向	TH63A1 波	7023	10932	11773	10851	0.64	0.60	0.65
	T1-Ⅲ-1 波	7708	10932	11773	9663	0.71	0.65	0.80
	EL Centro Site（1940）波	9067	10932	11773	11487	0.83	0.77	0.79
Y向	TH63A1 波	7478	11817	12820	10402	0.63	0.58	0.72
	T1-Ⅲ-1 波	8626	11817	12820	10448	0.73	0.67	0.83
	EL Centro Site（1940）波	6656	11817	12820	12610	0.56	0.52	0.53

4.4.3 苏州轨道交通 11 号线夏驾河公园站地下空间（反应位移法）

1. 工程概况

1）项目概况

本工程项目概况详见本书第 1.3.5 节。本工程采用明挖顺筑法施工，基坑开挖深度约 8.55m，围护结构采用 φ900mm 钻孔灌注桩，桩间距 1.1m，止水帷幕采用 φ850@600 三轴搅拌桩，坑内设置 2 道混凝土支撑。主体结构地下 1 层，平面尺寸约为 354m×139m，结构层高 6.95m，顶板厚 400mm，底板厚 600mm，地下室外墙厚 500mm，钢筋混凝土框架结构，框架柱截面尺寸为 700mm×700mm，框架梁截面尺寸为 600mm×1000mm。

2）岩土力学参数

本工程各土层物理力学性质指标见表 4.4-13。

土层物理力学性质指标　　　　　　　　表 4.4-13

层号及名称	含水率w（%）	重度γ（kN/m³）	压缩模量E_{S1-2}（MPa）	回弹模量（MPa）	静止侧压力系数K_0
①$_3$素填土	（32.5）	（18.5）	（5.66）	—	（0.75）
②$_1$粉质黏土	34.2	18.3	5.02	—	0.75
②$_y$淤泥质粉质黏土	40.5	17.6	3.33	16.9	0.80
③$_3$粉质黏土夹粉土	32.5	18.5	5.63	—	0.75
④$_2$粉砂夹粉土	28.4	19.1	11.78	—	—
⑦$_2$粉土夹粉砂	27.9	19.2	11.36	—	—
⑪粉砂夹粉土	28.1	19.1	10.98	—	—

注："（　）"内指标根据经验确定。

3）抗震计算参数

（1）抗震设防烈度为 7 度，设计地震分组为第一组，建筑场地类别为Ⅳ类，场地 20m 以内浅土层的等效剪切波速V_{se}为 137.09～139.69m/s，设计特征周期取为 0.65s。

（2）根据建筑使用功能重要性划分，抗震设防类别为重点设防类，抗震等级为二级。

（3）根据《中国地震动参数区划图》GB 18306—2015 和《地下结构抗震设计标准》GB/T 51336—2018 的规定，本工程多遇地震下（50 年超越概率 63%）的地表峰值加速度为 0.10g。

4）抗震分析方法

本工程周围土层分布均匀，长宽比较大（纵向较长），因此，抗震分析时可近似按平面应变问题处理，横向选取多个断面进行水平地震作用计算。由于各断面计算过程类似，本书仅选取一个典型断面进行计算分析。

2. 静力作用下结构计算

1）静力荷载计算

静力作用阶段，结构控制工况为抗浮工况，即高水位工况，抗浮水位取 1985 国家高程 2.630m，荷载标准值计算见表 4.4-14。

荷载标准值计算（kPa）　　　　　　　　表 4.4-14

顶板荷载	恒荷载	覆土	30
	活荷载	地面超载	10
底板荷载	恒荷载	底板水反力	173.7
侧墙水平荷载	恒荷载	顶板处水侧压力	16.3
		顶板处土侧压力	8.25
		底板处水侧压力	85.8
		底板处土侧压力	46.5
	活荷载	地面超载产生侧压力	5

2）静力计算简图

主体结构标准段正常使用阶段静力计算简图如图 4.4-31 所示。

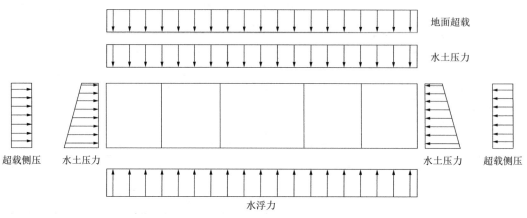

图 4.4-31　正常使用阶段静力计算简图

3）静力计算结果

（1）主体结构正常使用阶段准永久组合内力（弯矩、剪力、轴力）计算结果如图 4.4-32～图 4.4-34 所示。

（2）主体结构正常使用阶段基本组合内力（弯矩、剪力、轴力）计算结果如图 4.4-35～图 4.4-37 所示。

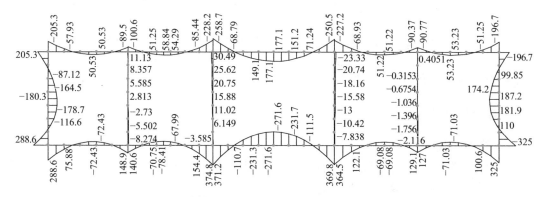

图 4.4-32　正常使用阶段准永久组合弯矩图（单位：kN·m）

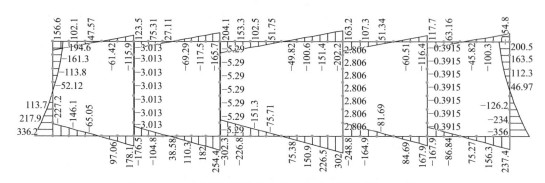

图 4.4-33　正常使用阶段准永久组合剪力图（单位：kN）

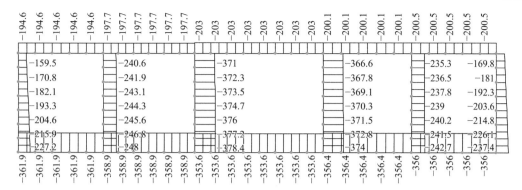

图 4.4-34　正常使用阶段准永久组合轴力图（单位：kN）

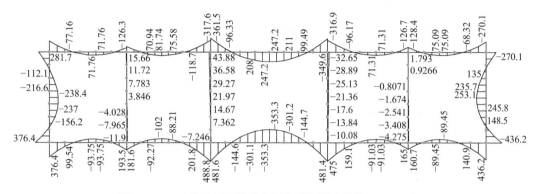

图 4.4-35　正常使用阶段基本组合弯矩图（单位：kN·m）

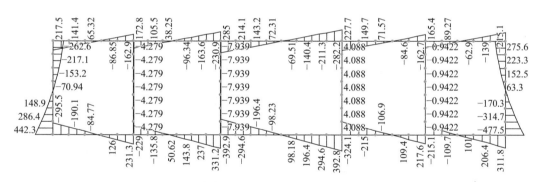

图 4.4-36　正常使用阶段基本组合剪力图（单位：kN）

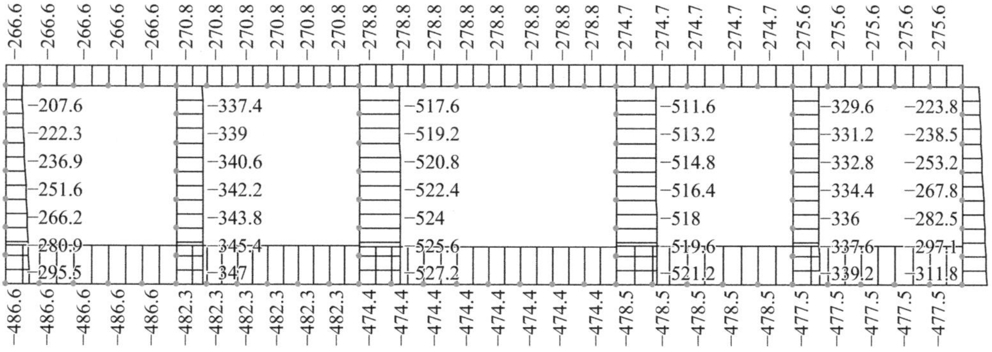

图 4.4-37　正常使用阶段基本组合轴力图（单位：kN）

3. 多遇地震作用下结构计算

1）荷载计算

（1）静力荷载

地震组合工况结构静力荷载与基本组合使用工况一致。

（2）地震作用

①弹簧支座位移及等效地震作用计算

根据《地下结构抗震设计标准》GB/T 51336—2018 的规定，多遇地震下（50 年超越概率 63%）Ⅱ类场地地表设计地震动峰值加速度为 0.05g，考虑Ⅳ类场地地震动峰值加速度调整系数 Γ_a，本工程地表设计地震动峰值加速度 $a_{max} = 0.05 \times 1.20 = 0.060g$。

根据《城市轨道交通结构抗震设计规范》GB 50909—2014 第 5.2.4 条规定，Ⅳ类场地设计地震动峰值位移 $u_{max} = 0.04 \times 1.46 = 0.0584m$；设计地震动峰值位移按与峰值加速度的比值 1/15 进行估算为 $u_{max} = 0.06 \times 10 \div 15 = 0.04m$。取两者较大值，即 $u_{max} = 0.0584m$。场地覆盖土层厚度大于 80m，基准面取 $H = 70m$。

计算模型单元节点图如图 4.4-38 所示。

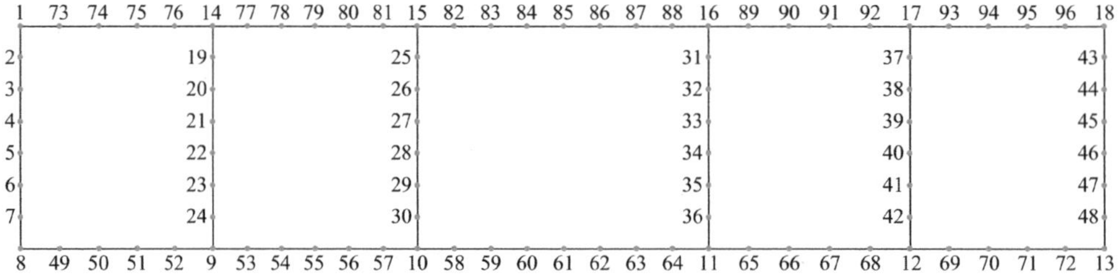

图 4.4-38　计算模型单元节点图

标准段多遇地震工况各弹簧支座绝对位移、相对位移及等效地震作用见表 4.4-15。

弹簧支座绝对位移、相对位移及等效地震作用　　　　　　　　　　表 4.4-15

位置	节点号	基准面H（m）	地表位移 u_{max}（m）	深度 z（m）	绝对位移 u_z（m）	相对位移 u（m）	弹簧刚度K（kPa/m）	等效地震作用 P_z（kPa）
外侧墙	1	70	0.0584	1.70	0.02918	0.00047	4607	2.1
	2	70	0.0584	2.62	0.02915	0.00044	14743	6.4
	3	70	0.0584	3.54	0.02911	0.00039	14743	5.8
	4	70	0.0584	4.46	0.02905	0.00034	5529	1.9
	5	70	0.0584	5.39	0.02899	0.00027	5529	1.5
	6	70	0.0584	6.31	0.02891	0.00019	5529	1.1
	7	70	0.0584	7.23	0.02882	0.00010	5529	0.6
	8	70	0.0584	8.15	0.02871	0.00000	2764	0.0

注：假定底板处相对位移为零。

②剪切力计算

根据地质勘察报告得到：

顶板土体的动剪切模量 35.93MPa；

顶板处 $z = 1.70$m，土层应变 $\gamma_{xz} = \dfrac{\partial u(z)}{\partial z} = -\dfrac{\pi}{2H}\dfrac{1}{2}u_{max}\sin\dfrac{\pi z}{2H} = 0.0000250$；

作用于结构顶板剪切力标准值 $\tau_{顶} = G \cdot \gamma_{xz} = 0.90$kN/m；

底板土体的动剪切模量 39.71MPa；

底板处 $z = 8.15$m，土层应变 $\gamma_{xz} = \dfrac{\partial u(z)}{\partial z} = -\dfrac{\pi}{2H}\dfrac{1}{2}u_{max}\sin\dfrac{\pi z}{2H} = 0.000119$；

作用于结构底板剪切力标准值 $\tau_{底} = G \cdot \gamma_{xz} = 4.73$kN/m；

结构侧墙剪切力标准值 $\tau_s = (\tau_{顶} + \tau_{底})/2 = 2.82$kN/m。

③惯性力计算

根据式(4.4-2)计算地震惯性力。各个深度 50 年超越概率 63%的地表峰值加速度为 0.060g，参考与本工程相邻的苏州轨道交通 11 号线夏驾河地铁站安评报告，地下 15.7m 深度处水平向峰值加速度为 0.028g，顶板、侧墙中点、底板处峰值加速度采用线性内插的方式确定。不同深度的峰值加速度见表 4.4-16，地震惯性力计算结果见表 4.4-17。

不同深度的峰值加速度　　　　　　　　　　表 4.4-16

位置	深度（m）	50 年超越概率 63%	50 年超越概率 10%
地表	0	0.060g	0.120g
顶板	1.70	0.057g	0.115g
地下一层侧墙	4.93	0.050g	0.105g
底板	8.15	0.043g	0.096g
地下 15.70m 深度	15.70	0.028g	0.073g

地震惯性力　　　　　　　　　　表 4.4-17

位置	每延米结构体积（m³）	多遇地震惯性力标准值（kN/m）
顶板	0.4	0.54
地下一层侧墙	0.5	0.62
底板	0.6	0.65
地下一层柱	0.1	0.08

2）抗震计算结果

主体结构地震组合工况计算结果如图 4.4-39～图 4.4-42 所示。

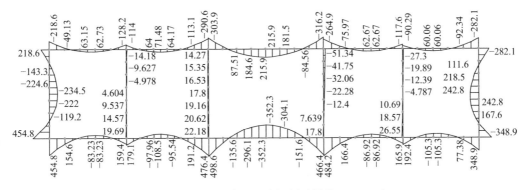

图 4.4-39　地震组合工况弯矩图（单位：kN·m）

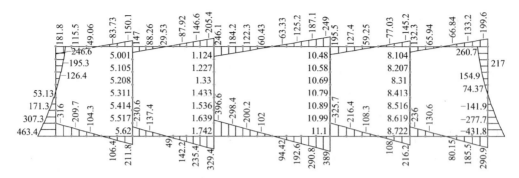

图 4.4-40　地震组合工况剪力图（单位：kN）

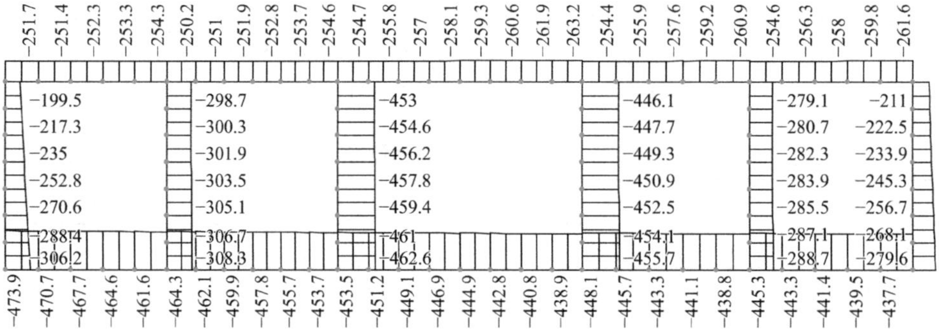

图 4.4-41　地震组合工况轴力图（单位：kN）

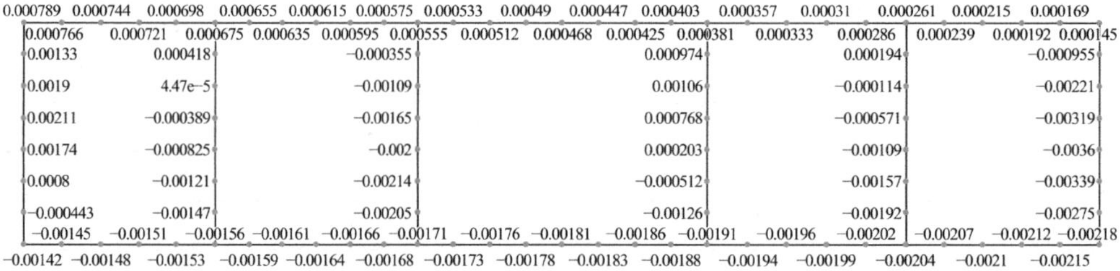

图 4.4-42　地震组合工况位移图（单位：m）

4. 结构内力组合计算

各组合工况下，顶板、底板、侧墙主要控制截面的内力对比结果见表 4.4-18。

主要控制截面内力对比 表 4.4-18

位置	构件尺寸（mm）	截面内力	准永久组合使用工况	基本组合使用工况	地震组合工况	地震组合工况（考虑承载力抗震调整系数及与抗震等级有关的增大系数）
顶板边支座	顶板 400	M（kN·m）	205.3	281.7	218.6	163.95
		V（kN）	156.6	217.5	181.8	185.436
顶板中支座	顶板 400	M（kN·m）	258.7	361.5	303.9	227.925
		V（kN）	165.7	265	246.1	251.022

位置	构件尺寸（mm）	截面内力	准永久组合使用工况	基本组合使用工况	地震组合工况	地震组合工况（考虑承载力抗震调整系数及与抗震等级有关的增大系数）
顶板跨中	顶板 400	M（kN·m）	177.1	247.2	215.9	161.93
底板边支座	底板 600	M（kN·m）	325.0	436.2	348.9	261.675
		V（kN）	237.4	311.8	290.9	296.718
底板中支座	底板 600	M（kN·m）	369.8	481.4	466.4	349.8
		V（kN）	302.3	392.8	389	396.78
底板跨中	底板 600	M（kN·m）	271.6	353.3	352.3	264.225
侧墙顶支座	侧墙 500	M（kN·m）	205.3	281.7	218.6	163.95
		V（kN）	156.6	217.5	181.8	185.436
侧墙底支座	侧墙 500	M（kN·m）	325.0	436.2	348.9	261.675
		V（kN）	356.0	477.5	431.8	440.4
侧墙跨中	侧墙 500	M（kN·m）	187.2	253.1	242.8	182.1
中柱 700×700（柱跨 8m）		M（kN·m）	—	—	51.34	—
		V（kN）	—	—	11.1	—
		N（kN）	2978.4	4217.6	3700.8	—
		计算轴压比	0.318	0.451	0.395	—

注：表格中内力为每延米构件内力，中柱内力 = 每延米中柱内力 × 柱跨。

对比静力计算结果与多遇地震计算结果可知，结构各构件内力均由静力工况控制，地震组合工况不起控制作用。

4.4.4　苏州太湖新城核心区地下空间（中区）（二维土层-结构时程分析法）

1. 工程概况

1）项目概况及抗震单元的划分

本工程项目概况详见本书第 1.3.1 节。

太湖新城核心区地下空间结构抗震单元划分：根据各区段建筑平面布置及结构长度，设置了 5 道抗震缝，将地下空间划分为 7 个抗震单元（北一区、北二区、中一区、中二区、中三区＋南二区、南一区、南三区），其中，中三区与南二区合为一个抗震单元。地下空间结构抗震单元划分如图 4.4-43 所示。本书仅以中一区结构作为研究对象进行计算分析。

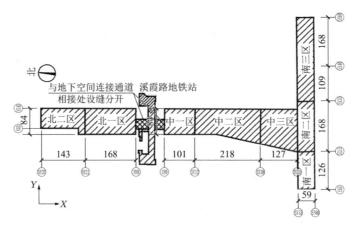

图 4.4-43　太湖新城核心区地下空间结构抗震单元划分

2）岩土力学参数

本工程各土层物理力学性质指标见表 4.4-19。

土层物理力学性质指标　　　　　　　　表 4.4-19

层号及名称	层厚（m）	重度 γ（kN/m³）	固结快剪 C_K（kPa）	固结快剪 f（°）	压缩模量 E_s（MPa）	垂直基床系数建议值 K_v（MPa/m）	剪切波速 V_s（m/s）
①₁ 填土	1.5	18.5	25	8	3.81	—	108
①₂ 冲填土	2.5	18.1	19	7	3.18		98
③₁ 黏土	4.5	19.3	52	12	6.09	20	226
③₂ 粉质黏土	1.7	18.9	32	10	4.77	20	164
④₁ 粉土	4.2	18.8	16	21	6.68	18	164
④₂ 粉质黏土夹粉土	3.5	18.8	21	11	4.44	10	161
⑤ 质黏土	1.4	18.9	24	10	4.06	10	137
⑥₁ 黏土	8.8	19.6	63	13	7.18	25	249
⑥₂ 粉质黏土	11	19.2	45	11	5.75	24	98
⑦₁ 粉质黏土	2.9	18.8	27	9	4.34	12	226
⑦₃ 粉质黏土	7.2	18.5	25	10	4.23	—	164
⑧ 粉质黏土	3.7	19.1	39	13	5.39		164
⑨₁ 粉土	5.4	18.7	19	19	5.92		161
⑨₂ 粉质黏土	3.1	18.5	31	11	4.55		137
⑨₃ 粉土夹粉质黏土	16	18.6	20	19	5.68		249
⑩₁ 粉质黏土	2	18.1	27	10	4.44		—
⑩₂ 黏土	21	17.7	56	13	6.46		

3）抗震计算参数

（1）抗震设防烈度为 6 度，设计地震分组为第一组，建筑场地类别为Ⅳ类，中区场地 20m 以内浅土层的等效剪切波速 V_{se} 为 125.19～171.13m/s，设计特征周期取为 0.65s。

（2）根据建筑使用功能重要性划分，本工程为大型地下商业综合体建筑，抗震设防类别为重点设防类。

（3）根据安评报告，本工程场地地表和基底处的水平向设计地震动参数见表 4.4-20。

场地水平向设计地震动参数 表 4.4-20

计算深度	阻尼比	超越概率	A_{max}（gal）	β_{max}	α_{max}	T_1（s）	T_g（s）	γ
地表	0.05	50 年 63%	0.038	2.50	0.095	0.10	0.55	
		50 年 10%	0.110	2.50	0.275	0.10	0.65	0.90
		50 年 2%	0.200	2.50	0.500	0.10	0.70	
−17.8m	0.05	50 年 63%	0.030	2.50	0.075	0.10	0.50	
		50 年 10%	0.090	2.50	0.225	0.10	0.55	0.90
		50 年 2%	0.155	2.50	0388	0.10	0.65	

2. 抗震计算方法

本工程中一区纵向长度为 121m，横向长度为 84m，纵向与横向长度之比为 1.44，不满足采用平面应变模型的条件。若对 midas/GTS 模型采用空间建模方式计算，为了减小横向计算范围和人工边界对地下结构地震反应的影响，模型的计算宽度至少取为结构宽度的 7 倍，即需对至少约为 847m×588m 的土体采用实体单元模拟计算。考虑到基于三维模型的土层-结构时程分析对计算硬件要求高，整体计算工作量巨大，本文采用平面模型的二维土层-结构时程分析模型进行计算。

3. 二维土层-结构时程分析法

1）结构构件

本工程选择中一区 SY10 轴横断面进行分析，并选择垂直方向 SX27 轴横断面进行比对，截面采用等效刚度的方法将构件转化为等高度的截面构件，构件等效尺寸和材料参数见表 4.4-21。

构件等效尺寸和材料参数 表 4.4-21

构件	构件断面（m）	等效截面（m）	弹性模量（GPa）	重度（kN/m³）
顶板	板厚 0.3 主梁 0.65×1.2	1.0×0.6	31.5	25

构件	构件断面（m）	等效截面（m）	弹性模量（GPa）	重度（kN/m³）
中板	板厚 0.15	1.0×0.3	31.5	25
	主梁 0.5×0.6			
底板	1.0×1.2	1.0×1.2	31.5	25
侧墙	1.0×0.7	1.0×0.7	31.5	25
柱	0.9×0.9	1.0×0.9	3.59	25

2）二维土层-结构时程分析计算模型

本工程采用 midas/GTS 软件进行土层-结构时程分析，土体采用实体单元模拟，土体的本构模型采用最常用的摩尔-库仑模型；梁、板、柱混凝土构件均采用 beam 单元模拟，本构模型为线弹性模型。同时，将顶板、底板和侧墙单元上的节点和土体单元节点进行耦合，实现结构-土体的共同作用，以更准确地模拟因地震引起土层位移而导致的结构内力变化及变形，同时能更好地模拟结构对地表土体变形的约束作用。

二维数值计算模型区域最终取为 684m×100m，网格大小划分满足 Kuhlemeyer 和 Lysmer 通过模型的波传播精度的要求，即单元的空间尺寸 Δl，必须小于与输入波的最大频率相应的波长的 1/10～1/8。二维土层-结构时程分析计算模型如图 4.4-44 所示。

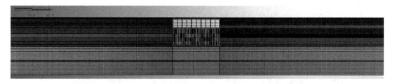

图 4.4-44　二维土层-结构时程分析计算模型

3）地震动输入

地震动输入采用加速度时程曲线，地震波从基岩底部输入，限于篇幅，本书仅选取安评报告中多遇地震（50 年超越概率 63%）的人工波 TH63A1 进行介绍，如图 4.4-45 所示。

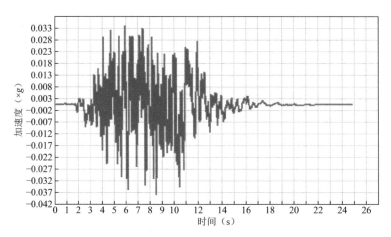

图 4.4-45　TH63A1 人工波

4）二维土层-结构时程分析计算结果

（1）最大位移图

二维土层-结构时程分析的最大位移云图如图 4.4-46 所示。由图可见，土层-结构时程分析法计算的最大位移（43.4mm）与《城市轨道交通结构抗震设计规范》GB 50909—2014 第 5.2.4 条推导的地震动峰值位移（36mm）的差值百分比约为 17%，两者结果基本一致。

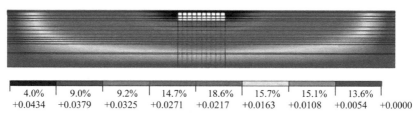

| 4.0% | 9.0% | 9.2% | 14.7% | 18.6% | 15.7% | 15.1% | 13.6% | |
| +0.0434 | +0.0379 | +0.0325 | +0.0271 | +0.0217 | +0.0163 | +0.0108 | +0.0054 | +0.0000 |

图 4.4-46　最大位移云图（单位：m，最大值 0.0434m）

（2）最大加速度云图

二维土层-结构时程分析的最大加速度云图如图 4.4-47 所示。由图可见，土层-结构时程分析计算的最大加速度（约 0.38m/s²）与安评报告提供的地表加速度（0.38m/s²，参见表 4.4-20）是一致的。

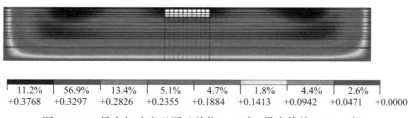

| 11.2% | 56.9% | 13.4% | 5.1% | 4.7% | 1.8% | 4.4% | 2.6% | |
| +0.3768 | +0.3297 | +0.2826 | +0.2355 | +0.1884 | +0.1413 | +0.0942 | +0.0471 | +0.0000 |

图 4.4-47　最大加速度云图（单位：m/s²，最大值约 0.38m/s²）

（3）结构内力图

二维土层-结构时程分析的结构最大内力（弯矩、剪力、轴力）如图 4.4-48～图 4.4-50 所示。

从上述计算结果可知，中一区结构在多遇地震（50 年超越概率 63%）作用下，最大弯矩出现在底板与侧墙转角位置，最大剪力出现在侧墙底部，最大轴力出现在底板两端。

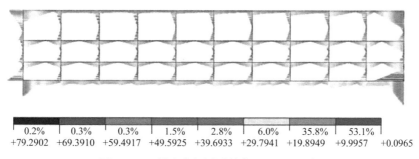

| 0.2% | 0.3% | 0.3% | 1.5% | 2.8% | 6.0% | 35.8% | 53.1% | |
| +79.2902 | +69.3910 | +59.4917 | +49.5925 | +39.6933 | +29.7941 | +19.8949 | +9.9957 | +0.0965 |

图 4.4-48　最大弯矩图（单位：kN·m/m）

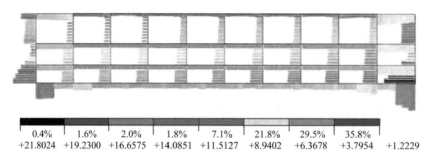

0.4%	1.6%	2.0%	1.8%	7.1%	21.8%	29.5%	35.8%
+21.8024	+19.2300	+16.6575	+14.0851	+11.5127	+8.9402	+6.3678	+3.7954	+1.2229

图 4.4-49　最大剪力图（单位：kN/m）

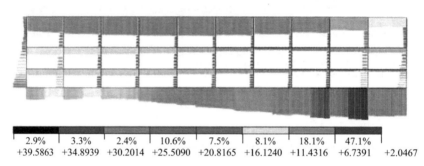

2.9%	3.3%	2.4%	10.6%	7.5%	8.1%	18.1%	47.1%
+39.5863	+34.8939	+30.2014	+25.5090	+20.8165	+16.1240	+11.4316	+6.7391	+2.0467

图 4.4-50　最大轴力图（单位：kN/m）

第 5 章

城市地下空间混凝土结构
自防水技术

城市地下空间
关键技术集成应用

城市地下空间的防水设计主要包括三项内容：一是混凝土结构自防水；二是混凝土附加防水层；三是混凝土结构的细部构造。

混凝土结构自防水是通过混凝土配合比优化，添加功能材料提高混凝土抗渗性，形成混凝土刚性防水结构；附加防水层在结构自防水的基础上设置刚柔相济的防水层，形成多道防水屏障，进一步保障结构防水性；而细部构造，特别是施工缝、变形缝等易渗漏部位，通过特殊处理加强其防渗防漏设计，可确保城市地下空间结构不渗漏。

5.1 城市地下空间结构自防水技术概述

结构自防水混凝土是通过调整混凝土配合比，掺加功能型外加剂、掺合料等配制而成。结构自防水混凝土抗渗等级依照规范不得低于 P6，大致相当于 60m 高水头。在试验中，6 个试块在 0.6MPa 水下 8h，至少 4 个试块不透水，则判定该混凝土抗渗等级为 P6。调查发现，城市地下空间结构中导致渗漏的主因是混凝土非结构性裂缝，因此在设计时对结构自防水混凝土的收缩抑裂应着重考虑。

混凝土抗渗压力是实验室得出的数值，施工现场相较于实验室，制作成型条件不好，影响混凝土抗渗性能的有些因素难以控制，因此结构自防水混凝土的施工配合比应通过多条件试验确定，其抗渗等级应比设计要求提高一级（0.2MPa），并考虑其开裂系数安全阈值。

（1）结构自防水混凝土的设计抗渗等级应符合表 5.1-1 的规定。

结构自防水混凝土设计抗渗等级　　　　　　　　表 5.1-1

工程埋设深度 H（m）	设计抗渗等级
$H < 10$	P6
$10 \leqslant H < 20$	P8
$20 \leqslant H < 30$	P10
$H \geqslant 30$	P12

表 5.1-1 是参考近些年各地工程实践经验制定的，主要是上海地区的经验。由表可知，确定结构自防水混凝土设计抗渗等级的主要依据是工程埋设深度。

抗渗等级并不是越高越好。片面强调混凝土抗压强度和抗渗等级将导致单位水泥用量的增加，水化热增高，混凝土水化收缩量加大，如施工中不采取足够保险的措施，很难避免混凝土产生裂缝，而裂缝的产生会增加地下结构的渗漏风险。

抗渗等级是在实验室用素混凝土圆柱试件（ϕ150mm，高 150mm）经试验测出，更多地表达了混凝土密实度，未考虑实际工程中的裂缝问题。实际工程中，由于按结构设计要求而确定的混凝土设计强度等级普遍不低于 C30，且现代混凝土普遍使用减水剂及其他外加剂，混凝土的抗渗等级一般能达到 P8 以上，因此对于混凝土主要应解决的始终是裂缝问题。

（2）相关规范对防水混凝土结构有以下规定：结构厚度不应小于 250mm；裂缝宽度不得大于 0.2mm，并不得贯通；钢筋保护层厚度应根据结构的耐久性和工程环境选用，迎水面钢筋保护层厚度不应小于 50mm。

混凝土裂缝几乎是不可避免的，关键是确定一个"可以接受的"裂缝宽度。英国有关规范建议，在一般条件下，裂缝最大允许宽度为 0.3mm；但当结构暴露于特殊侵蚀性环境时，这一宽度应减小到主要受力钢筋保护层厚度的 0.004 倍。后一条件意味着当保护层厚度为 40mm 时，0.16mm 的最大裂缝宽度是可以接受的。

结合我国具体情况，一般认为，在具有一定厚度（约 300mm）和承受水压不太大的结构自防水混凝土中，表面裂缝不大于 0.2mm 时，尚不致造成影响使用的渗漏；当水压不太大，对轻微的渗漏，裂缝具有一定的自愈能力，且对钢筋锈蚀影响也不明显。但对于暴露于侵蚀性环境中的混凝土结构，裂缝允许宽度应控制在 0.1～0.15mm。

保护层厚度，原《混凝土结构设计规范》GB 50010—2002 指主筋的保护层厚度，《地下工程防水技术规范》GB 50108—2008 使用"迎水面钢筋"一词，则包括箍筋在内。显然，箍筋保护层薄了易裂，渗漏水会沿其渗入混凝土内部，危害相同。为减少混凝土自身裂缝，还可以采取减小配筋直径，同时增加配筋密度的措施。

（3）结构自防水混凝土的环境温度，不得高于 80℃；处于侵蚀性介质的防水混凝土的耐侵蚀系数，不应小于 0.8。

当结构自防水混凝土用于一定温度环境时，其抗渗性能随着温度的提高而降低，温度越高则降低得越显著；当温度超过 95℃时，混凝土抗渗能力已低于防水混凝土最低要求，参见表 5.1-2。因此，长时间环境温度不得超过 80℃。

不同温度的结构自防水混凝土抗渗性能 表 5.1-2

加热温度（℃）	常温	100	150	200	250	300
抗渗压力（MPa）	1.8	1.1	0.8	0.7	0.6	0.4

5.2 混凝土结构自防水设计技术

结构自防水混凝土通过提高混凝土本身的密实性和抗渗性，使其兼具承重、围护、抗渗和防裂的综合能力，还可满足一定的耐冻融及耐侵蚀的要求。目前结构自防水混凝土主要设计技术有补偿收缩混凝土技术、水化热调控技术和防腐阻锈技术等。补偿收缩混凝土技术是指采用膨胀水泥或加入微膨胀剂而配制的混凝土。水化热调控技术是指掺入适量的水化热调控材料，改变混凝土水化温升历程，降低混凝土的温峰和温降速率，从而降低混凝土的温降收缩。防腐阻锈技术是指掺入防腐阻锈材料，改善混凝土的内部组织结构，有效阻止钙矾石结晶膨胀破坏、石膏结晶膨胀破坏、镁盐结晶破坏、碳硫硅钙石结晶破坏等，从而提高混凝土结构抗侵蚀性能和耐久性。

5.2.1 补偿收缩混凝土技术

采用微膨胀材料配制补偿收缩混凝土是解决混凝土收缩裂缝的最常用技术之一，其原理是通过膨胀剂或膨胀水泥等材料的水化产物的膨胀作用补偿混凝土收缩，并且在混凝土结构中建立 0.2～0.7MPa 的自应力，以抵消混凝土的限制收缩及混凝土结构在收缩过程中产生的全部或大部分的拉应力，从而使结构不开裂或把裂缝控制在无害裂缝（有防水要求、缝宽小于 0.2mm）的范围内。该理论起源于 20 世纪 60—70 年代一些美国、日本、苏联学者的论述；1979 年，中国学者吴中伟对此进行了深入研究，根据大量的实践与数据发表著作《补偿收缩混凝土》，为补偿收缩技术在我国的推广及应用提供了依据和理论支撑。为规范膨胀剂的应用技术，住房和城乡建设部于 2009 年发布了由中国建筑材料科学研究总院主导的行业标准《补偿收缩混凝土应用技术规程》JGJ/T 178—2009，为补偿收缩技术的进一步发展保驾护航。

1. 补偿收缩理论

混凝土胶凝材料的水化放热与散热导致了混凝土内部的升温与降温，相应地产生了膨胀与收缩，这增加了补偿收缩技术的复杂程度和矛盾点，要发挥补偿收缩的作用就需要对这些进行研究。

结构浇筑完成后的混凝土快速水化升温阶段，混凝土自身会产生热膨胀，同时产生化学收缩以消耗水分引起的自身收缩；膨胀材料水化产生的如钙矾石、氢氧化钙、氢氧化镁等结晶水化产物，也会产生大量的膨胀能，叠加效应使混凝土膨胀变形处于优势；地基、钢筋等限制体对混凝土的膨胀产生反作用力，在混凝土中产生压应力与弹性压缩变形。早期的混凝土弹性模量较小，相应的徐变较大，使部分压应力产生松弛，消耗了一部分用于降温阶段抵消拉应力的自应力，因此，补偿收缩需考虑该因素；硫铝酸钙-氧化钙类膨胀剂反应速率过快，集中在该阶段，因为徐变，大部分膨胀能产生的预压应力被松弛掉，失去补偿收缩功效，使作用效果受限。

降温阶段，混凝土因温度变形和自身收缩而快速收缩，压应力弹性变形逐渐恢复，随着进一步收缩，在混凝土约束体的限制作用下开始出现拉应力，并产生相应的弹性变形，此时的拉应力徐变对于降低混凝土拉应力具有显著效果，对于降低混凝土开裂风险有利；膨胀材料在降温阶段产生的膨胀可直接抵消收缩，降低拉应力，因此膨胀材料的膨胀速率越均匀越有利于抗裂。

2. 常用补偿收缩材料与机理研究

膨胀剂类补偿收缩材料最初的研发，是以对水泥水化中影响安定性的有害成分如游离氧化钙、钙矾石、氧化镁等的研究为出发点的，最终巧妙转化为控制混凝土裂缝的添加剂，是水泥混凝土科学一个变害为利的典范。

目前，以氧化钙类、硫铝酸钙-氧化钙类膨胀剂应用最广，其显著特征是膨胀率大、水化速率快，但是也具有需水量大、水化产物易分解、膨胀历程不易控制等缺点；此外，在塑性和升温阶段产生大量无效膨胀，导致以上膨胀剂的应用环境、地域和季节范围受限。经过反复验证，国家标准《混凝土膨胀剂》GB/T 23439—2017 将氧化钙类膨胀剂的适用条件明确为内部温度不超过 40℃的混凝土结构，即更适合于散热快的薄壁结构和冬季低温环境。为弥补该类膨胀剂的不足，科研人员开始探索新型膨胀剂，1982 年，氧化镁（MgO）混凝土首次成功应用于吉林白山水电站重力拱坝，在裂缝控制中取得优良成效，国内学者如唐明述、朱伯芳、李承木、陈昌礼、莫立武等开始对 MgO 水泥与混凝土的膨胀机理、MgO 膨胀剂的制备、MgO 混凝土的均匀性、MgO 砂浆与混凝土的各种性能、MgO 混凝土的应力补偿理论、MgO 混凝土现场试验等进行了全方位的研究工作，使我国对于氧化镁膨胀剂的研究与应用处于世界领先地位。氧化镁膨胀剂具有需水量小、水化产物稳定、反应速率可通过控制煅烧温度来调控等优点，因此通过活性调控可使 MgO 膨胀剂适用于不同尺寸和高温环境的混凝土结构，其工程应用从水工领域逐渐发展至工民建与市政工程。2013

年，电力行业最先颁布《水工混凝土掺用氧化镁技术规范》DL/T 5296—2013，此后，中国建筑材料协会《混凝土用氧化镁膨胀剂》CBMF 19—2017、中国工程建设标准化协会《混凝土用氧化镁膨胀剂应用技术规程》T/CECS 540—2018 等规范相继颁布。这一系列规范颁布的时间顺序见证了膨胀类补偿收缩材料在我国的发展。

（1）钙类膨胀剂膨胀机理

膨胀剂或膨胀水泥产生膨胀的原因，取决于在混凝土内部适宜的温湿度条件下形成的晶体相，常见膨胀剂的膨胀机理如下。

硫铝酸钙膨胀剂为最早的第一代膨胀剂，典型的硫铝酸钙膨胀剂如 UEA 和 CSA 等系列，具有早期水化速率快、水化程度高、需水量大等特点，缺点是对养护条件要求严格、高温条件下易分解等。其有效组分的反应式为：

$$C_4A_3S + 3CaSO_4 \cdot 2H_2O + 26H_2O \longrightarrow C_3A \cdot 3CaSO_4 \cdot 32H_2O \tag{5.2-1}$$

硫铝酸钙膨胀剂早期水化反应消耗大量水分，生成的针棒状钙矾石会增加水泥净浆黏度和屈服值，容易降低混凝土和易性，且掺量越大影响越明显。

基于上述不利影响，研发者将氧化钙作为主要成分之一，对第一代膨胀剂的不足进行补充，复合助剂形成第二代硫铝酸钙-氧化钙类膨胀剂，典型的第二代膨胀剂有 HCSA 膨胀剂、FQY 高性能膨胀剂和 CEA 复合膨胀剂等，其膨胀性能更强，对混凝土的抗压强度与和易性影响小，需水量显著降低，这些优点进一步推动了补偿收缩材料的进步。

第二代膨胀剂中的氧化钙组分的膨胀反应式为：

$$CaO + H_2O \longrightarrow Ca(OH)_2 \tag{5.2-2}$$

反应产生 $Ca(OH)_2$ 会使固相体积增大 98%，膨胀产物在新拌合的混凝土中形成了强离子键，使吸附的水分子具有固相性质，形成膨胀驱动力。

图 5.2-1 为硫铝酸钙-氧化钙类膨胀熟料的扫描电镜（SEM）图像。图 5.2-2 为掺 10%硫铝酸钙-氧化钙类膨胀剂测得的限制膨胀率，由图可知，20℃条件下，掺硫铝酸钙-氧化钙类膨胀剂的混凝土限制膨胀率在 14d 内反应完毕，反应速率较为均匀；40℃条件下，3d 内反应 90%，反应速率较快；60℃条件下的 1d 水化程度可以达到 95%以上。因此，钙类膨胀剂内部温度更适于不超过 40℃的混凝土结构。

图 5.2-1 硫铝酸钙-氧化钙类膨胀熟料的 SEM 图像

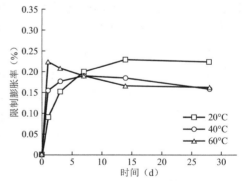

图 5.2-2 掺 10%硫铝酸钙-氧化钙类膨胀剂的限制膨胀率

（2）氧化镁膨胀剂膨胀机理

氧化镁膨胀剂是由菱镁矿经过适当温度的煅烧、粉磨制备而成，掺入混凝土后，可使混凝土具备一定长龄期持续膨胀的特性。利用 MgO 水化所释放的化学能转变为机械能，氧化镁膨胀剂的需水量较小，水化产物 Mg(OH)₂ 的晶体体积是 MgO 晶体体积的 1.18 倍，氧化镁的膨胀反应式为：

$$MgO + H_2O \longrightarrow Mg(OH)_2 \tag{5.2-3}$$

图 5.2-3 为不同煅烧条件下制备的镁类膨胀剂的 SEM 图像。镁类膨胀剂的单一颗粒由许多聚集的氧化镁颗粒组成，氧化镁颗粒的尺寸随温度和停留时间的增大而增大。氧化镁的晶粒生长归因于氧化镁在高温下的烧结作用。在煅烧过程中，菱镁矿首先分解为氧化镁微晶，该微晶在高温下快速生长，导致氧化镁的晶粒生长；可通过煅烧温度控制其熟料形态和晶粒，并由此来控制其反应活性；轻烧 MgO 可以提高活性，加快反应速率，随着烧制温度的提高，其晶粒聚集，反应速率降低，延迟水化。

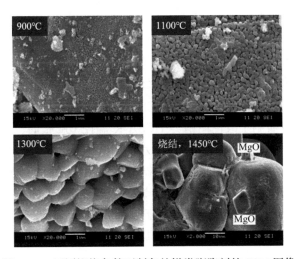

图 5.2-3　不同煅烧条件下制备的镁类膨胀剂的 SEM 图像

图 5.2-4 为不同活性氧化镁膨胀剂与硫铝酸钙-氧化钙类膨胀剂（AC）砂浆试件的限制膨胀率，由图可知，20℃条件下，不同活性的 MgO 反应速率较慢，60d 限制膨胀率约为 0.05%，差异并不大，而 AC 的限制膨胀率 28d 可达 0.08%；40℃时，AC 的 3d 限制膨胀率达到 0.06%，后期基本无膨胀，而 MgO 的活性得到激发，膨胀速率与膨胀率均大幅增加，高温下最大限制膨胀率比钙类更高，膨胀更为均衡。

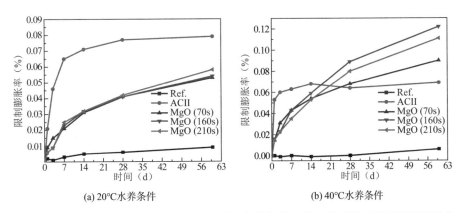

图 5.2-4　不同活性氧化镁膨胀剂与硫铝酸钙-氧化钙类膨胀剂的砂浆试件的限制膨胀率

5.2.2 水化热调控技术

1. 水化热调控材料

大体积混凝土因截面尺寸大，混凝土在早期水化放热升温过程中热量集中释放，与外界环境的热量交换速率慢，导致混凝土温升值高，而温升值越高，降至环境温度过程中的综合降温差就越大，外约束应力越大，开裂风险大幅度增加，因此《大体积混凝土施工标准》GB 50496—2018 要求混凝土最大温升值不超过 50℃，并提出针对温度控制的措施。

常见控温措施有分段浇筑、预埋冷却水管和设置导热系数小的保温材料等，其中，冷却水管的管径、流速和预埋位置设计技术含量高，步骤繁琐复杂，对工期和人工成本均有要求，实施难度大且效果有限，大大限制了其应用。基于以上情况，科研人员提出了掺加水化热调控材料的方式，从源头上调控水化温升，一般通过延缓水化加速期和降低水化放热速率等方式实现，或吸收部分水化热以降低温度梯度，从而降低混凝土收缩开裂的风险。这种方式只需要在混凝土搅拌中加入相应的功能型外加剂，方法简单、快捷，可显著提高施工效率，逐渐成为研究的热点。国外对于混凝土水化热调控材料的研究最早可追溯到 20 世纪 90 年代，日本首先开发了抑制水泥水化温升的 CSA-100R 型外加剂；国内相关材料研究如中国建筑材料科学研究总院研制了改性糊精类 HCSA-R 温控型膨胀剂、武汉某公司生产的水化热抑制剂 HHC-S、江苏某公司研发的 TRI 型水化温升调节剂等相继得到开发应用。

水化热调控材料种类繁多，其中尿素、糖类（衍生物）和淀粉糊精类水化热调控效果明显，其他种类的水化热调控材料也不断涌现。传统的降低水化热的方法是通过改变早期水化放热组分比例或添加特种混合材制备中低热水泥，或者配合比设计时采用粉煤灰、矿渣粉作为掺合料替代水泥，均具备显著的降温效果，如果在此基础上配合应用水化热调控外加剂，将进一步增强控温效果。

现就最常见的几种水化热调控材料的主要功能成分进行介绍。

（1）尿素

尿素 $[CO(NH_2)_2]$ 是农业中常见的有机化合物，尿素遇水后生成二氧化碳和氨的正向反应是吸热反应 [见式(5.2-4)]，可显著降低环境温度。因此，根据该原理，在拌合混凝土过程中掺入尿素时，可在材料加水后迅速水化反应，降低混凝土温度，有效降低水化热。

$$CO(NH_2)_2 + H_2O = CO_2 + 2NH_3 \tag{5.2-4}$$

尿素在使用中需重点关注掺量。试验表明，掺量为 5% 时，水泥的水化加速期延迟约 7h，降低最大温升值 46.2%；掺量为 15% 时，延迟 26h，降低最大温升值 84.6%，降低累积放热量 45.5%，早期水化抑制效果明显，但早期强度比基准组要低，主要降低 3d 的抗压强度，对于 28d 强度基本无影响。另外，研究表明，掺入尿素还可一定程度上降低混凝土的自收缩和干燥收缩，且不影响和易性，但随着尿素掺量的增大，孔隙率会大幅增加，对混凝土强度影响较大，这是因为溶解的尿素会使浆体中的水分增加，过量的水分在前期水化完成后不参与后期水化过程，导致孔隙率增加。为降低该不利影响，可掺入三乙醇胺等材料，减小孔隙率，增加强度。

（2）糖类及其衍生物

糖类衍生物的水化热调控材料如蔗糖（盐）、葡萄糖（盐）和羟基酸盐等，常作为调节混凝土凝结时间的组分与混凝土减水剂复合使用。

糖类及其衍生物调控水化热的机理在于，糖类及其衍生物（如柠檬酸钠）分子结构中的羧基（-COOH）与羟基（-OH），水化初期水泥颗粒带正电，易吸附糖类及其衍生物分子中的羧基负电基团，并与水泥浆中的钙离子产生络合作用，降低液相中自由 Ca^{2+} 的浓度，延迟水化反应。官能团数目越大，络合能力越强，产生的络合物只是在限制时间内抑制水泥水化，随着水化进行将自行分解，抑制初始水化放热而不影响后期的持续水化反应。同时，所述官能团对 C_3A 中铝酸盐的络合作用会使离子基团 $Al(OH)_4^-$ 溶液化，加快 C_3A 的水解，快速形成以结晶不完善凝胶状存在的 AFt，这些 AFt 会在未水化水泥颗粒表面形成保护膜，延迟诱导期与第二放热峰的出现；随着时间延长，这层保护膜被破坏，C_3S、C_2S 的水化恢复正常。实际应用中应适当控制掺量，降低不利影响。

（3）淀粉糊精类

淀粉糊精类水化热调控剂（TRI）是以淀粉基材料为主或将其分解为糊精类物质，并对糊精进行改性，得到具有水化热调控功能的外加剂。

淀粉基水化热调控剂主要抑制 C_3S 的水化，减少早期水化产物 C-S-H 的量，阻碍水化进程。由玉米淀粉加热分解而成的糊精类水化热调控外加剂，掺量为 0.15% 时，可降低水泥浆体最大放热速率 55%，24h 累积放热量可降低 56.1%，而 72h 累计放热量仅降低 5.8%，因此对混凝土 3d 和 28d 抗压强度影响较小，对混凝土凝结时间有一定延长，实际应用中可复配硫酸铝等小料调节对混凝土凝结时间的影响。使用过程中，淀粉基水化热调控剂预溶于水的抑制效果较粉剂更为显著，能够增加水泥浆体电导率的稳定时间，延长诱导期。

改性糊精水化热调控剂的水化热抑制效果同样显著；提前水解后掺入混凝土中仅有缓凝效果，粉末状与水泥混合后加水搅拌则可延迟第二放热峰，大幅降低 1d 累积放热量（0.15% 掺量时降幅 89.4%）。常见改性糊精如糊精丁二酸酯，可有效降低水泥水化放热速率最大值（0.3% 掺量时降低 62.3%），且对混凝土的凝结时间影响小。中国建筑材料科学研究总院研制的以改性糊精为水化热抑制成分的温控型膨胀剂 HCSA-R，可降低温升值 6～10℃，降低综合降温差的同时，产生膨胀作用补偿混凝土收缩，双向降低温度应力值和开裂风险。

淀粉糊精类水化热调控机理与糖类及其衍生物类似，其分子结构中存在大量的羟基和羧基，与水泥加水拌合后能够络合 Ca^{2+}，从源头降低水泥水化进程；同时，淀粉糊精类水化热调控剂分子量更高、官能团数目更多和分子线团更复杂多样。其机理在于，当部分有晶格缺陷的水泥颗粒与水搅拌后发生水解，产生的 Ca^{2+} 与 SiO_4^{4-} 因溶解速率存在差异形成缺钙富硅层，糊精类水化热调控剂中的羟基与分布在 C_3S 颗粒表面的缺钙富硅层中的 O^{2-} 形成氢键，并形成保护层，改变水化历程；另外，羟基与水结合而成的氢键也会吸附在 C-S-H 水化产物表层，进一步延缓水化放热历程。

（4）相变材料

相变材料（PCM）是一种本身或结构随温度发生变化并吸收或释放热量，从而改变周围环境温度的材料，包括有机类、无机类和复合类。具有操作简便、无腐蚀、无过冷析出等优点的有机相变材料是目前的研究热点。混凝土温度超过相变反应临界值后，相变材料发生固-液吸热相变，吸收水化热，降低温升值（也可推迟温峰出现）；当温度降低超过临界值时，发生液-固放热相变，在降温过程中放热可有效降低降温速率，延长应力松弛，降低开裂风险。此外，部分有机相变材料分子结构中的长链容易包裹在水泥颗粒表面，抑制

C_3S 水化并且激发 C_2S 的水化，导致水化峰值的降低与滞后。

（5）水化热调控材料对比

不同水化热调控材料的性能优缺点和作用机理如表 5.2-1 所示。

不同水化热调控材料的对比 表 5.2-1

材料	优点	缺点	机理	反应形式
尿素	水化热抑制作用强、减缩作用，对长龄期强度影响不大	混凝土早期强度降低，孔隙率增加	尿素-水的吸热放热平衡反应	化学反应
糖类及其衍生物	显著降低水化放热速率、累积放热量和绝热温升，对长龄期强度影响不大	混凝土早期强度降低，延长凝结时间	通过羧基或羟基与 Ca^{2+} 络合，并吸附在水泥颗粒表面形成薄膜	吸附和络合
淀粉糊精类	显著降低最大水化放热速率、累积放热量和绝热温升，对混凝土强度影响不大，无污染，低成本	不同的溶解状态对水化热的控制作用不同，延长凝结时间	显著复合 Ca^{2+} 在 C_3S 表面形成保护层并吸附 C-S-H	吸附、氢键
相变材料（PCM）	显著降低最大水化放热速率、累积放热量和绝热温升	某些相变材料可能会增加混凝土的孔隙率	相变吸收/释放相变潜热，与环境介质储存/交换热量	物理相变
其他	水化放热量降低	混凝土的力学性能下降，凝结时间显著延长	矿物成分活性低、C_3S 含量低、水化过程延迟等。	化学或物理过程

由表 5.2-1 可知，上述水化热调控材料的共同点是调控水化温升，但是性能特征、优缺点和机理有所不同。实际工程应用中，糖类及其衍生物在水利大体积混凝土工程应用较多。中低热水泥和矿物掺合料如粉煤灰和矿渣等在大体积混凝土仍有广泛应用。淀粉糊精类材料水化热调控效果优异，对混凝土强度影响小，不足之处是混凝土在干缩测试环境下的收缩应变更大，而由改性淀粉类制成的多 HHC-S 型水化热抑制剂在水工自密实混凝土和大体积混凝土中已得到大量验证与应用，抑制温度效果显著。

2. 水化热调控技术

（1）作用机理

水化热调控材料，也称作水化热调节剂、水化热调控剂等（简称 SY-TS）。其主要成分为多羟基有机物，在常温水中难溶，但可在水泥浆体的碱性溶液中不断溶解、吸附于水泥颗粒表面（图 5.2-5），降低硅酸盐水泥水化加速期时 C_3S 的水化速率，有效调控水泥加速期的水化历程，避免水化早期的集中水化放热。

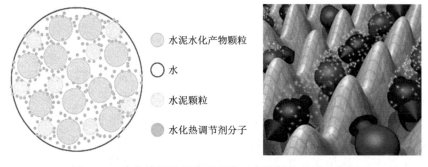

图 5.2-5　水化热调节剂分子吸附于水泥颗粒表面示意图

（2）执行标准

硅酸盐水泥的水化热测试，参照国家标准《水泥水化热测定方法》GB/T 12959—2008。硅酸盐水泥掺水化热调控材料，参照行业标准《混凝土水化温升抑制剂》JC/T 2608—2021，其水化热测定方法基本与国标相同，但其指标——24h 水化热降低率的计算起点为水化初始放热达到 30.0J/g 后的 24h，目的在于区分缓凝剂，着重体现水化热调控组分对水泥水化加速期的影响。SY-TS 能够满足行业标准《混凝土水化温升抑制剂》JC/T 2608—2021 的指标要求，其性能指标见表 5.2-2。

水化热调节剂 SY-TS 的性能指标　　　　表 5.2-2

检验项目		指标
氯离子含量（%）		≤ 0.1
水泥水化热降低率（%）	24h	≥ 30
	7d	≤ 15
抗压强度比（%）	28d	≥ 90

（3）作用特点

按《混凝土水化温升抑制剂》JC/T 2608—2021 的规定检测 SY-TS 的水化热如图 5.2-6 所示，由图可知，SY-TS 持续调控了初凝后水泥加速期水化反应，并且基本不影响水泥的总放热量。

在基准水泥、水灰比 0.4、入模温度 20℃±2℃、环境温度 20℃±2℃试验条件下，掺 SY-TS 与掺缓凝剂（葡萄糖酸钠）半绝热条件下水泥净浆温升曲线如图 5.2-7 所示，由图可知，SY-TS 可显著降低水泥水化温升，不同于缓凝剂葡萄糖酸钠仅推迟凝结时间。

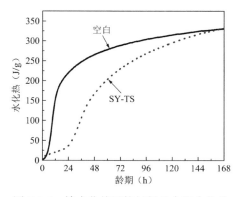
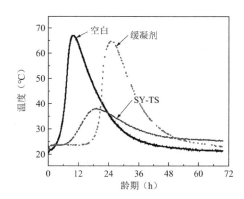

图 5.2-6　掺水化热调控材料的水泥水化热　　图 5.2-7　水化热调控材料与缓凝剂水化温升曲线对比

因此，水化热调控材料能够显著降低水泥水化热，通过调控硅酸盐水泥加速期和减速期的水化历程，配合混凝土建筑物散热条件，可降低混凝土水化温升和内外温差，从而降低混凝土温度开裂风险。

5.2.3　防腐阻锈技术

1. 混凝土腐蚀破坏机理

根据混凝土腐蚀破坏的反应机理，可将其分为硫酸盐腐蚀、盐类结晶腐蚀、镁盐腐蚀、碳酸腐蚀和氯盐腐蚀等几种方式。

（1）硫酸盐腐蚀

混凝土硫酸盐腐蚀破坏的实质是环境水中的硫酸盐离子进入混凝土内部，与水泥石中一些固相组分发生化学反应，生成一些难溶的盐类矿物。这些难溶盐类矿物一方面可形成钙矾石、石膏等膨胀性产物而引起混凝开裂、剥落和解体；另一方面，也可使硬化水泥石中 CH 和 C-S-H 凝胶等组分溶出或分解，导致水泥石强度和粘结性能下降。其侵蚀破坏类型大体有以下几种。

①钙矾石膨胀破坏

环境水中的 SO_4^{2-} 与水的 CH 反应生成二水石膏，二水石膏与水泥石中的 C-A-H 反应生成钙矾石 AFt。其反应方程式如下：

$$SO_4^{2-} + CH \longrightarrow CaSO_4 \cdot 2H_2O + OH^- + H_2O \tag{5.2-5}$$

$$CaSO_4 \cdot 2H_2O + C\text{-}A\text{-}H + H_2O \longrightarrow AFt + H_2O \tag{5.2-6}$$

钙矾石为溶解度极小的盐类矿物，化学结构上结合大量结晶水后，固相体积迅速增大，为原水化铝酸钙的 25 倍左右。同时，钙矾石的膨胀压力与生成钙矾石的晶体大小与形貌有很大关系。当液相碱度较小时，钙矾石一般为大的板条状晶体，不会产生有害膨胀；但当液相碱度较高时，会生成吸附力极强的片状和针棒状的钙矾石晶体，此时钙矾石严重的膨胀吸水作用会导致严重的膨胀应力危害。

②石膏膨胀破坏

当溶液中 SO_4^{2-} 的浓度较高时，硫酸盐与水泥石反应，不仅会有钙矾石晶体生成，还会有石膏结晶析出。其反应方程式如下：

$$SO_4^{2-} + CH + H_2O \longrightarrow CaSO_4 \cdot 2H_2O + OH^- \tag{5.2-7}$$

体系中的氢氧化钙转变为二水石膏会造成水泥基材料体积膨胀甚至开裂，并且在生成二水石膏的过程中消耗大量的 CH，造成混凝土强度降低和耐久性下降。环境溶液中 SO_4^{2-} 的浓度越高，石膏结晶侵蚀的主导作用越明显。

③硫酸盐物理破坏

混凝土材料中浓度过高的碱金属离子与硫酸根反应会析出带有结晶水的碱金属硫酸盐，产生的结晶压力将导致混凝土材料的膨胀开裂。在干旱和温差较大的地区，混凝土空隙中的碱金属盐会更加容易浓缩而生成结晶盐。

（2）盐类结晶腐蚀

对于含盐量高的地下水中的混凝土基础，当有部分表面暴露于空气中时，渗入混凝土内部的含盐水会通过毛细作用向暴露面移动，使盐集聚在这一区域，混凝土表层的含盐量增大，盐结晶产生膨胀应力，导致混凝土表面剥落。

大部分盐在不同环境下分别呈固态、液态和气态三种聚集态。其中，溶液腐蚀性较大，特别是呈酸性反应或在溶液中能分解出酸根离子的盐对混凝土均有不同程度的腐蚀。盐类结晶腐蚀系混凝土一端与含盐溶液接触，通过毛细作用，溶液沿毛细管上升至混凝土迎空面；水分蒸发，溶液达到过饱和，在毛细管中析晶。一方面，溶液浓度加大，达到过饱和，加速化学侵蚀反应；另一方面，因盐析晶，产生晶间推力。

（3）镁盐腐蚀

海洋工程的混凝土结构长期受海水或潮湿空气的作用，其中含有大量的镁盐。镁盐对混凝土的腐蚀作用分为 Mg^{2+} 直接腐蚀、Mg^{2+} 与 SO_4^{2-} 协同腐蚀两种。

①Mg^{2+} 直接腐蚀

Mg^{2+} 对混凝土的腐蚀是通过水化产物 CH 产生复分解反应,或直接分解水泥石的 C-S-H 与 C-A-H 凝胶,由于反应生成的 $Mg(OH)_2$ 溶解度很低,凝体土体系 pH 值降低,导致其化学反应不断进行,增大了混凝土的孔隙率,加速了水泥石结构的解体,致使混凝土材料结构发生破坏,这种现象在流动的海水中更为严重。

②Mg^{2+} 与 SO_4^{2-} 协同腐蚀

镁盐中的 SO_4^{2-} 对混凝土的腐蚀最为常见也较为严重。当环境水中 Mg^{2+} 与 SO_4^{2-} 离子浓度较高时,石膏可能以溶液形式存在。镁盐会与 CH 反应生成易被水溶解的 $CaCl_2$ 和石膏等易溶性物质。其反应方程式如下:

$$MgCl_2 + Ca(OH)_2 \longrightarrow CaCl_2 + Mg(OH)_2 \tag{5.2-8}$$

$$MgSO_4 + Ca(OH)_2 \longrightarrow CaSO_4 \cdot 2H_2O + Mg(OH)_2 \tag{5.2-9}$$

生成的 $Mg(OH)_2$ 溶解度低且强度不高,反应生成的 $CaCl_2$ 是易溶的,促进水泥石组成的分解,导致混凝土分解性破坏,而 $Mg(OH)_2$ 是白色松软物质,破坏了混凝土材料结构。水泥石中的水化硅酸钙和水化氯酸钙与呈酸性的镁盐发生反应,生成的氧化镁还能与铝胶、硅胶发生缓慢反应,混凝土遭受氯化镁盐侵蚀的腐蚀形态是轻者剥蚀、重者溃散。

（4）碳酸腐蚀

碳酸与水泥混凝土相遇时,首先可以和水泥石中的氢氧化钙作用,生成碳酸钙,堵塞在水石的孔隙中。其反应方程式如下:

$$Ca(OH)_2 + H_2CO_3 \longrightarrow CaCO_3 + H_2O \tag{5.2-10}$$

但是水中的碳酸还可以与碳酸钙进一步作用,生成易溶于水的 $Ca(HCO_3)_2$ 而溶失,混凝土中 $Ca(OH)_2$ 减少,水化产物分解,使混凝土腐蚀。其反应方程式如下:

$$CaCO_3 + H_2O + CO_2 \longrightarrow Ca(HCO_3)_2 \tag{5.2-11}$$

碳酸导致混凝土强度降低、裂隙扩大和结构疏松。少量 Na^+ 和 K^+ 离子的存在会影响碳酸平衡,向碳酸氢钙方向移动,加剧碳酸的腐蚀作用。而海水中存在大量的 Na^+、K^+ 离子,可能会加速碳酸腐蚀。

（5）氯盐腐蚀

新拌混凝土具有高碱性,钢筋表面会形成一层保护性氧化铁薄膜,牢固地吸附在钢筋表面,使钢筋处于钝化状态,免受腐蚀。但是氯离子半径小,穿透能力强,很容易渗透到钢筋表面,并与 OH^- 竞争吸附在钢筋表面,这不仅会使钢筋表面保护膜产生收缩,导致膜裂缝,还会使该处的 pH 值降低,导致局部酸化,造成大阴极小阳极的情况。另外,Cl^- 本身不会消耗,与 Fe^{2+} 发生反应产生易溶的 $FeCl_2$,加速了钢筋表面铁的离子化过程,即使钢筋处于一种强碱的状态下,混凝土中的氯离子也可以轻易损坏保护膜,加速钢筋腐蚀,而铁的腐蚀产物体积是基体铁的 $2 \sim 4$ 倍,使混凝土受到很大的内应力,导致混凝土保护层顺筋开裂剥落破坏。

2. 防腐阻锈技术

（1）防腐技术

传统的混凝土防腐方法有:①使用外涂技术。该方法能够有效防止氧化和腐蚀,操作简单，但是高原强烈的紫外线照射，使涂层易发生老化、开裂从而失效。②加大保护层，提高混凝土强度等级。该方法可以延缓腐蚀，但工程造价高。③使用抗硫酸盐水泥。该方法能够提高混凝土抗硫酸盐侵蚀性能，然而抗硫酸盐水泥供应有限，价格昂贵，且抗硫酸盐水泥抗 Cl⁻ 腐蚀能力差，在 Cl^-、SO_4^{2-} 并存的环境中，防腐效果不好，从而严重影响侵蚀地区钢筋混凝土结构耐久性。

传统防腐剂的主要成分为矿物掺合料（粉煤灰、矿粉和硅灰）。首先，随着矿物掺合料的引入，水泥用量得以大幅下降，水泥中的 C_3A 和 C_3S 被矿物掺合料所稀释；其次，矿物掺合料中含有活性 SiO_2、CaO 等成分，能够反应消耗水泥水化产生的 CH，并且促进水化生成的 C-S-H 凝胶，改善微观结构，降低混凝土的孔隙率，使集料界面区的粘结力得到强化，混凝土密实程度相对提高；最后，随着矿物掺合料的引入，混凝土的水化热降低、混凝土干燥收缩得以大幅减小，混凝土早期因热量或水分引起裂缝的概率降低，即通过提高混凝土的密实性来增强其抗腐蚀性能。

单一的矿物掺合料已不能满足当今工程应用的防腐功能要求，目前常用的防腐剂以复合型防腐剂为主，通常采用在防腐剂中掺入高效减水剂和引气剂的方法，即满足混凝土拌合物工作性的要求下，通过降低水胶比和改善混凝土的和易性，防止混凝土收缩开裂渗漏，间接提高水泥基材料的抗腐蚀能力。

于明星等研制开发了一种集耐化学腐蚀、耐物理腐蚀、高耐久性、减水、早强、增强各性能于一体的混凝土防腐剂 LJ513。高超等研发了一种混凝土流变防腐剂，利用先进的精细加工技术对矿物掺合料进行改性，改善微颗粒级配，使流变组分、防腐组分和密实组分产生叠加作用。邓岗等基于外加剂"组成-结构-功能"的关系，从提升密实度及强度、减少缺陷、增强自身抗腐蚀能力和添加化学阻锈组分等方面出发，采用先进复合技术，制备出一种有机与无机复合的防腐剂 JK-8。肖斐等针对混凝土发生腐蚀的原因，采用化学外加与超细活性矿物双掺的手段研制了 NC-B 型防腐剂，研究表明，防腐剂组分中的高活性含硅矿物质改善了水泥石的内部结构，而防腐剂各组分的"叠加效应"使不稳定或亚稳定状态物质转变成稳定、密实、对强度起贡献作用的结构产物。

（2）阻锈技术

目前，国内外防止钢筋腐蚀的措施大致分为以下五类：①降低混凝土渗透性；②混凝土表面涂层防护；③钢筋表面涂层防护；④采用耐锈蚀钢筋；⑤采用钢筋阻锈剂。

降低混凝土的渗透性是通过使用低水胶比的混凝土以及足够的混凝土保护层来实现，但实际施工困难且成本较高。混凝土表面涂层防护通常是在桥面板表面使用聚合物混凝土、聚合物胶乳改性混凝土作为覆盖层，但涂层防护有铺设不均匀的风险，且在建筑物表面受外界环境影响较大。钢筋表面涂层防护是将涂层完全与钢筋紧密结合在一起，阻止阳极的形成并防止涂层被渗透部位的钢筋成为阴极而腐蚀，但是需要特别注意涂层与钢筋的粘结性和服役期间的工作环境问题。采用耐锈蚀钢筋可使钢筋在外界侵蚀离子的作用下表现出良好的耐锈蚀性能，但由于经济原因，在实际工程中应用较少。钢筋阻锈剂是能阻止或减缓钢筋腐蚀的化学物质，可通过掺加到混凝土中或涂敷在混凝土的表面而起作用，其花费最少，使用简便而有效，已成为防止钢筋腐蚀的主要技术措施之一。

钢筋阻锈剂有多种分类方式，按化学成分可分为无机、有机和复合型三类。

①无机阻锈剂

无机阻锈剂主要品种包括亚硝酸盐、硝酸盐、铬酸盐、磷酸盐、硅酸盐和钼酸盐类等。其中亚硝酸盐类是研究应用最早的钢筋阻锈剂,其作用是通过与金属发生反应,使钢筋表面被氧化生成一层致密的保护膜。20 世纪 60 年代,$NaNO_3$ 就在工程上被用作钢筋阻锈剂,取得了一定的防锈效果。美国 Grace 公司的研究表明,$Ca(NO_3)_2$ 具有较好的阻锈能力,而对混凝土没有明显的负面影响和引发碱集料反应的能力,因此在工程上得到了大量应用。Ngala 等研究表明,NO_3^- 在高的水灰比的混凝土中具有一定的渗透能力,当 $Ca(NO_3)_2$ 作为表面渗透的阻锈剂使用时,仅对较低氯离子浓度的混凝土中轻微腐蚀的钢筋具有一定的阻锈作用。此外,亚硝酸盐类阻锈剂属于氧化型阻锈剂,只有在用量足够时才有缓蚀效果,否则会引起严重的局部腐蚀。Alonso 等采用电化学技术研究了 Na_2PO_3F 在模拟混凝土孔隙液中对钢筋的阻锈作用,结果表明,10%的 Na_2PO_3F 可以使钢筋的腐蚀电位正移,腐蚀电流度下降,电化学阻抗值增大。

②有机阻锈剂

由于无机亚硝酸盐类阻锈剂在环保方面的问题,有机阻锈剂得到很大发展。有机阻锈剂包括胺类、醛类、炔醇类、有机磷化合物、有机硫化合物、羧酸及其盐类等。Monticelli 等用电化学方法考察了在氯离子存在的条件下钢筋在含有一些有机化合物的碱性溶液中的极化特性,结果发现有些化合物对 Cl^- 的侵蚀具有抑制作用。美国 Cortec 公司率先将气相阻锈剂与其他有机阻锈剂复合用于保护钢筋混凝土,并命名为迁移型阻锈剂 MCI。北京市建筑工程研究院在国内首次研发成功并推出了 AMCI 迁移型防腐阻锈剂的配方与合成工艺。贺奎等通过新拌砂浆法、溶液浸泡法以及湿冷热循环等试验,证明了 AMCI 具有良好的抗氯离子侵蚀作用和一定迁移作用。

③复合阻锈剂

复合阻锈剂是一类通过复合技术手段发挥阻锈协同效应的阻锈剂。Sarasw-athy 等研究发现,含有氧化钙、柠檬酸盐、锡酸盐的复合体系不仅能显著降低混凝土钢筋的腐蚀速度,还能提高混凝土的抗压强度。Rincon 等研究发现,ZnO 和 $Ca(NO_2)_2$ 的复合物的阻锈效果明显优于单一的 $Ca(NO_2)_2$,ZnO 是阴极型阻锈剂,而 $Ca(NO_2)_2$ 是阳极型阻锈剂,二者复合使用可以同时增强对电化学阴极和阳极的抑制作用。

5.3　混凝土结构自防水施工技术

5.3.1　材料控制

原材料质量直接影响混凝土拌合物及硬化混凝土的质量,因此,对于搅拌站提供的水泥、粉煤灰、矿粉、细骨料、粗骨料等原材料,应确保各项原材料性能满足规范要求;严格控制进场原材料各项性能指标,从而保证混凝土耐久性和抗裂性能,减少混凝土开裂风险。

1. 水泥

采用P·O42.5 硅酸盐水泥,水泥质量必须符合《通用硅酸盐水泥》GB 175—2023 的要求，宜选用开裂敏感性低的水泥（水泥中的碱含量宜小于 0.6%，C_3A 含量宜不大于 8%），可减少早期水化热。水泥检验技术指标要求见表 5.3-1；水泥入仓时的温度不得高于 60℃。

水泥检验技术指标要求   表 5.3-1

序号	检验项目	技术要求	检验方法
1	比表面积	300～350m²/kg	《水泥比表面积测定方法 勃氏法》GB/T 8074—2008
2	凝结时间	初凝≥45min，终凝≤390min	《水泥标准稠度用水量、凝结时间、安定性检验方法》GB/T 1346—2011
3	安定性	沸煮法合格	
4	烧失量	≤3.0%	
5	游离 CaO 含量	≤1.0%	
6	MgO 含量	≤2.0%	《水泥化学分析方法》GB/T 176—2017
7	SO_3 含量	≤3.5%	
8	碱含量	≤0.6%	

2. 粉煤灰

粉煤灰的细度（45μm 方孔筛筛余）不大于 15%，需水量比不大于 100%，其他检测指标应符合《用于水泥和混凝土中的粉煤灰》GB/T 1596—2017 的要求，主要检验技术指标要求见表 5.3-2，关键指标为细度、烧失量和 SO_3 含量。

粉煤灰检验技术指标要求   表 5.3-2

序号	检验项目	技术要求	检验方法
1	细度	≤15%	《用于水泥和混凝土中的粉煤灰》GB/T 1596—2017
2	需水量比	≤100%	
3	活性指数	≥75%	《水泥化学分析方法》GB/T 176—2017
4	烧失量	≤3.5%	
5	SO_3 含量	≤3.0%	

3. 矿粉

采用比表面积为 400～450m²/kg 的 S95 级粒化高炉矿渣粉，其质量应符合《用于水泥、砂浆和混凝土中的粒化高炉矿渣粉》GB/T 18046—2017 的规定，宜选用具有保证混凝土体积稳定性的复合矿物掺合料。矿粉主要检验技术指标要求见表 5.3-3。

矿粉检验技术指标要求   表 5.3-3

序号	检验项目	技术要求	检验方法
1	密度	≥2.8g/cm³	《水泥密度测定方法》GB/T 208—2014
2	比表面积	400～440m²/kg	《水泥比表面积测定方法 勃氏法》GB/T 8074—2008
3	SO_3 含量	≤4.0%	《水泥化学分析方法》GB/T 176—2017
4	Cl^-含量	≤0.04%	

续表

序号	检验项目	技术要求	检验方法
5	流动度比	≥95%	《用于水泥、砂浆和混凝土中的粒化高炉矿渣粉》GB/T 18046—2017
6	烧失量	≤3.0%	
7	含水率	≤1.0%	
8	28d 活性指数	≥95%	

4. 细骨料

宜选用颗粒坚硬、强度高、耐风化的天然河砂，以及细度模数为 2.6～2.9 的 Ⅱ 区中砂，其含泥量、泥块含量、氯离子含量等指标应满足表 5.3-4 的要求，其他指标应符合《建设用砂》GB/T 14684—2022 中对于 Ⅱ 类砂的相关规定。如采用机制砂，机制砂小于 75μm 的粒径含量不宜超过 5%；吸水率不宜大于 1.5%；总压碎值应小于 20%。

细骨料检验技术指标要求　　　　　　　　　　　　表 5.3-4

序号	检验项目	技术要求	检验方法
1	含泥量	≤3.0%	《建设用砂》GB/T 14684—2022
2	泥块含量	≤1.0%	
3	Cl⁻含量	≤0.02%	
4	云母含量	≤0.5%	
5	轻物质含量	≤0.5%	
6	吸水率	≤2%	
7	硫化物及硫酸盐含量	≤0.5%	

5. 粗骨料

粗骨料宜采用粒型较好和坚固的碎石，最大公称粒径不大于 31.5mm，粒径控制宜为 5～30mm；骨料粒径不得超过构件截面最小尺寸的 1/4，且不得超过钢筋最小净间距的 3/4。粗石、细石混合使用的混合级配其紧密堆积空隙率不应大于 40%，且不得使用具有潜在碱活性的骨料。具体要求见表 5.3-5。

粗骨料检验技术指标要求　　　　　　　　　　　　表 5.3-5

序号	检验项目	技术要求	检验方法
1	含泥量（按质量计）	≤1.0%	《建设用卵石、碎石》GB/T 14685—2022
2	泥块含量（按质量计）	≤0.5%	
3	坚固性（重量损失）	≤8%	
4	压碎值指标	≤12%	
5	针片状颗粒含量（按质量计）	≤7%	
6	表观密度	≥2600kg/m³	

6. 减水剂

减水剂应符合《混凝土外加剂》GB 8076—2008 的要求；碱含量应小于 3%；氯离子含量不大于 0.02%；1h 坍落度损失小于 15%；使用前应做适应性试验，不得有假凝、速凝、分层或离析现象，并应根据工程需要和施工要求，通过试验确定减水剂的品种和掺量。

7. 拌合用水

拌合用水的质量应符合《混凝土用水标准》JGJ 63—2006 的要求，不得使用污水。

8. 重量偏差

混凝土原材料按重量计的允许偏差：水泥、外掺混凝土材料为 ±2%；粗、细骨料为 ±3%；水为 ±2%；膨胀剂为 ±1%；减水剂为 ±0.1%。

5.3.2　混凝土质量控制

1. 准确使用外加剂

（1）外加剂进场检验要求：对产品进行外观检查，保证产品不结块，不含杂质；认真核对进场产品的型号、规格、数量等；检查产品的质量检测报告、产品合格证、产品说明书等；必要时应进行抽样检测，检测产品的性能指标是否符合相关标准的要求。

（2）进站数量签收：每车货在打入散装罐前，需进行过磅，保管好磅单。打货过程中，必要时可派人现场监督直至打货结束，然后回磅，保管好磅单。过磅单数值减去回磅单数值即为打入散装罐数量，对比出库单净重，签收数量取其中较小值，双方签字确认。

（3）用量控制。外加剂签收数量确定后，需做好准确记录。与搅拌站商议同意后，可由外加剂厂家派专人驻守拌合楼进行人工投料及计量。每次混凝土浇筑结束后，根据混凝土方量推算出外加剂用量，即方量×单方用量；原来的数量减去推算用量即为理论剩余数量。此时，可去搅拌站调取实际剩余外加剂数量并对比，若实际数量与理论剩余数量基本持平，则为正常；若实际数量与理论剩余数量偏差较大，则可判定外加剂未按标准添加，此时要及时沟通处理。每打完一次混凝土核对一次用量，可以精准把控用量，直至工程结束。

2. 施工前混凝土配合比优化

在工程开工前，为保证混凝土的工作性能和后期产品的应用效果，外加剂厂家应派驻专业技术人员对混凝土配合比进行优化。

（1）外加剂厂家技术人员应与搅拌站沟通、协调，做好混凝土试配前的准备工作，包括：①搅拌站实际生产混凝土的配合比；②搅拌站原材料如水泥、粉煤灰、矿粉和减水剂等是否准备充足；③试验设备是否正常运行；④混凝土试块的养护条件是否满足；⑤配合搅拌站对工程用水泥品种、水泥温度、砂石料规格与质量、减水剂种类及减水率等进行检测，判定其是否满足规范要求或工程要求。技术人员应对搅拌站的基础试验条件按要求进行检查，出具问题整改清单，并要求其在规定的时间进行整改。

（2）准备工作完成后，外加剂厂家技术人员在确认工程信息、准备样品和仪器后，基于搅拌站提供的符合工程强度等级的常用生产混凝土配合比,提出建议的配合比优化措施,进行混凝土试拌,确定外加剂的掺量,并对相关性能进行测试。

（3）对于实际使用的原材料,不满足要求的应采取必要的措施（如含泥量高可采用冲洗措施,级配不合理可用筛分复配,甚至更换原材料）,待满足要求后进行混凝土配合比优化。水化热方面,在满足强度要求的前提下,应尽可能减少胶凝材料用量,采取大掺量粉煤灰技术（掺量 30%～40%）,以减少混凝土的水化放热量,降低混凝土结构产生温度裂缝的风险。

（4）混凝土配合比建议:混凝土的单方用水量不宜大于 170kg,耐久性要求高的现浇混凝土单方用水量不宜大于 160kg。混凝土含石量不应低于 1050kg,宜选用较大粒径的粗骨料,并应与钢筋保护层厚度及钢筋间距、构件截面尺寸和泵管内径匹配;应遵循最大骨料堆积密度原则,优化混凝土中粗骨料的级配,实现骨料的最大松堆密度和最小空隙率,降低浆骨比,且最大浆骨比宜满足表 5.3-6 的要求。

混凝土的最大浆骨比　　　　　　　　　　　　表 5.3-6

混凝土强度等级	最大浆骨比
C30～C40（不包括 C40）	1∶2
C40～C60（不包括 C60）	1∶1.86
C60 以上	1∶1.63

（5）泵送混凝土配合比应根据原材料、运输时间、输送管径、泵送距离、气温等施工条件适配,宜通过试泵送确定混凝土配合比。

混凝土配合比使用过程中,应根据反馈的混凝土动态质量信息,及时对配合比进行调整;应对上述配合比优化的方案进行试拌,选择和易性好,强度、限制膨胀率等满足要求的配合比。当实际工程跨越不同季节时,还需要对混凝土在不同环境下的流动性提出相应的要求,从而确定不同的配合比,主要体现在减水剂的性能与用量上。

3. 混凝土生产过程控制

施工时,外加剂厂家专业技术人员应配合搅拌站进行补偿收缩混凝土的生产与发货,包括以下内容。

（1）配合搅拌站质检员对用在工程上的进厂混凝土原材料进行检测,对不满足要求的原材料禁止其进厂,或者采取措施进行调整。如水泥强度、凝结时间、粉煤灰细度、强度活性指数等不合格或砂石级配不合理时严禁进厂;如砂石含泥量超标,搅拌站需要采取合理的措施（如水洗等）满足要求后才允许进厂,否则严禁进厂。

（2）搅拌站在浇筑混凝土前,需要对原材料的储存量进行确认,确保原材料的稳定与持续供应;若原材料无法满足工程一次浇筑的需求,则严禁生产,需采取相关措施如采购等,满足储量要求后才能允许生产。

（3）对外加剂发货量、发货形式、发货数量以及浇筑后的用量、余量等进行确认与记录,保证工地补偿收缩混凝土的连续供应。

（4）参与协调搅拌站与工地的联系，如搅拌站混凝土是否连续供应、补偿收缩混凝土与普通混凝土的区分、混凝土方量统计、浇筑后期的"补方"确认等。

（5）生产时，搅拌站质检员应每隔1h监测砂石含水率，并实时反馈至搅拌楼，对实际配合比进行调整。

4. 混凝土生产过程中对搅拌站工作的监控

混凝土浇筑过程中，总承包单位向各站派设驻站人员，对搅拌站生产过程进行全面监控，具体监控内容主要包括：

（1）进行开盘鉴定，合格后放行。

（2）随时检查原材料是否符合要求，以及砂石含水率变化情况、施工配合比调整情况、原材料连续供应情况等。

（3）随时检查搅拌楼计量称量状况，确保混凝土严格按照施工配合比进行搅拌。

（4）随时检查混凝土的出机坍落度和出机温度，不符合要求的混凝土不允许出站。

（5）随时检查混凝土罐车装载数量是否与额定装载数量及混凝土小票相符。

（6）随时接受现场传来的指令，如调整坍落度或其他工作性能、混凝土供应速度等，及时转达搅拌站使其按照前方命令适当调整。

5. 混凝土拌合物制备

（1）混凝土施工前，应制定完整的技术方案，并做好各项准备工作。

（2）混凝土搅拌机应符合《建筑施工机械与设备 混凝土搅拌机》GB/T 9142—2021 的规定。

（3）混凝土搅拌前，试验人员应对原材料品种、规格和型号进行确认，并出具施工配合比。

（4）质控人员应核对材料品种及材料存量或仓位；现浇混凝土拌合前，应检测骨料的实际含水率和饱和面干含水率。

（5）计量设备应具有法定计量部门签发的有效检定证书和校准证书，精度应符合国家现行相关标准的要求。

（6）混凝土原材料入机温度不宜超过表 5.3-7 的规定。

原材料最高入机温度 表 5.3-7

原材料种类	入机温度（℃）
水泥、掺和料、膨胀剂	60
骨料	30
水	25

6. 混凝土搅拌

（1）混凝土搅拌宜采用强制式搅拌机。

（2）原材料投料方式应满足混凝土搅拌技术要求和混凝土拌合物质量要求。

（3）搅拌时间应满足相关标准的要求，且不得少于 60s，搅拌组分较多或水胶比较低的混凝土应适当延长；每班应检查 2 次。

（4）同一盘混凝土的搅拌均质性要求：混凝土中砂浆密度两次测值的相对误差不应大于 1%；混凝土拌合物稠度两次测值的差值应符合表 5.3-8 的规定。混凝土拌合物性能允许偏差见表 5.3-8。

混凝土拌合物性能允许偏差

表 5.3-8

	设计值	≤40	50～90	≥100
坍落度（mm）	允许偏差	±10	±20	±30
维勃稠度（s）	设计值	≥11	10～6	≤5
	允许偏差	±3	±2	±1
扩展度（mm）	设计值	≥350		
	允许偏差	±30		

（5）补偿收缩混凝土的搅拌时间应比普通混凝土的搅拌时间延长 30s 以上。

（6）冬期施工搅拌混凝土时，宜优先采用加热水的方法提高拌合物温度，也可同时采用加热骨料的方法提高拌合物温度。当拌合用水与骨料同时加热时，拌合用水温度不宜超过 60℃，骨料不宜超过 40℃；当只对拌合用水进行加热时，其温度可超过 60℃，但应先投入骨料与水进行搅拌，再投入胶凝材料进行搅拌，严禁将拌合用水与胶凝材料同时投料搅拌。

（7）夏季高温时，宜使用地下水、制冷水或冰水等低温水生产混凝土，必要时可采用风冷骨料、液氮冷却混凝土拌合物等措施。

7. 混凝土拌合物运输

混凝土运输过程中，应控制混凝土不离析、不分层，并应控制混凝土拌合物性能满足施工要求。采用泵送混凝土时，混凝土运输应保证混凝土连续泵送，并应符合《混凝土泵送施工技术规程》JGJ/T 10—2011 的有关规定。混凝土运输车装料前，应排净筒（仓）内积水。

混凝土搅拌运输车宜符合下列规定：

（1）应保证混凝土及时运送到浇筑地点并连续供料。

（2）在运输过程中，严禁加水。

（3）混凝土拌合物从搅拌机出机运至施工现场的时间间隔不宜超过 90min。

（4）宜控制拌筒 3～6r/min 的慢速转动方式，避免混凝土离析或分层。

（5）运送容器应内壁光滑平整，不漏浆，且应有防晒、防风、防雨雪、防寒等设施。

混凝土搅拌运输车向混凝土泵卸料应符合下列规定：

（1）卸料作业应由具备相应能力的专职人员操作。

（2）集料斗内应无泵送混合水、润泵砂浆及较大混凝土残渣等残留物。

（3）宜通过快速旋转搅拌罐不少于 20s 确保混凝土拌合物均匀。

（4）应配合泵送过程反向旋转拌筒向集料斗内卸料；集料斗内的混凝土应满足最小存料量的要求。

（5）中断卸料阶段应保持拌筒低速转动。

5.3.3　施工过程控制

1.混凝土入模温度控制

浇筑温度是混凝土结构温升的起点，浇筑温度的高低对混凝土温峰值及将来的降温幅度均有直接影响。因此，在大体积混凝土结构施工过程中应尽可能降低混凝土的浇筑温度，从而达到减少混凝土降温收缩的目的。降低混凝土的浇筑温度可以采取以下几方面技术措施。

（1）降低混凝土原材料温度

各种原材料对混凝土出机温度的影响程度为：石子影响最大，砂和水次之，水泥相对较小。因此，降低混凝土浇筑温度最有效的办法是降低石子和砂的温度，石子和砂的温度每降低 1℃，可分别使混凝土出机温度约降低 0.44℃和 0.31℃。

施工现场应分别在砂石料仓及料斗上方设置遮阴篷，防止阳光直射砂石料，如图 5.3-1 所示。混凝土浇筑前，应对原材料温度进行监测，防止原材料温度过高，如图 5.3-2 所示。

(a) 料仓遮阴篷　　　　　　　　　(b) 配料站遮阴篷

图 5.3-1　砂石料遮阴篷

图 5.3-2　砂石料的温度监测

（2）降低拌合水温度

相关试验数据表明，如不加冰，单纯降低拌合水温度 1℃，可使混凝土温度降低约

0.1℃。因此，可在混凝土搅拌站设置冷水机系统，确保拌合水温度在 4～5℃之间。

（3）拌合水加冰

冰屑融化成水时将吸收约 335kJ/kg 的热量，因此可以用冰屑代替一部分拌合水，有效降低混凝土的出机温度。加冰率由混凝土试拌结果确定，一般不大于 80%。

（4）控制混凝土运输过程中的温升

为减少混凝土在运输过程中温度的升高，可在混凝土罐车罐体上包裹保温布，并洒水降温，如图 5.3-3 所示。施工现场应设置调度人员，根据浇筑情况调配罐车卸料次序，避免混凝土因罐车在现场停留时间过长而升温。

图 5.3-3　罐车包裹保温布并洒水降温

（5）控制混凝土浇筑过程中的温升

大体积混凝土工程一般处于无掩护环境，阳光直射，混凝土浇筑过程中温度回升很快。为了减少浇筑过程中的温度回升，应加快混凝土浇筑速度，在最短时间内覆盖新混凝土。对于夏季高温季节较大仓面混凝土浇筑，可采用苫盖土工布等措施对已浇筑仓面进行保温。另外，还应该合理选择浇筑时间，盛夏气温很高而温控手段有限时，尽量选择在夜间或阴天浇筑混凝土。

2. 混凝土拌合物进场验收

混凝土生产单位和使用单位应根据技术要求，对进场的混凝土拌合物进行有第三方见证的质量验收，质量应满足要求。对混凝土拌合物的质量检验可采用下列方法之一：

（1）检测单方混凝土拌和物中石子用量。

（2）使用单方用水量检测仪检测拌合物含气量及水胶比。

3. 混凝土泵送

（1）泵送混凝土前，先把储料斗内清水从管道泵出，达到湿润和清洁管道的目的，然后向储料斗内加入与混凝土配合比相同的水泥砂浆，润滑管道后即可开始泵送混凝土。

（2）开始泵送时，泵送速度宜放慢，油压变化应在允许范围内，待泵送顺利时，采用正常速度进行泵送。

（3）泵送期间，储料斗内的混凝土量宜保持在不低于缸筒口上 100mm 到储料斗口上 150mm 之间，避免吸入空气而造成塞管；如料斗内混凝土太多则反抽时会溢出并加大搅拌轴负荷。

（4）混凝土泵送宜连续作业，如混凝土供应不及时，则需降低泵送速度；泵送暂时中断时，搅拌不应停止。当叶片被卡死时，需反转排除，再正转、反转一定时间，待正转顺利后方可继续泵送。

（5）泵送中途若停歇时间超过 20min 且管道较长时，应每隔 5min 开泵一次，泵送少量混凝土；管道较短时，可采用每隔 5min 正反转 2～3 个行程，使管内混凝土蠕动，防止泌水离析。长时间停泵（超过 45min）或气温高、混凝土坍落度小时可能造成塞管，宜将混凝土从泵和输送管中清除。在下一车混凝土到场前，禁止将该车中混凝土泵送完。

（6）试验员要随时检测送到现场的混凝土的坍落度。

（7）泵送将要结束时，应估算泵管内和储料斗内储存的混凝土量及浇捣现场所欠混凝土量，以便决定搅拌车继续拌制的混凝土量。

（8）采用地泵时，泵送完毕，应立即清洗混凝土泵和管道，管道拆卸后按不同规格分类堆放。

4. 浇筑与振捣

（1）浇筑方式选择应符合下列规定：布料设备的选型与布置应根据浇筑混凝土的平面尺寸、配管、布料半径等要求确定，并应与混凝土输送泵相匹配；应明确混凝土浇筑的布料位置与间距，混凝土浆体富集区域不应为应力集中处。

（2）混凝土浇筑的布料点宜接近浇筑位置，应采取减少混凝土下料冲击的措施，并宜符合下列规定：宜按先竖向后横向、先高强后低强的顺序浇筑混凝土，在竖向与横向交接处，应在混凝土失去塑性流动前进行二次振捣；浇筑区域结构平面有高差时，宜先浇筑低区部分再浇筑高区部分。

（3）混凝土拌合物的装料、运输、卸料、泵送和浇筑应在混凝土失去塑性流动前进行，且拌合物从搅拌到浇筑完成的时间宜符合下列规定：当气温不高于 25℃时，不宜超过 3h；当气温高于 25℃时，不宜超过 2h。

（4）混凝土浇筑与振捣的相关规定：①在计划浇筑区段内应连续浇筑，不应中断；如有中断，应在浇筑顶面喷雾防止失水结壳，且浇筑间断时间不得超过混凝土失去流动性的时间；宜采用分仓法浇筑。②浇筑竖向结构时，混凝土不得直接冲击侧模板内侧面和钢筋骨架。③混凝土浇筑宜以阶梯式推进，分层浇筑，单层浇筑高度不得超过 50cm；混凝土不得过振、欠振和漏振；大面积结构构件混凝土坍落度宜小不宜大，混凝土不宜无规律地散落，应及时整平、搓面及覆盖。④混凝土浇筑过程中应采用"平面分条、斜面分层、薄层浇筑、循序退打、一次到顶"的施工方法，底板较厚时，浇筑过程需逐渐形成 1:8 的坡度并维持推进，混凝土的振捣在浇筑过程必须沿整个斜坡面全覆盖进行，若只在板顶附近进行集中振捣，必将造成板下部振捣不充分。

（5）混凝土振捣采用插入式振捣棒进行，上层混凝土振捣时插入下层的深度不小于 50mm，振捣棒的移动间距以 400mm 为宜，并应尽量避免碰撞钢筋。振捣棒每一振点的振捣时间，一般控制为 15～30s，时间过短，混凝土不易振实，过长会引起混凝土离析。混凝土振捣应注意"快插慢拔不漏点"。为确保底板混凝土振捣密实，在保证各层钢筋之间焊接牢固、稳定后,对大体积混凝土采用二次振捣的方法,即混凝土沉积一段时间,一般间隔20～30min,在混凝土初凝前对混凝土进行复振。

(6)大体积混凝土浇筑与振捣宜符合下列规定:①泵送混凝土和非泵送混凝土的摊铺厚度分别不宜大于 500mm 和 300mm,浇筑时应在平面内均匀布料。②混凝土振捣时,振捣棒移动间距宜为 400mm 左右,与模板保持 50～100mm 的距离,应插入下层混凝土 50～100mm,不得触及温度监测设备及引出线。③基础大体积混凝土宜先浇筑深坑部分再浇筑大面积基础部分。④应有排除积水或混凝土泌水的有效技术措施。

(7)特殊部位混凝土浇筑与振捣宜符合下列规定:①需要承受弯曲、拉力作用的混凝土构件的浇筑会合面宜选择弯矩和剪力较小处。②在后浇带或膨胀加强带部位,混凝土浇筑前应清理干净,保持湿润,混凝土振捣应均匀密实,插入振捣棒通过快插慢拔的方式控制表面浮浆,结构物表面浮浆厚度不大于 10mm。③施工缝或后浇带的结合面处应保持湿润,并不得有积水。

5. 收面

混凝土拌合物浇筑后宜通过人工抹面并及时覆盖保湿材料来减少混凝土的塑性收缩裂缝。混凝土收面宜符合下列规定:①混凝土浇筑后应及时覆盖保湿材料,大体积混凝土的抹面次数宜适当增加。②在混凝土失去流动性前,宜进行抹面;在混凝土初凝前,宜对混凝土表面二次收面。③处理程序:初凝前一次抹压→临时覆盖塑料薄膜→终凝前二次掀膜二次抹压→覆膜。④混凝土浇筑对表面的处理是混凝土质量做到"内实外光"的重要环节,振捣密实表面翻浆后应做好刮平、收光、抹浆、收面工作;混凝土初凝前用 2m 刮杠沿四周墙的墙根处向中间刮平,刮平的关键是标高要控制好,可利用墙柱钢筋或格构柱,在混凝土浇筑前用水准仪校准并在其上做标高记号,标高记号高出待浇混凝土面 500mm,以此控制混凝土收面标高。混凝土收面如图 5.3-4 所示。

图 5.3-4　混凝土收面

6. 施工过程中的泌水排除

在底板混凝土施工中,表面泌水和浆水高度一般都比较大。在混凝土浇筑过程中,可利用电梯井、集水坑等留设泌水孔将泌水排走。上一层混凝土浇筑结束后,新浇混凝土层应变换浇筑方向,如由从前往后改为从后往前浇筑,与斜坡面形成集水坑,用软管及时排走，并认真做好赶浆和排浆处理；少量不便排出的水用海绵等吸走。

7. 拆模与养护

（1）模板拆除应符合下列规定：

①模板及其支架的拆除顺序应按施工技术方案执行，并应符合"先支后拆、非承重先拆"的原则。

②不得在所浇筑的混凝土中心温度最高时拆模；拆除模板时，混凝土的表面温度与环境温差应小于20℃；对于大体积混凝土，宜在气温开始降低前完成拆模；对于墙体混凝土，不宜在气温较高、风速较大时拆模。

③拆除模板时，不应损坏构件表面及棱角，不应撞击其他构筑物；拆卸的模板和支架宜分散堆放，及时清运。

④拆除梁、板底模及其支架时，其混凝土强度必须符合施工要求。

（2）混凝土不同构件类型的养护方式应根据具体情况选择，具体措施如下：

①重点部位应有专人负责保温养护工作，并做好测试记录。

②保温养护措施，应使混凝土浇筑体的里表温差及降温速率满足温控指标的要求。

③混凝土终凝后进行保湿养护，可铺盖塑料薄膜、麻袋、毛毡等保温保湿材料，也可直接洒水养护，或者直接蓄水养护，保湿养护时间至少为14d。

④保温覆盖层的拆除应分层逐步进行，当混凝土的表面温度与环境温差小于20℃时，可全部拆除。

⑤养护用水的温度与混凝土表面温度差不应大于15℃，避免混凝土表面降温过快。当冬期施工，环境温度低于5℃时，严禁洒水养护。拆模过程中，混凝土温度与环境温差大于20℃时，拆模后的混凝土表面应及时覆盖，使其缓慢冷却，尽量避免在寒流袭击、气温骤降时拆模；当处于风大、干燥环境条件时，宜采用防风、增加相对湿度的措施。

⑥不同结构类型的养护方式如表5.3-9所示。

不同结构类型的养护方式　　　　　　　表5.3-9

结构类型	养护方式
底板、顶板	1. 夏季养护：（1）可采取覆盖塑料薄膜并定时洒水、铺湿毛毡等方式；（2）夏季施工，底板可采取直接蓄水养护方式；（3）养护用水的温度与混凝土表面温度差不大于15℃。 2. 冬季养护：（1）应保温保湿，表面温度与环境温差小于20℃；（2）环境温度低于5℃时，严禁洒水养护。 3. 养护时间至少为14d
墙体	1. 夏季养护：（1）拆模时间不得少于3d；（2）拆模后洒水养护，贴塑料薄膜保湿养护，确保薄膜与墙体表面之间持续保湿。 2. 冬季养护：（1）拆模时间不得少于7d；（2）贴塑料薄膜+毛毡或保温棉被保温保湿。 3. 养护时间至少为14d

施工现场混凝土试件留样，可采用与实体结构温度匹配的养护方式。

冬期施工采用热养护时，混凝土静停时间不宜少于2h，养护升温速度不宜大于15℃/h，恒温温度不宜大于35℃，降温速度不宜大于10℃/h。

5.4　混凝土结构自防水附加防水层

附加防水层包括卷材防水层、涂料防水层等，适用于需增强防水能力、受侵蚀性介质作用的工程。规范明确规定附加防水层应设在迎水面或复合衬砌之间，目的是保护结构主体不受侵蚀性介质的作用，并能有效地阻止水对结构主体内部的侵入，从而提高混凝土的耐久性。

5.4.1　卷材防水层

卷材防水层应根据施工环境条件、结构构造形式、工程防水等级要求选择材料品种和设置方式，并应符合下列规定：

（1）卷材防水层宜为 1～2 层。高聚物改性沥青防水卷材单层使用时，厚度不宜小于4mm；双层使用时，总厚度不应小于 6mm。高聚物改性沥青自粘卷材单层使用时，厚度不宜小于 1.5mm；双层使用时，总厚度不宜小于 3.0mm。合成高分子防水卷材，单层使用时，厚度不宜小于 1.5mm。塑料树脂防水卷材厚度宜为 1.2～2.0mm。

卷材及其胶粘剂应具有良好的耐水性、耐久性、耐刺穿性、耐腐蚀性和耐菌性。关键是卷材之间的接头及卷材与基层的粘贴要密实，且胶粘剂应长期耐水、耐腐蚀。

（2）卷材防水层主要物理性能除应满足设计要求外，尚应符合国家现行相关标准的规定。

（3）阴阳角应做成圆弧或 45°折角，其尺寸依据卷材品种和厚度确定；在转角处、阴阳角和特殊部位，应增贴 1～2 层相同的卷材，宽度宜不小于 500mm。

5.4.2　涂料防水层

涂料防水层应根据工程所在地区环境、气候条件、施工方法、结构构造形式、工程防水等级要求选择防水涂料品种，并应符合下列规定：

（1）潮湿基层宜选用与潮湿基面粘结力大的水泥基渗透结晶型防水涂料、聚合物改性水泥基等无机防水涂料或有机防水涂料，或用其所长，采用先涂水泥基类无机涂料、后涂有机涂料的复合涂层。

（2）冬期施工宜选用反应性涂料。

（3）有腐蚀性的地下环境宜选用耐腐蚀性好的环氧沥青、高渗透型环氧树脂等反应性涂料及特种聚合物水泥涂料。涂料防水层的保护层应根据结构具体部位的情况确定。

（4）涂层防水所选用的涂料应具有良好的耐水性、耐久性和耐腐蚀性，并且无毒、难燃、低污染。无机防水涂料应具有良好的湿干粘结性及耐磨性；有机防水涂料应具有较好的延伸性及适应基层变形的能力。

（5）无机防水涂料厚度宜为 1.0～3.0mm，有机防水涂料厚度宜为 1.0～2.0mm，其中反应性涂料宜不小于 1.5mm。

（6）防水涂料通常宜采用外防外涂；在有限制的条件下，也可采用外防内涂和顶板外涂，侧墙与底板内涂。

5.5 混凝土结构自防水细部构造技术

5.5.1 施工缝

1.设计位置

（1）水平施工缝

防水混凝土应连续浇筑，宜少留施工缝，一般只留水平施工缝。

当留设水平施工缝时，应避免设在剪力与弯矩最大处或底板与侧墙的交接处，一般留在高出底板表面不小于 300mm 的墙体上，这一距离与目前施工中采用钢模板的模数比较相适应；但水池侧墙，建议只留在顶板梁下皮处。

当墙体有预留孔洞时，施工缝距孔洞边缘不应小于300mm。一般情况下，应当是孔洞的设置避让施工缝；除非孔洞较多，且相对集中在同一标高位置上，这时调整施工缝的高度，可能是更为方便、合理的办法。

（2）垂直施工缝

单独设置垂直施工缝的情况不多见，且不合理。实际上，垂直施工缝大多以后浇带的形式出现。垂直施工缝的位置还应避开地下水和裂隙水较多的地段。

2.构造形式

（1）水平施工缝

水平施工缝的构造形式，就防水混凝土而言，基本有三种：敷设缓膨型遇水膨胀止水条、设置外贴式止水带和埋设钢板止水带。除上述构造外，在设计主体其他防水层时，还应在施工缝处增设加强层，加强层宽度在 400～500mm 之间，即缝上下各 200～250mm；应先做加强层，然后再大面积施工防水层，这样才形成完整的水平施工缝构造。

（2）垂直施工缝

垂直施工缝的构造设计原理与水平施工缝基本相同，但实际操作起来就问题很多。首先，水平施工缝推荐采用的掺水泥基渗透结晶型防水剂的 1：1 水泥砂浆，用在垂直施工缝就不方便，需要采用小型喷涂工具。其次，外贴式或中置式止水带，设计上问题不大，主要是施工交圈问题；遇水膨胀橡胶条或腻子条也是设计问题不大，施工固定困难较多。因此，建议选用带钢丝骨架的缓膨型遇水膨胀橡胶条或腻子条，用混凝土钉固定，同时在清理过的坚实而干净的基层上，经喷水湿润后加做水泥基渗透结晶型防水涂层，然后紧接着浇筑混凝土。

在垂直施工缝处，用 SM 胶代替需机械固定的止水条或腻子条可能是最好的选择。对重要工程，建议 SM 胶与 SJ 条复合使用，也可与水泥基渗透结晶型防水涂层复合使用。

5.5.2 变形缝

1.设计位置

地下室一般不考虑设置温度变形缝，防震缝一般也不设在地下室。实际上，地下室设置的变形缝主要是沉降缝。

在面积很大且进深也较大的地下室设置变形缝，应将平、剖面在缝处设计成"葫芦腰"状，也就是说，在缝两侧设置双墙，只在必要的通道处设置变形缝。做到这一点是可能的，因为尽管在拟设缝处的平、剖面尺度很大，但缝两侧必须贯通的部分总是有限的，这就给施工提供了可能。

所有地下防水设计的节点中，变形缝是最复杂的，失败率也是最高的。因此，建议在地下室排水系统设计时，尽可能考虑在变形缝附近设置集水坑或排水明沟，这样，万一渗水后，采取导流措施不会影响正常使用，也有利于堵漏注浆等补救工作的开展。

2. 构造原则

变形缝处混凝土结构的厚度不应小于 300mm；如小于 300mm 时，应局部加厚。大体积的混凝土，对埋设止水带可能带来不便，因此设计时宜采取适当措施，将埋设止水带的局部断面减小。

用于沉降的变形缝，其最大允许沉降差值不应大于 30mm；当计算沉降差值大于 30mm 时，应在设计上采取增设后浇带等措施，不可用增加变形缝宽度来解决沉降差较大的问题。

变形缝的宽度宜为 20～30mm。从防水的角度看，变形缝的宽度宜小不宜大，超过 40mm 就应慎用。

变形缝两侧应设双墙，双墙之间的净距应便于模板及防水工程的施工；同时，应考虑避开明、暗柱梁，以便止水带的安装固定不受箍筋的影响。最简单的办法就是柱梁两侧出挑 350mm，该范围内只有构造配筋，可以方便地采用钢筋套夹固定止水带。

水平止水带宜采用盆形安装，但整个带的安装如不平整，可能出现褶皱，特别是采用不锈钢翼板的 PVC 止水带，现场交圈有一定的难度。从交圈方面考虑，PVC 止水带采用热熔焊，明显好于橡胶止水带的钢板热压粘贴。

为解决现场交圈的困难，最好由工厂按尺寸定制，加工成环，这对于不锈钢翼板的 PVC 止水带尤为重要。建议在初步设计时就确定变形缝的位置、大小，以便预定止水带。

3. 构造形式

变形缝的防水设计构造，可根据工程开挖方法、防水等级等，按有关规范选用。防水嵌缝材料底面应设背衬材料；遇水膨胀止水条不可用在变形缝处；外贴式防水卷材在缝处的加强层宜选用带胎体的高分子卷材，宽度为 350～400mm。

外涂防水涂料在缝处的加强层应加设无纺布增强，宽度为 350～400mm。自粘型高分子复合卷材及粘结密封胶粘带等新型防水材料可能给变形缝带来新的构造要求。

可卸式止水带必要时才采用，且水压应不大于 0.03MPa。传统的用混凝土封压的可卸式变形缝构造，实践中问题较多，因此改用紧固件压板式。这种方式较科学，但要求制作安装度高，而且因为选用不锈制品，造价较高。

金属止水带适应变形能力差，制作较难，故只在环境温度高于 50℃处采用，其材料可采用 2mm 厚紫铜片或 3mm 厚不锈钢带，中间呈弧形。

为提高中置式止水带的安装质量，可以采取预埋注浆管的办法。采用该法时，止水带通常选用钢边橡胶止水带，注浆管安装固定在钢板翼上。

变形缝是地下防水最薄弱的环节，有"十缝九漏"之说，究其原因，除变形缝防水施工难度较大外，过去的防水措施仅考虑一道防线，过于单薄，也是原因之一。因此，除了基本的复合防水构造形式外，主体柔性外防水层在变形缝处也应采取一些加强措施，所形成的完整变形缝构造形式如图 5.5-1 所示。

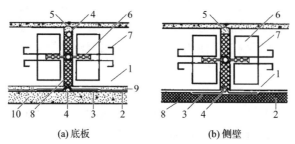

(a) 底板　　　　(b) 侧壁

1—混凝土结构；2—主体柔性防水层；3—柔性加强防水层；4—背衬材料；5—密封材料；
6—橡胶止水带；7—钢筋套夹；8—聚苯乙烯泡沫板；9—细石混凝土保护层；10—混凝土垫层

图 5.5-1　变形缝的构造形式

5.5.3　后浇带

1. 设计原理

混凝土的水化收缩，一般认为在 14d 内完成 15%，60d 内至少完成 30%，这一阶段的收缩裂缝被称为早期裂缝。中期裂缝发生在第 3～6 个月，后期裂缝则延至 1 年左右，此时的水化收缩大约完成了 95%。采用后浇带，被认为是解决早期裂缝的主要方法。

2. 设置位置

后浇带一般应设置在受力和变形较小的部位，间距为 30～60m，宽度宜为 800～1000mm。

地下室平面设计时，有时将外墙与壁柱合二为一，由于壁柱的分段约束作用，后浇带实际作用与理论上有所不同，特别是壁柱断面较大，外墙较薄时。因此，建议平面设计时，尽量将外墙与柱分开设置，这样，不仅使后浇带在解决早期裂缝时获得较高的成功率，也给施工带来方便——因为外墙与柱的混凝土强度等级通常不一样，分别设置，便于分开浇筑。

后浇带的平面布置，在许多情况下被设计成直线走向，但实际上会带一些弯折，这样反而有利于底板的整体性，整体性好，裂缝就少；裂缝少，防水性就好。

3. 关于加强带

加强带是指在原留设后浇带的部位，留出一定的宽度，采用膨胀率大的混凝土与相邻混凝土同时浇筑。通常，相邻混凝土也掺膨胀剂，但采用的膨胀率较小。施工时，带外用小膨胀混凝土；浇到加强带部位时，改用大膨胀混凝土；至加强带另一侧时，又改为小膨胀混凝土。具体膨胀剂掺量由混凝土试配后确定。加强带也称膨胀加强带，其设计通常根据外约束情况的强弱而确定，一般每隔 20～40m 设置一条，宽度为 2～3m，选择设置在温度收缩应力较大的部位，如变截面或钢筋变化较大等部位。

加强带主要构造措施是在加强带上增配 10% 的温度筋，其他主体外防水构造同后浇带。施工时，在加强带两侧设置一层孔径 5～10m 的钢丝网，并设竖向 ϕ16 钢筋予以加固，间距 200～300mm。钢筋网与上下水平钢筋及竖向筋绑扎牢固，并留出足够的保护层。有些工程实践采用一次性带鳞状孔的钢模。钢模支撑前，在靠模板处先支撑木方，钢模固定在木方上，钢模浇入混凝土后，并不延至混凝土表面，不形成渗水通道。

实际上，加强带的工程实践比加强带的设计丰富得多，有成功也有失败，有待进一步总结提高。需要指出的是，膨胀加强带，即连续式或间歇式无缝设计与施工，是中国建筑材料科学研究总院的专利技术，鉴于该技术未列入规范，应用时须注意不得侵权。

5.6 混凝土结构后期病害识别与判定

除采用人工检查外，混凝土结构后期病害可以通过混凝土无损检测的方法进行识别与判定。混凝土无损检测是一种在不破坏混凝土内部结构和性能的前提下，利用声学、光学、热学、电磁学等手段，测定与混凝土力学性能相关的物理量，以推定混凝土的强度、缺陷等信息的方法。与标准试块破坏试验相比，混凝土无损检测具有以下特点：①不会破坏结构或构件的组织结构，不影响使用性能，操作简便、快捷；②可直接在混凝土结构上全面检测，更真实地反映混凝土的实际质量和强度，避免试块的局限性；③可以获取破坏试验难以获得的混凝土内部信息，如孔洞、疏松、裂纹、不均匀性、表层问题、冻害化学腐蚀等；④可应用于新建和已建建筑，而试块测试仅适用于新建工程，一些非接触检测方式可避免搭建脚手架，更为便捷；⑤可以连续重复操作，保证结果可比性；但由于是间接测量，精度可能略低于试块测试。

当前，用于混凝土无损检测的方法很多，如声波检测法、电磁波法、红外成像法、X 射线扫描法、探地雷达法、回弹法等。

5.6.1 人工检查

混凝土浇筑完成后，应立即对顶面进行人工目视检查，侧面拆模后也应及时进行观察。一般要求每 3～5 天检查一次，寒冷天气应增加检查频次，寒潮过后必须全面检查一次。检查时，应重点观察混凝土块体的边缘或形状变化的位置，因为温度裂缝常从这些位置首先出现，之后向内部或下方蔓延。发现裂缝后，应沿其走向进行追踪、测量其长度和宽度。必要时可用读数显微镜精确测量裂缝宽度，并绘制草图记录。

对于严重裂缝，还需继续检查其深度，以确定裂缝性质，然后进行加固处理。传统的深度检查方法包括钻孔取样和钻孔照相，但因操作复杂和费用高，实际应用较少。较为常用的方法是风钻孔压水法，该方法操作简便、直观且经济。

5.6.2 声波检测法

1. 超声波检测方法

混凝土超声波检测是通过测量超声波在混凝土中的传播速度、首波振幅和主频率等声学参数，并根据参数变化判断混凝土内部情况的方法，主要用于检测裂缝深度、组织疏松和空洞、结合面质量及损伤层等。

检测裂缝深度时，根据具体情况选用单面平测、双面斜测或钻孔对测试法。大体积混凝土裂缝较深时，由于平行面测距大，采用双面斜测和单面平测灵敏度往往不够，通常采用钻孔对测法。

检测组织疏松和空洞主要根据区域内声速和衰减变化进行，测试范围要大于可疑区域，也可先粗测再细测。

检测结合面质量主要通过比较穿过与不穿过结合面的超声波参数，为保证可比性，各点应保持角度和距离一致。

超声波可判断表面损伤程度，为加固提供依据。过去认为损伤层与完好部分有明显分界，但实际上其强度和声速呈现连续变化。

2. 冲击回波检测方法

冲击回波法是基于瞬态应力波的原理，主要用于快速检测混凝土结构构件的厚度和缺陷。测试时，敲击混凝土表面，利用短暂的脉冲冲击力，产生脉冲应力波，通过分析冲击回波信号的时域和频域特征，可达到检测结构厚度或判定结构是否存在缺陷及缺陷所在位置的目的，其关键是冲击力的产生和波形分析。

（1）冲击力。产生冲击力是冲击回波法的一个关键步骤。当测试大体积混凝土结构构件时，有多种可用的敲击物。对于薄壁结构，敲击接触的时间要明显减少，持续时间比波来回的时间短。一般采用钢球敲击，它可以产生低频率低脉冲时间的脉冲波，而且冲击表面的球面分析理论指出，接触时间与球的直径成正比，因而可以通过改变球的直径产生一个比较大的接触时间范围。

（2）波形分析。冲击波可在结构表面与缺陷或底界面间发生多重反射，或引起瞬时共振状态，这些反射波通过传感器接收并传送到数据采集器和信号处理器。高频波穿透深度较小，可以检测紧贴表面的上层混凝土信息；低频波穿透深度较大，可检测内部信息但受混凝土内部材料性能的影响。

目前，冲击回波法在大体积混凝土结构、路面等纵长混凝土结构以及钢衬混凝土等特种混凝土结构中获得了良好应用。

3. 声发射检测方法

声发射检测是检测材料受力释放的弹性波信号，并分析信号推断声发射源的方法，检测大型结构时具有整体性、快速性和经济性等优点。但该技术存在以下问题：

（1）声发射信号存在非线性和随机性。主要受材料性能、形变特征、损伤繁衍等多种静态和动态因素影响。

（2）声发射信号复杂多变。不同材料及条件下信号特征差异大，频率范围宽，给信号分析带来困难；所测信号是各种波的综合，提取有用信息不易。

（3）没有统一的声发射参数。研究者采用参数存在随意性，试验结果缺乏可比性，仍需进一步研究并统一声发射参数。

（4）信号分析技术相对落后，有效特征提取仍需突破。智能分析技术应用尚处于初步阶段，声发射技术潜力未得到充分发掘。

总之，声发射技术在监测大型结构方面优势明显，但信号复杂多变，提取与分析技术有待提高。接下来的研究方向应是建立统一参数，改进分析算法，开发自动识别等信号处理技术，进一步扩大声发射技术的应用范围和效果。

5.6.3　电磁波法

电磁波法是 20 世纪 80 年代发展起来的无损检测方法，常用于检测钢筋的位置、直径、分布及混凝土保护层厚度。

电磁波法的具体原理是，激磁线圈产生交变磁场，磁场使测量线圈产生感应电流，输出信号；当探头逐渐接近钢筋时，磁场在钢筋内激发涡流，涡流又反过来激发电磁场，使输出信号增大；当探头位于钢筋正上方轴线平行时，输出信号最大。根据这些信号变化，可判断钢筋的位置和走向。

电磁波法根据电磁感应原理，通过分析电磁波在混凝土内的传播与反射，可以实现对混凝土缺陷的有效无损检测，为混凝土质量控制和结构评价提供重要手段。

5.6.4　红外成像法

红外成像法是利用被测物体持续辐射红外线的原理，通过测试物体表面温度场分布，形成热图像，显示物体的材料和结构内部缺陷的方法。

红外线是电磁波的一种，频率在 $3 \times 10^{11} \sim 4 \times 10^{14}$Hz、波长在 $0.75 \sim 1000 \mu m$、温度高于 $-273.15°C$ 的物体都是红外辐射源。红外检测通过测量物体的热量和热流判断其质量。物体内部存在缺陷时，会改变热传导过程，从而使表面温度分布发生变化。通过检测不同的热辐射源，可以查出缺陷位置。

红外成像技术具有快速、大面积扫描、直观的优点，主要应用于：
（1）建筑外墙剥离层检测；
（2）饰面砖粘贴质量检测；
（3）玻璃幕墙、门窗的隔热性能检测；
（4）墙面、屋面渗漏检测；
（5）混凝土火灾和冻融损伤检测；
（6）房屋质量和功能评估；
（7）水利工程面板脱空和混凝土缺陷检测。

红外成像法可快速、直观地反映物体的热分布与传导情况，检测其内部缺陷，对建筑工程质量控制十分有效，应用广泛。

5.6.5　X 射线扫描法

X 射线扫描法的原理是利用 X 射线穿透物体，根据射线投影数据计算并重新构成物体断面图像，从而分析物体内部质量。其基本步骤为：①X 射线以扇形光束方式进行旋转扫描，穿透物体断面；②收集 X 射线通过不同物质后的衰减信息；③计算机处理数据，获得与物体内任意点 X 射线吸收系数相关的参数H；④参数H与物体密度相关，其分布形成物体断层数字图像；⑤根据图像中不同亮度区域判断物体内部结构和缺陷信息。

X 射线扫描成像根据射线衰减原理，能直观反映物体内部结构和缺陷，清晰显示物体内部孔洞、裂纹等高低密度对比情况，是一种高效的无损检测手段，广泛应用于工业 CT 检测。但其辐射量较大，操作时需注意防护。

目前，较为先进的 X 射线扫描方法有 X 射线荧光粉法和微生物射线示踪检裂法。

1. X 射线荧光粉法

X 射线荧光粉法能直观显示裂缝形态，是无损检测混凝土裂缝的有效手段。其原理是：
（1）利用 X 射线的穿透性对混凝土构件进行检测。
（2）在构件内部预先填充 X 射线荧光粉作为检测介质。
（3）当 X 射线经过荧光粉时会激发它发光，X 射线能量被部分吸收。
（4）通过检测 X 射线在荧光粉区域的衰减，可以判断内部裂缝信息。
（5）成像后，荧光粉区域相对较暗，即为裂缝轮廓。
（6）通过分析阴暗区域的三视图，可以获得裂缝的尺寸和分布。

X 射线荧光粉法利用荧光粉对 X 射线的吸收原理，通过成像分析直接显示裂缝的位置和形态，操作简便，结果直观，是无损检测技术的一种有效应用。

2. 微生物射线示踪检裂法

微生物射线示踪检裂法结合微生物和纳米技术，检测效果较好。其原理是：
（1）与 X 射线荧光粉法类似，都利用 X 射线的穿透性对混凝土构件进行检测。
（2）检测介质为微生物与荧光粉的复合体。
（3）微生物具有吸附性，可在裂缝区反重力扩散。
（4）纳米材料起到连接微生物和荧光粉的作用。
（5）当 X 射线穿过上述复合体时，荧光粉发光被激发，X 射线强度减弱。
（6）通过检测 X 射线衰减情况，可显示裂缝形态。
（7）微生物起到搬运荧光粉进入裂缝的作用。

微生物射线示踪检裂法是在荧光粉法基础上进行的创新，利用微生物和纳米技术，提高了检测介质进入裂缝的能力，增强检测效果，是一种更先进的无损检测技术。

5.6.6　探地雷达法

探地雷达（GPR）是一种利用电磁波进行无损检测的设备和技术。其基本原理是，发射天线发出高频电磁波（30MHz～3GHz），穿透地下介质；接收天线接收从地下介质界面反射回来的电磁波信号；电磁波在不同介质界面发生反射，根据接收信号的时间、幅度和波形变化，可判断地下介质的位置和结构。

1926 年，Hulsenbeck 首次提出电磁波反射检测地下结构的思路，这成为 GPR 理论的基础。GPR 法主要应用于：
（1）定位混凝土中的钢筋；

（2）检测桥面层间分层；

（3）测量路面材料厚度；

（4）检测其他潜在目标。

GPR 法具有无损、快速、大范围应用等优点，在混凝土工程的质量检测中被广泛使用，并得到持续改进和发展，是一种高效、现代化的检测手段。

5.6.7 回弹法

回弹法是一种无损检测混凝土强度的方法。其原理是使用弹簧驱动的弹击锤击打混凝土表面，测量弹击锤被混凝土反弹回来的距离，计算出回弹值，即反弹距离与弹簧初始长度的比值，作为与强度相关的一个指标，根据经验公式推算出混凝土的强度。回弹法因其设备简单、使用方便、费用低廉等优点，在工程质量检测中得到了广泛应用。为了提高检测精度，目前常采用回弹法与超声波检测法结合的方法，即超声回弹综合法，以发挥两种方法各自的优势，综合考虑各种影响因素，更全面地反映混凝土的质量，精度也更高。可以说，回弹法是一种简便高效的混凝土强度无损检测方法；超声回弹综合法则可以进一步提升检测的精度，为工程质量控制提供非常重要的技术手段。

5.7 应用实例

5.7.1 苏州太湖新城核心区地下空间（中区）超长结构自防水技术

1. 工程概况

苏州太湖新城核心区地下空间位于苏州市吴中区东太湖边上，建筑面积约 30 万 m²，是目前苏州市建筑体量最大、理念最新、结构最复杂的地下空间。工程为地上局部 1 层框架结构和地下 3 层框架-剪力墙结构，平面尺寸为 919m×572m，基础埋深约 18m，结构主体防水混凝土总量约 30 万 m³。工程分为中区、北区和南区三个区域分别进行设计和施工，其中，中区防水混凝土约 12 万 m³，是三个区中体量最大的一个区。

中区平面尺寸为 444m×141m，在长度方向上设置两条伸缩缝（缝宽 30mm），将结构分成三个抗震单元。其中，基础防水混凝土等级为 C35P8，筏板厚 1200mm、外墙厚 800mm、顶板厚 300mm，中间板厚度分别为 350mm、180mm 和 140mm；筏板配筋为双层双向Φ25@130mm、外墙配筋为双层双向Φ20@150mm（竖向附加短筋除外）、顶板配筋为双层双向Φ14@150mm、中间板配筋分别为双层双向Φ14@150mm、Φ12@150mm 和Φ10@150mm。

2. 工程难点

（1）工程属超长、超大结构，地下三层具有结构埋深大、地下水位高、分块数量多、施工周期长等特点，造成控制结构整体的抗裂、防水难度大。因而需采取有效措施提高自防水混凝土的抗裂、抗渗性能；同时，需采取有效技术措施减少结构分块数量，提高结构整体性。

（2）基础筏板厚度为1200mm、外墙厚度为800mm，且整个工程必然经历高温季节施工。从控制温度裂缝的角度考虑，基础筏板和外墙均属于大体积混凝土，因而需采取措施控制混凝土水化热量和温度收缩量。

（3）自防水混凝土需加强现场的保温、保湿养护。基础筏板和顶板等水平结构可采取蓄水或覆盖洒水等措施，外墙等竖向结构需带模养护一定时间，以控制和减少混凝土因降温阶段内外温差导致的温度收缩。

（4）因工程自防水混凝土体量大，结构分块数量多，为保证施工现场各环节质量，需加强施工监督和管理。

3. 技术措施

（1）添加高性能膨胀剂

以氧化钙-氧化镁为双膨胀源的高性能膨胀剂不仅能有效补偿混凝土早期自收缩，对混凝土中后期的干燥收缩亦有明显的抑制作用；同时，其具有水化反应所需用水量小的特点，在保湿养护条件相对较差的情况，依然能较好地发挥其膨胀补偿收缩的作用。采用高性能膨胀剂配制的补偿收缩混凝土可在混凝土内部建立0.2～1.0MPa的预压应力，使混凝土具有良好的抗收缩和抗开裂性能，在工程中的应用已越来越普遍。为提高超长钢筋混凝土结构的抗裂和自防水效果，有效控制混凝土有害收缩裂缝的产生，工程中采用高性能膨胀剂配制的补偿收缩混凝土做自防水混凝土。

（2）优化结构后浇带设计

为提高结构整体性和减少结构分块数量，中区结构设计时，将原设计中的后浇带调整为后浇式膨胀加强带，其分布如图5.7-1所示，带宽为1m；同时，将局部"带"的设计间距由原设计的30～40m增大至60～80m，带内混凝土的回填浇筑时间由不少于42d减少至14d。一方面，提高了结构整体性、减少了结构分块数量；另一方面，减少了后浇带留置时间过长带来的渗漏水隐患。

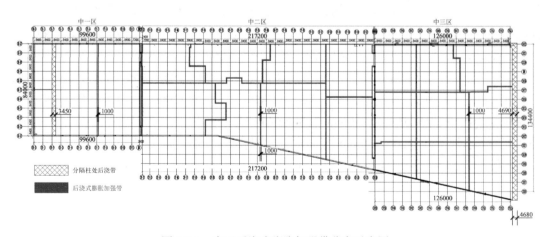

图 5.7-1　中区后浇式膨胀加强带分布示意图

（3）优化混凝土配合比

减水剂采用高性能聚羧酸减水剂（减水率不小于25%），可降低混凝土单方用水量，减少混凝土后期干燥收缩量。设计中 C35P8 自防水混凝土采用 60d 龄期抗压强度，可进一步降低混凝土单方水泥用量，减少水化热量和温度收缩量。采用高性能膨胀剂配制补偿收缩混凝土，掺量为 30kg/m³，设计混凝土限制膨胀率大于等于 2.5×10⁻⁴；后浇带及后浇式膨胀加强带掺量为 40kg/m³，设计混凝土限制膨胀率大于等于 3.5×10⁻⁴。经多次试配及调整，自防水混凝土最终配合比及在标准试验条件的限制膨胀率指标如表 5.7-1 所示。

自防水混凝土最终配合比及限制膨胀率指标　　　　　　　表 5.7-1

等级	混凝土配合比（kg/m³）								限制膨胀率（×10⁻⁴）	
	水泥	粉煤灰	矿渣粉	膨胀剂	中砂	碎石	水	减水剂	14d	28d
C35P8	270	58	40	30	743	1026	170	3.18	3.1	1.1
C40P8	300	62	54	40	696	1023	168	3.82	3.8	1.7

（4）加强保温、保湿养护

基础筏板和顶板混凝土采取在终凝后立即洒水保湿养护，然后覆盖薄膜、毛毡进行保温养护，养护时间为 7d；外墙带模养护不少于 3d，使混凝土内部温度降至与环境温差不大于 15℃。模板拆除后安排专人进行淋水或洒水养护，养护时间为 7d；当环境温度不高于 5℃时，严禁洒水养护。

4. 温度、应变数据监测

施工现场混凝土浇筑前，分别在基础筏板、外墙和顶板结构板块的中心位置（长度、宽度和厚度中心）埋设振弦式应变计，以应变计被埋入混凝土后 0.5h 以内时间为监测零点，同时用温度传感器同步监测和记录环境温度。经过整理和汇总，各结构部位监测点的温度和微应变随时间的变化规律如图 5.7-2 所示，图中"综合微应变"为混凝土所有影响因素的应变之和，"温度修正后微应变"为"综合微应变"扣除温度影响因素后的应变之和。

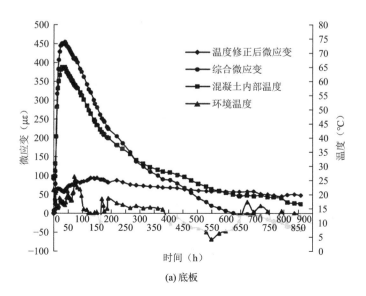

(a) 底板

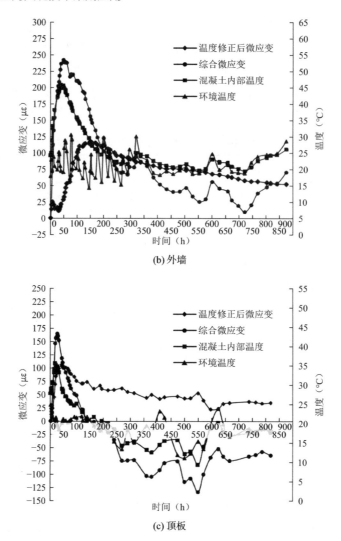

(b) 外墙

(c) 顶板

图 5.7-2   各部位监测点温度和微应变随时间的变化规律

5. 工程结构实际效果

地下空间主体结构于 2015 年 10 月开始施工,至 2017 年 7 月全部浇筑完成。地下空间局部自防水混凝土板效果如图 5.7-3 所示,通过现场实地查看和验收,工程结构自防水效果良好,结构主体自防水验收时得到工程参建各方一致好评。

苏州太湖新城核心区地下空间(中区)超长钢筋混凝土结构通过采用添加高性能膨胀剂、优化结构后浇带设计、优化混凝土配合比、监测温度和应变数据、落实相应技术措施和加强现场施工监督管理等,取得了良好的结构自防水效果,为地下空间超长结构自防水效果的有效控制提供了借鉴,现将主要结论总结如下。

(1) 以高性能膨胀剂配制的补偿收缩混凝土,实现了"后浇式膨胀加强带"的设计理念。中区主体结构将后浇式膨胀加强带的设计间距放大至 60~80m,回填浇筑时间减少至 14d,提高了结构整体性,减少了结构分块数量,有效规避了后浇带留置时间过长带来的渗漏水隐患。

（2）为实现混凝土结构良好的自防水效果，一方面需对配合比进行优化，保证自防水混凝土拥有较好的体积稳定性；另一方面，应加强现场施工振捣和早期养护，基础筏板和顶板混凝土终凝后应立即进行保湿、保温养护，侧墙外模板带模养护至 72h，以控制混凝土温度收缩量。

（3）结构各部位监测数据表明，各部位尺寸的不同导致其膨胀和收缩量不同，温度修正后微应变从峰值到 28d 后的降低幅度大小为筏板＜外墙＜顶板；结构各部位温度修正后应变值在 28d 后仍大于零，表明自防水混凝土具有良好的抗裂及防水效果。

图 5.7-3　地下空间自防水混凝土板效果

5.7.2　泰州某工程地下室超长结构自防水技术

1. 工程概况

工程位于江苏省泰州市姜堰区陈庄东路，占地约 12.5 万 m²，共由 33 栋主楼和 3 栋酒店高层组成，地下 1 层，低层洋房底板厚度为 600/700mm，高层住宅底板厚度为 1000/1200mm，车库底板厚度为 400mm，外墙厚 300mm，顶板厚 300mm。底板、侧墙防水等级为二级，配电房和种植顶板防水等级为一级，主要结构底板、侧墙、顶板混凝土强度抗渗等级均为 C35P6，混凝土柱强度等级为 C45。

2. 工程难点

（1）绝大部分高层住宅底板厚度超过 1m，属于大体积混凝土结构。大体积混凝土除了常规的塑性收缩、化学收缩和干燥收缩外，还会产生温度收缩，如温升值高，易导致混凝土结构因降温过快而开裂。

（2）地下室结构超长，主楼基本呈东西走向，长度平均在 75～80m，中间设置一条连续式膨胀加强带，一次浇筑长度过大，很容易引起混凝土因为收缩过大而开裂。

（3）建设方对工期要求很严格，地下室部分除后开挖的 3 栋酒店高层外，33 栋主楼和部分车库均要求在一年以内施工完成，工程采用多个分包的方式同时施工，裂缝控制极为不易。

（4）根据工期和造价要求，经过专家论证，结合工程实际情况对地下室防水设计做了设计变更，采用新型混凝土结构自防水技术，取消传统的卷材防水。

3. 混凝土结构自防水设计思路

（1）采用氧化镁膨胀剂配制自防水混凝土，有效补偿混凝土收缩、限制混凝土收缩产生的裂缝，使混凝土自身具备良好的抗渗防水性能。

（2）辅以 TU-TJ 水泥基渗透结晶型防水涂料作为外防水层。

（3）提供现场技术指导，把控施工各环节，避免施工造成的混凝土渗漏缺陷。

工程结构自防水底板、侧墙、顶板的防水层做法如下。

底板：素土夯实；100mm 厚 C15 混凝土垫层；1.0mm 厚 TU-TJ 水泥基渗透结晶型防水涂料，自防水钢筋混凝土底板，抗渗等级不低于 P6。

侧墙：2∶8 灰土分层夯实；1.0mm 厚 TU-TJ 水泥基渗透结晶型防水涂料；自防水钢筋混凝土外墙，抗渗等级不低于 P6。

顶板：自防水钢筋混凝土顶板，抗渗等级不低于 P6；1.0mm 厚 TU-TJ 水泥基渗透结晶型防水涂料；1.2mm 厚耐根刺聚氯乙烯防水卷材（内增强型）。

4. 混凝土配合比优化

工程开始前，联系搅拌站对混凝土配合比进行优化，将掺氧化镁的混凝土和易性调整到最佳，后期按照该配合比进行施工；当原材料发生较大变化时，应重新进行配合比调整。工程底板、侧墙、顶板所用混凝土配合比见表 5.7-2。

混凝土配合比（kg/m³） 表 5.7-2

编号	强度等级	水	水泥	砂子	石子	矿粉	粉煤灰	减水剂	氧化镁
1	C35	175	330	664	1060	—	50	6.20	20
2	C40	170	370	607	1080	—	40	7.00	20
3	C35	170	280	741	1024	60	40	5.79	20
4	C40	170	310	699	1006	70	50	7.14	20

5. 混凝土浇筑与养护

（1）混凝土浇筑前进行施工技术交底。混凝土到达现场时坍落度不宜大于 180mm，坍落度损失不宜大于 30mm/h；现场严禁私自加水；对于混凝土和易性较差的混凝土加减水剂进行调节。

（2）夏季施工时，对于水平构件，应在混凝土浇筑完毕后覆盖薄膜进行保湿养护；混凝土硬化后，采用蓄水养护或用湿麻袋覆盖，保持混凝土表面潮湿。对于竖向构件，其中墙体等不宜保水的构件宜控制在 3～5d 拆模，并从顶部设置水管喷淋，通水后能形成喷淋小水幕，带模养护 3～5d；拆除模板后，继续洒水养护至 14d。

（3）当日平均气温连续 5d 稳定低于 5℃时即进入冬期施工，冬期养护应以保温为主，避免混凝土面直接与水接触而对混凝土表面产生冻害；日平均气温低于 5℃时，不得洒水，应用塑料薄膜及保温材料（如毛毯、草毡）覆盖。

6. 外防水施工控制

水泥基渗透结晶型防水涂料施工工艺流程为：基层清理→修补结构缺陷→基层润湿→配制水泥基渗透结晶型防水涂料→涂刷水泥基渗透结晶型防水涂料→养护→验收。具体的施工步骤如下。

（1）基层清理、修补。用扫帚、铁铲等工具将基层表面的灰尘、杂物清理干净，修补结构缺陷，裂缝缺陷不应超出结构设计规范要求。

（2）基层润湿。涂刷前必须先将基面用洁净水充分湿润，但不得残留积水。

（3）按比例配制水泥基渗透结晶型防水涂料，需注意的是，先将水倒入容器内，再投入粉剂，搅拌机低速搅拌均匀（无粉粒）待用。

（4）在已具备施工条件的湿润基面,将涂料用半硬质的涂刷工具分层均匀涂覆于基层,涂刷方向应一致无积洼，涂覆量为 $1.0 \sim 1.5 kg/m^2$；待第一层干涸后进行第二层涂刷，刷第二层前应先用水润湿前一涂层，第二层的涂覆方向应与第一层的方向垂直。

7. 工程防水效果

地下室混凝土浇筑完成底板约 8 万 m^2，侧墙 652 延米，顶板约 4 万 m^2，应用结构自防水做法取得了良好的防水效果。如图 5.7-4 所示。

(a) 底板　　　　　　　　　(b) 侧墙　　　　　　　　　(c) 顶板

图 5.7-4　底板、侧墙和顶板的防水效果

第 6 章

城市地下空间综合防淹技术

城市地下空间
关键技术集成应用

6.1 地下空间防淹体系

6.1.1 地下空间洪涝灾害现状

地下空间多发的灾害类型有火灾、洪灾、涝灾等，由于地下空间相对封闭，自身救援难度大，一旦灾害发生造成的后果往往较为严重，应急救援及灾后恢复也很困难。

近年来，暴雨频发给地下空间带来巨大的挑战。2011年，南京暴雨积水倒灌至地铁，玄武湖隧道被淹。2012年7月21日，北京暴雨导致京港澳高速公路出京方向17.5km处的南岗洼铁路桥下严重积水，积水最严重时，被淹路段长约900m，平均水深4m，最深处6m，桥下积水20余万m³犹如水库，81辆汽车被困水下，全市受灾人口达190万人，其中79人遇难，经济损失近百亿元。2013年，受"菲特"台风的影响，浙江余姚出现百年一遇强降雨，三日雨水量达527mm，造成大量地下空间完全被淹没。2021年，河南郑州"7·20"特大暴雨灾害，是因极端暴雨导致严重城市内涝、河流洪水、山洪滑坡等多灾并发，造成地铁、隧道等地下空间内部人员大量伤亡事件。2022年8月10日晚至11日上午，山西吕梁市中阳县遭遇特大暴雨袭击，洪水涌进室内达1m多深。2023年8月，受台风"杜苏芮"影响，河北省遭受了历史罕见的特大暴雨洪水灾害，保定、石家庄、邢台等局部地区24h降水量超过400mm，最大点发生在邢台市梁家庄村，累计降雨量达1008.5mm，造成大量人员伤亡和财产损失。

可见洪涝灾害无论是南方还是北方都呈现频繁、多发现象，尤其是河南郑州"7·20"特大暴雨灾害给了我们极大的警示。一般而言，地理位置和气候特征决定了地下空间所面临洪灾的频次，各地区有其特殊性，也有一致性。

6.1.2 地下空间洪涝致灾原因

1. 排水防涝、流域防洪职责与界限不清

城镇排水防涝和流域防洪职责不清是地下空间内涝致灾的最上层原因，职责不清就会不断地重复"九龙治水"的恶果，防洪和内涝搞不好，地下空间的防淹就无从谈起。城镇排水防涝属于地方事权，城镇建设是系统工程，排水和内涝防治更是系统工程，地方政府应在住房和城乡建设部指导下开展相应工作，针对的是城镇范围内发生的降雨事件，包括3~5年的大概率事件和20~100年的小概率事件。流域防洪属于中央事权，由水利部主管，针对的是流域范围内的小概率降雨事件，设计重现期一般为100~200年甚至更长。

2. 缺乏科学有效的保障，相关法律法规制度滞后

目前，我国地下空间开发利用仍处于初级阶段，主要从土地、经济收益角度考虑对地下空间进行开发，除防空外，很少从城市防灾视角对地下空间的需求进行预测。就现有的理论和方法而言，将地下空间防灾功能纳入城市综合防灾体系缺少针对性的措施，缺乏对地上与地下综合防灾空间的协同、地下空间防灾的应对目标等深层机理研究。同时，我国虽然初步形成了以法律和行政法规为核心，以部门规章、规范性文件为补充的地下空间开

发利用的法律法规体系，但在地下空间综合安全治理方面仍存在缺少统筹规划，法律体系建设不完善等问题。

3. 缺乏针对性防灾规范

目前，我国地下空间的设计标准多参照地面建筑标准，其中关于抗震、防火的建筑设计标准及管理体系相对比较完善，城市层面的防洪、防涝方面的标准体系相对完整，如《城镇雨水调蓄工程技术规范》GB 51174—2017、《城镇内涝防治技术规范》GB 51222—2017、《室外排水设计标准》GB 50014—2021等。但针对地下空间层面尤其是地下空间防淹设计的精细化标准缺失。在我国超大型地下空间、地下综合体不断涌现的情况下，地下空间内部多灾种防灾规划以及相关建筑设计安全理论已严重滞后于实际建设的需要，有待补充。

4. 地下空间防淹的重视程度不够

主要体现在：重地上不重地下；地下空间规划和建设孤立、不全面；地下空间对消防的研究很多，对防淹的研究不多或不成体系；地表防洪规范和行业标准不适合地下空间，没有专门针对地下空间的防淹设计标准；地下室防淹没有专门的行政主管部门，不在验收范围内。

5. 地下空间选择不合理、防淹设施落后

（1）地下空间选址不合理，风险隐患高。很多城市在建设初期主要考虑的是经济条件、地区人流量、开发建设强度、功能需求等外在影响因素，缺乏对于地区所处地质、地势等内在条件的分析与研究，导致部分地下空间选址在地势低洼区，强降雨天气来临时产生很大的影响与破坏。

（2）应急避难救援困难。现有地下空间很少有专门针对水淹后的疏散和救援设施；地下空间内部密闭、视野狭窄，身处其中的人员有着天然的恐惧，同时，地下空间水淹后断电漏电，逃生通道少且没有专门的指示标识，导致人员的伤亡概率大大增加。

（3）地下空间内部配置的抽排设施数量不足、标准偏低。目前很多地下空间仅有简单的地下抽水设备，用于抽排渗透水及地下空间冲洗水，抽排能力有限，在洪涝灾害发生时，其积水外排能力完全不足。

（4）地下空间周边市政道路排水管网建设标准偏低。中心城区市政道路地下管网建设标准偏低，多为0.5～1年，远低于3～5年一遇的排水标准，发生强降雨天气易引起区甚至域内涝，给地下空间带来水淹隐患。

（5）地下空间出入口与外围道路的高差偏小，挡水设施及配置不满足防灾要求。首先，在规划设计早期阶段，由于规范未对地下空间出入口的台阶高度作出明确要求，导致设计标准过低，与室外地坪高差甚至不足0.1m，以致洪涝灾害发生时地下空间容易进水。其次，普通地下空间的防洪辅助设施主要是沙包，防洪能力有限，且平时存放和灾时操作相对麻烦。最后，已建地下空间出入口多数未设置挡水设施，即使设置了挡水设施，由于内部抽排设施能力不足也易引发水淹。

（6）地下空间建设时，遗漏了地面排风孔洞及管线的防倒灌措施。

6. 缺少实用的应急预案，管理水平亟待提升

地下空间防灾管理涉及部门较多，如公安、消防、民防、环保、防汛等部门分别对单灾种进行管理。一旦发生灾害，所成立的临时性应急指挥机构，往往不能很好地发挥应急处置的作用，分散的单项预案也无法满足地下空间特殊性和灾害叠加特征的需要。部门分割和单灾种应急提高了综合管理的难度，降低了应急效率，难以综合预测可能造成的危害。可见，确定合理可行的一体化应急疏散方案，下达疏散指令，科学传递信息，快速有效地组织地下空间受困人员有序、安全地疏散，是地下空间防灾管理中亟需提升的内容。

7. 对灾害认识不足，缺乏防灾意识

当前城市地下空间的防灾教育以及疏散演练、逃生技能培训频次较低，地下空间的防灾演练还在探索阶段，尚未常规化、规模化，民众接受这方面的教育较少，心理素质和防灾技能都远远达不到地下空间应急疏散工作的实际需要，在灾害发生时没有应急反应的行动基础。

6.1.3　地下空间防淹体系的建立原则

目前，当务之急是建立一套完善的地下空间防淹体系，根据体系中的要素进行有的放矢的防范，才能保障地下空间不受洪水及内涝的困扰。

地下空间防淹体系是一个系统工程，也是一个多方位、多学科的复杂工程。建立完善的防淹体系是有效防范地下空间淹水问题的重要途径。

建立防淹体系的基本思路，首先是对地下空间所处的区域进行排水防涝，地下空间排水防涝总体思路如图 6.1-1 所示；其次，针对地下空间所在的场地及薄弱环节采用挡、排结合的方式防范水淹，地下空间防淹思路如图 6.1-2 所示。

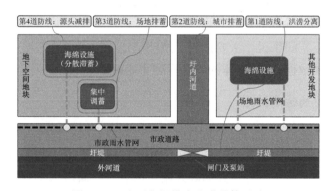

图 6.1-1　地下空间排水防涝总体思路

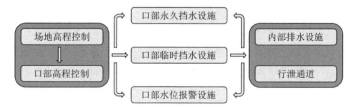

图 6.1-2　地下空间防淹思路

1. 地下空间对洪水的防范

提高地下空间所在区域的防洪排涝能力是防淹体系的第一道防线。

（1）城市空间对洪水的防范应加强流域规划管控，在规划层面加强空间分配和竖向衔接的统筹是解决城镇排水防涝和流域防洪的核心措施。①以流域为单位编制防洪规划，确定流域防洪标准和相应的洪（潮）水位，合理分配流域上下游城镇的外排水量，并科学布局滞洪区域，为流域洪水留出足够的空间。②以城镇为单位编制排水防涝规划，首先，要为城镇"留白"，最大限度保护山水林田湖草的基本生态格局，最大限度适应地形地貌，对沿江沿河岸线留出一定距离、不予开发；其次，确定城镇排水防涝标准，科学划分排水分区，规划各类排水设施的布局和规模，做好竖向衔接，包括源头减排设施、雨水管渠和排涝除险设施的衔接，以及排涝除险设施和外河设计洪水位的衔接。

（2）城市空间对洪水的防范需要紧密结合城市规划，充分考虑地下空间的地理特征和水文情况，避免洪灾的影响。防洪是一个城市大的防御体系，防止洪水进城，应有效进行洪涝分离，同时在切实尊重自然的基础上处理好城市内涝水与洪水（客水）的关系；区域内涝防治设施规划应考虑山洪、江河等客水的影响，考虑受纳水体水位（潮位）对城市排水系统的影响，做好管渠系统、开敞空间和受纳水体设计水位的相互衔接。

2. 地下空间对区域内涝的防范

区域内涝防范是绝大多数地下空间防淹体系中最重要的一道防线，可有效实现地下空间区域以内降雨产生的地表径流下渗、储存、转输和排放的功能，其设施具有使用频率低、使用时间短的特点，其用地性质具有兼容性，做好城市内涝防治设施规划与其他相关规划的衔接，可充分发挥国土空间功能，实现多重目标。地下空间区域内涝防治一般分三个阶段进行，分别是源头减排设施、排水管渠设施和排涝除险设施，三者雨水排放量所承担的比例关系约为 7%、26% 和 67%。

具体到某个地下空间来说，主要是要了解清楚地下空间建造区域的内涝防治标准，收集该区域的内涝相关数据；有了具体的内涝标准才能对地下空间的防淹措施做到有的放矢。

3. 地下空间自身的防范措施

把地下空间作为重点防治目标的防范体系，应从重点防范部位入手，针对设计重现期的暴雨，抓住地下空间的薄弱环节，采取以挡为主、以排为辅、截堵结合的原则，防止大量雨水进入地下空间。对于设计重现期的暴雨，应有行泄通道等应急防范措施。

4. 地下空间综合管理的防范措施

（1）建立城市防涝的联防联控机制；加强对降雨统计、气象预报、降雨产汇流、河湖水位等重要水文特征和数据的信息共享，共建数据感知体系和预警预报系统。针对不同范围和程度的降雨，建立流域层面和城镇层面的联防联控机制，加强多部门联合的应急预案编制以及应急装备和物资的储备。

（2）通过绘制洪水风险图、保证地下空间通信、设置疏散指示牌及制定洪水预报和抢险预案等，为地下空间提供科学调度的应急管理措施。

6.2　地下空间的治涝与防洪标准

6.2.1　内涝和洪水的定义

我们经常讲的"洪涝"，其实是两个概念。在中文中，一般用"洪水"和"内涝"对二者加以区分；英文一般对应于"fluvial flooding"和"pluvial flooding"。

内涝，根据《城镇内涝防治技术规范》GB 51222—2017 规定，是指一定范围内的强降雨或连续性降雨超过其雨水设施消纳能力，导致地面产生积水的现象。一般认为道路积水小于 15cm、住宅底层不进水不是内涝，只有超过这一标准，且积水的退水时间也超过一定标准，影响城镇安全运行时才能定义为内涝。

洪水，根据应急管理部规定，是指由于江、河、湖、库水位猛涨，堤坝漫溢或溃决，水流入境而造成的灾害。按照成因可分成暴雨洪水（雨洪）、山洪、河流洪水、融雪洪水、溃坝洪水、冰凌洪水、泥石流、风暴潮等。

6.2.2　内涝和洪水的关系

1. 产生原因不同

内涝主要是由于城镇本地降雨过多（强降雨或连续性降雨）、地表消纳能力不足（硬化面积过大、原滞蓄空间被占用）、城镇排水能力不足（管道和内河排水不畅）、局部地势低洼等原因，导致超过一定标准的城镇雨水径流（内水）在城镇无法排除。洪水主要是由于暴雨、急骤融冰化雪、风暴潮等原因，引起流域性河湖水体的水位上涨并超过流域防洪标准的承受能力，导致堤坝漫溢甚至溃决，洪水（外水）进入城镇。

2. 管理空间不同

内涝防治的管理空间是城镇尺度，即对城镇范围内降雨产流的管理，通过在城镇规划建设过程中采用合理的措施，排除一定的城镇雨水径流量，避免城镇在降雨期间的道路积水和房屋进水，从而保障城镇的安全运行。洪水防治则是从流域尺度，对流域范围内（包括干流和支流流经的区域）降雨产流的管理，通过在流域的防洪规划和工程建设过程中采用合理的措施，确保流域性河道的水位保持在合理的范围内，从而保障沿线城镇的排水安全。

3. 多重复杂联系

内涝和洪水彼此之间存在着复杂的联系，包括因雨致涝、因洪致涝、因涝致洪等多种情况。因雨致涝，是指当城镇遭遇的暴雨量超过内涝防治设计重现期的标准时，雨水管渠和排涝除险设施不能及时将城镇雨水径流排至外河，导致积水超过一定深度、退水时间超过标准并影响城镇秩序和安全运行的现象。因洪致涝，是指当洪水形成后外河水位上涨，城镇内河无法顺利将城镇雨水径流排出，内河水位上涨，对排水系统产生顶托甚至倒灌，导致城镇径流不能及时排出，造成严重积水且退水时间过长的现象。因涝致洪，是指当沿河城镇产生的雨水径流排至外河，大江大河流域面积大，干流汇集不同支流的洪峰，导致形成历时较长涨落较平缓的洪峰；或者小河流的流域面积和河网的调蓄能力较小，导致形成涨落迅猛洪峰的现象。

在各类文件及书籍中经常出现"排水防涝""防洪排涝"两个词语困惑着大家，这个就是典型的职责部门不清的问题。水利部门称"防洪排涝"，住建部门称"排水防涝"。从规划对象来说，水利部门只管河湖，不管管道，住建部门则是河道、管道都管。由于历史原因，水利部门的"防洪排涝"规划在理念上偏农村地区，是一种平均排除的概念，允许一定时间积水。住建部门注重的是城市地区，一旦发生内涝，损失比较大，所以必须是"防涝"，而不能是"排涝"。

4. 规划层面的防治

内涝防治和流域防洪均为系统工程，两者在规划上需要有效衔接。内涝防治系统和流域防洪系统在规划上应统筹计算洪涝水量，实现空间布局和竖向规划的衔接。在流域（区域）防洪规划、城镇总体规划和城市防洪规划的基础上，对洪、涝、潮灾害进行统筹治理，合理布局防洪工程，充分考虑城镇排涝除险能力，以确定合理的设计洪峰流量、时段洪量和洪水过程线，为洪水流经城镇提供内涝防治系统规划的边界。城镇内涝防治系统以洪水过程线为规划边界，通过合理布局源头减排设施系统、市政雨水排水管渠系统和排涝除险系统，并与城镇内污水处理和合流制溢流污染控制等系统有机衔接，实现对城镇雨水径流总量、峰值和污染等多重目标的控制。竖向高程规划是实现城镇排水通畅的重要前提。

5. 工程层面的防治

在工程层面上，内涝防治和流域防洪有共通之处，二者均采用"蓄排结合"的工程技术手段。城镇内涝防治系统统筹地面地下，结合陆域水体，协调包括源头减排、排水管渠、排涝除险等工程性措施以及应急管理等非工程性措施，并与防洪设施相衔接。流域防洪系统同样强调工程性措施与非工程性措施相结合，统筹治理洪、涝、潮灾害，针对较为常见的江河洪水防治，工程性措施以堤防为主，配合水库、分（滞）洪、河道整治等，构建蓄排结合的完整防洪体系。

6.2.3　治涝和防洪的相关标准

城镇内涝防治是一项系统工程，涵盖从雨水径流的产生到排放的全过程控制，包括产流、汇流、调蓄、利用、排放、预警和应急措施等，而不仅仅是指传统的雨水排水管渠设施。根据《城镇内涝防治技术规范》GB 51222—2017 的规定，城镇内涝防治系统是指用于防止和应对城镇内涝的工程性设施和非工程性措施以一定方式组合成的总体，包括雨水渗透、收集、输送、调蓄、行泄、处理和利用的自然和人工设施以及管理措施等。

我国处于城镇化进程之中，城市人口增长较快，城市重要性等级也在不断增长，过去符合防洪标准的城市可能已达不到新的标准。这是历史形成的，只能逐渐改善。防洪重现期是个范围值，最小值应作为强制性标准执行。对于一个城市，防洪标准是针对城市中的大河。例如，苏州市有"运河"和"吴淞江"，苏州市的防洪主要是针对吴淞江而言。支流附近的城镇则针对支流防洪，防洪区域划分不宜太小，应抓住主要问题。防洪标准是防洪工程必须遵循的政策；其他工程如果可能影响洪水水位、流速等要素，则应论证对防洪安全的影响，制定相应对策。

自 2012 年北京"7·21"暴雨以来，住房和城乡建设部对城镇内涝防治工作高度重视，多次强调城镇内涝防治和流域防洪的衔接，标准体系逐步完善，工程建设陆续开展，特别是国家海绵试点城市对内涝防治体系的探索和工程实践，取得了很大成效。

1. 现行治涝、防洪标准的相关规定

在 2013 年内涝防治标准提出以前，我国仅有关于城镇排水和水利的治涝、防洪标准。这些标准隶属于不同学科，在考虑问题的角度、计算方法的选择等方面存在不一致。近年来，我国城镇排水标准、内涝防治标准和水利的治涝标准、防洪标准已基本实现统筹，形成了统一的城镇内涝防治和流域防洪体系，主要有《防洪标准》GB 50201—2014、《治涝标准》SL 723—2016、《城市排水工程规划规范》GB 50318—2017、《室外排水设计标准》GB 50014—2021、《城镇内涝防治技术规范》GB 51222—2017、《城镇雨水调蓄工程技术规范》GB 51174—2017 等。

（1）防洪标准

依据《防洪标准》GB 50201—2014 第 4.2.1 条规定，城市防护区的防护等级和防洪标准应根据政治、经济地位的重要性、常住人口或当量经济规模指标确定，如表 6.2-1 所示。

城市防护区的防护等级和防洪标准　　　　　　　　　　表 6.2-1

防护等级	重要性	常住人口（万人）	当量经济规模（万人）	防洪标准［重现期（年）］
I	特别重要	≥150	≥300	≥200
II	重要	<150，≥50	<300，≥100	100～200
III	比较重要	<50，≥20	<100，≥40	50～100
IV	一般	<20	<40	20～50

注：当量经济规模为城市防护区人均 GDP 指数与人口的乘积，人均 GDP 指数为城市防护区人均 GDP 与同期全国人均 GDP 的比值。

（2）治涝标准

依据《治涝标准》SL 723—2016 第 5.0.2 条规定，城市涝区的设计暴雨重现期应根据其政治经济地位的重要性、常住人口或当量经济规模指标确定，如表 6.2-2 所示。

城市设计暴雨重现期　　　　　　　　　　表 6.2-2

重要性	常住人口（万人）	当量经济规模（万人）	设计暴雨重现期（年）
特别重要	≥150	≥300	≥20
重要	<150，≥20	<300，≥40	20～10
一般	<20	<40	10

注：当量经济规模为城市涝区人均 GDP 指数与常住人口的乘积，人均 GDP 指数为城市涝区人均 GDP 与同期全国人均 GDP 的比值。

（3）排水标准

依据《室外排水设计标准》GB 50014—2021第4.1.3条规定，雨水管渠设计重现期应根据汇水地区性质、城镇类型、地形特点和气候特征等因素，经技术经济比较后按表6.2-3的规定取值，并明确相应的设计降雨强度。

雨水管渠设计重现期（年）　　　表6.2-3

城镇类型	城区类型			
	中心城区	非中心城区	中心城区的重要地区	中心城区地下通道和下沉式广场等
超大城市和特大城市	3～5	2～3	5～10	30～50
大城市	2～5	2～3	5～10	20～30
中等城市和小城市	2～3	2～3	3～5	10～20

（4）内涝防治标准

依据《城镇内涝防治技术规范》GB 51222—2017的规定，内涝防治标准包括三方面，即设计重现期、积水深度和退水时间。

内涝防治设计重现期应根据城镇类型、积水影响程度和内河水位变化等因素，经技术经济比较后按表6.2-4取值。

内涝防治设计重现期　　　表6.2-4

城镇类型	重现期（年）	地面积水设计标准
超大城市	100	1. 居民住宅和工商业建筑物的底层不进水；2. 道路中一条车道的积水深度不超过15cm
特大城市	50～100	
大城市	30～50	
中等城市和小城市	20～30	

最大允许退水时间如表6.2-5所示。人口密集、内涝易发、特别重要且经济条件较好的城区，最大允许退水时间应采用规定的下限。此外，交通枢纽的最大允许退水时间应为0.5h。

内涝防治设计重现期下最大允许退水时间　　　表6.2-5

城镇类型	中心城区的重要地区	中心城区	非中心城区
最大允许退水时间（h）	0.5～2	1～3	1.5～4

注：最大允许退水时间为雨停后的地面积水的最大允许排干时间。

2. 现行治涝、防洪标准的适用范围

从上述不同类型标准的规定值看，同一级别城镇对应的重现期差异较大，比如对于特大城市，雨水管渠设计重现期是3～5年，内涝防治标准是50～100年，治涝标准是20年，防洪标准是200年。但是，这些标准针对的对象不同，所以对应的降雨历时和强度、水文数据统计方法、设施计算方法都不一样，不能单纯从规定值上看是否可以衔接。

排水标准针对排水分区，应对1h的短历时强降雨，在排水标准的降雨下不允许地面出现积水。内涝防治标准针对城镇范围，应对 3～24h 的长历时强降雨，允许地面出现一定深度积水，并根据城镇能承受的程度明确最大允许退水时间，一般为 0.5～4h。这两个标准针对城镇管理尺度，一般以水量控制。

治涝标准针对城镇内河流域范围，应对 24h 或更长的长历时降雨，要求雨后 24h 排除。防洪标准针对流域范围，应对数日至数月的长历时降雨。这两个标准针对流域管理尺度，一般以水位控制。

雨水管渠设计采用强度法，计算的是流量的概念，注重"排"。内涝防治、治涝和防洪工程设计采用的都是容积法和强度法相结合的方式，除了计算流量，还要计算总水量和水位，注重"蓄排结合"。

城镇排水标准和治涝标准的衔接，是通过城镇内河、湖泊等"蓄"的作用减缓城镇排水峰值流量对排涝流量的影响。内涝防治标准和治涝标准的衔接，主要依靠措施的不同，内涝防治是城镇范围内的陆域水域协同，通过在陆域设置有调蓄功能的绿地、广场等开放空间和调蓄池等工程设施，控制排入城镇水域的径流总量和径流峰值，实现与城镇内河治涝标准的衔接，并确保区域满足地面积水标准和退水时间要求。内涝防治标准和流域防洪标准的衔接，则主要通过对相应标准条件下洪水位的分析，建立确定的设计水位线，作为城镇内涝防治系统设计的边界条件和城镇防洪工程实施的标准。

以苏州市中心城区为例，排水标准为 5 年一遇，1h 降雨量为 63.8mm，当发生小于该雨强的降雨时，不应产生地面积水。治涝标准为 20 年一遇，利用城区河道等蓄水空间与排水标准有效衔接。内涝防治标准为 100 年一遇，24h 降雨量为 269.2mm，退水时间为 1～3h。设计防洪标准为 200 年一遇，苏州市区防洪工程沿京杭大运河、苏嘉杭高速公路、沪宁高速公路为界，建堤防及控制建筑物，形成一个大包围。新建主要控制建筑物有胥江枢纽、上塘河枢纽、澹台湖枢纽、娄江枢纽、外塘河枢纽、元和塘枢纽等 11 个外围控制水闸，沿京杭大运河、斜港等外河新建堤防 22.6km，根据排涝要求，泵站总设计流量为 260m³/s。

6.2.4　苏州市防洪排涝标准

各个城市都有各自的防洪排涝规划，下面以苏州市为例进行重要数据的解析。

（1）吴淞高程与 1985 国家高程基准（简称"85 高程"）的转换关系

吴淞高程系统比较混乱，不同地区采用数值不一，一般用于长江以南地区的水利部门，使用时需仔细核对。转换关系为：宁波 85 高程 = 吴淞高程 − 1.87m；嘉兴 85 高程 = 吴淞高程 − 1.828m；上海 85 高程 = 吴淞高程 − 1.6007m；无锡水利部门 85 高程 = 吴淞高程 − 1.919m；无锡城市建设部门 85 高程 = 吴淞高程 − 1.856m；苏州地区老的标准是 85 高程 = 吴淞高程 − 1.882m，基准点沉降修测后调整为 85 高程 = 吴淞高程 − 1.926m。

（2）防洪水位

根据苏州市防洪排涝研究成果《苏州市防洪排涝规划》，姑苏区纳入城市中心区大包围区域规划防洪标准为 200 年一遇，其他地区为 100 年一遇；相城区规划防洪标准为 100 年一遇；高新区规划防洪标准为 100 年一遇；工业园区规划防洪标准为 100 年一遇；吴中城区以运河为界，运河以北纳入城市中心区大包围区域规划防洪标准为 200 年一遇，运河以南和以东城区为 100 年一遇；吴江城区规划防洪标准为 100 年一遇。该成果确定的苏州市城市防洪设计水位汇总见表 6.2-6。

苏州市城市防洪设计水位汇总（吴淞高程）　　表 6.2-6

项目名称	行政区		代表点	200 年一遇（m）	100 年一遇（m）
运河沿线	姑苏区、高新区		枫桥	5.15	4.95
	姑苏区、吴中区		苏州（二）	5.00	4.80
	吴江区		瓜泾口	—	4.80
			平望	—	4.80
吴淞江沿线（含苏申外港）	吴江区、吴中区、工业园区		—	—	4.63～4.80
分区内部	姑苏区		元和塘枢纽闸外	4.60	4.40
	高新区	运河西	通安	—	4.95
		运河东	枫桥	—	4.95
	工业园区		唯亭	—	4.50
	吴中区	运河西	越溪	—	4.80
		运河东	苏州（二）	—	4.80
	相城区		相城	—	4.25
			元和塘中	—	4.40
	吴江区	运河西	心船路南	—	4.80
		运河东	南星湖	—	4.50

（3）排涝控制水位

排涝控制水位主要指筑堤设防抽排区域内部控制水位，包括：内部最高控制水位、最低控制水位和起调水位。其中最高水位宜控制在地面以下 0.5m 以上；最低控制水位一般在最高控制水位以下 0.5～1.0m；起调水位是包围圈排涝泵站启用抽排的水位，介于最高和最低控制水位之间。从尽量降低泵站启用前的内河水位，降低抽排规模，但又不致频繁开关机泵的角度考虑，排涝分析时包围圈起调水位按最低控制水位以上 0.2～0.6m 拟定。根据苏州市防洪排涝研究成果，抽排区排涝控制水位见表 6.2-7。

苏州市抽排区排涝控制水位（吴淞高程）　　表 6.2-7

序号	规划区	抽排区	最高控制水位（m）	最低控制水位（m）	包围圈起调水位（m）
1	姑苏区	城市中心区	北片 3.4、南片 3.2	北片 2.6、南片 2.4	北片 3.2、南片 2.7
2		金阊新城	3.5	2.6	2.9
3	工业园区	娄葑镇区圩	3.3	2.4	2.6
4		胜浦镇区圩	3.4	2.8	3.1
5		唯亭蠡塘圩	3.6	2.8	3.1

序号	规划区	抽排区	最高控制水位（m）	最低控制水位（m）	包围圈起调水位（m）
6	相城区	北区包围	3.5	2.8	3.1
7		西一区包围	3.3	2.8	3.1
8		西二区包围	3.5	2.8	3.2
9		中区包围	3.5	2.8	3.1
10	高新区	狮山包围	4.5	3.2	3.8
11		路东包围	3.7	2.7	3.0
12		九图圩	3.5	2.7	3.0
13		通安西包围	4.0	3.2	3.6
14		通安东包围	4.0	3.2	3.6
15		浒关北片圩	4.2	3.2	3.8
16		浒关南片圩	4.2	3.2	3.8
17		镇湖街道圩	4.0	3.2	3.6
18		青春圩	4.2	3.2	3.8
19		长亭圩	4.2	3.2	3.8
20	吴中区	城南包围	3.6	2.9	3.2
21		姜家圩	3.5	2.6	3.1
22		镇区包围	3.5	2.6	3.1
23		尹山湖包围	3.4	2.6	3.1
24		东西湾包围	3.4	2.6	3.1
25	吴江区	运西大包围	3.0	2.4	2.6
26		城南新区包围	3.2	2.7	2.9
27		民营工业区包围	3.2	2.6	2.9
28		友谊工业区包围	3.0	2.4	2.6
29		运东北大包围	3.0	2.4	2.6
30		运东南大包围	3.0	2.4	2.6
31		中南圩	3.5	2.7	3.1
32		南部片区包围	3.5	2.7	3.2
33		向荣圩	3.0	2.5	2.8

6.3　地下空间治涝的相关措施

6.3.1　内涝防治的定义及内涵

　　根据《城镇内涝防治技术规范》GB 51222—2017 的规定，城镇内涝防治系统是指用于防止和应对城镇内涝的工程性设施和非工程性措施以一定方式组合成的总体，包括雨水渗透、收集、输送、调蓄、行泄、处理和利用的自然和人工设施以及管理措施等。

1. 雨水排放系统名称梳理

城市雨水排放系统的分类比较混乱，各标准中名称也不统一，给设计人员造成很大困惑，现梳理如下。

根据《城市排水工程规划规范》GB 50318—2017 的规定，源头减排系统（source control drainage system）是指，场地开发过程中用于维持场地开发前水文特征的生态设施以一定方式组合的总体；雨水排放系统（minor drainage system）是指，应对常见降雨径流的排水设施以一定方式组合成的总体，以地下管网系统为主，亦称"小排水系统"；防涝系统（major drainage system）是指，应对内涝防治设计重现期以内的超出雨水排放系统应对能力的强降雨径流的排水设施以一定方式组合成的总体，亦称"大排水系统"。

根据《城镇内涝防治技术规范》GB 51222—2017 的规定，城镇内涝防治系统应包括源头减排、排水管渠和排涝除险等工程性设施，以及应急管理等非工程性措施，并与防洪设施相衔接。其中，源头减排、排水管渠和排涝除险设施，基本对应于国际上常用的低影响开发、小排水系统和大排水系统。

欧美及我国的规范对雨水排放各个阶段的名称（表 6.3-1）不统一，容易混淆概念，比如根据《城镇内涝防治技术规范》GB 51222—2017 的定义，排涝除险系统显然包含"源头减排"和"排水管渠"。所以，笔者认为采用"源头减排系统""小排水系统"和"大排水系统"的名称更容易理解和使用。

城市雨水排放阶段分类 表 6.3-1

欧美分类	GB 50318	GB 51222	采用的设计标准
微排水系统	源头减排系统	源头减排系统	年径流总量控制率
小排水系统	雨水排放系统	排水管渠系统	雨水管渠系统设计重现期
大排水系统	防涝系统	排涝除险系统	内涝防治系统设计重现期

2. 内涝防治的内涵

城市的内涝防治归根到底是雨水空间分配的问题，管道、河道（渠）是雨水空间分配的转输手段，水体等调蓄空间才是真正的雨水空间分配主体。新建区域，城市排水的本质要求城市规划时必须规划足够的水体用地，只有从规划用地的角度才能彻底解决城市内涝问题。对于建成区，在新增水面极其困难（也就是增加蓄水很难）时，根据水量平衡原理，减少进水和增加出水是两个主要解决问题的思路。第一是减少进水，直接降落到城市内部的雨水（也称为涝水）是无法减少的，能减少的只有外部穿城而过的洪水，因此修建截洪沟、截洪隧洞等工程是解决城市内涝问题的有效方法。第二是增加出水，在城市排水系统末端修建泵站或者增大泵站规模也是解决城市内涝问题的有效方法，但需要部分泵站和前池用地。

在满足设计标准的条件下，如果整个城市的进水、出水和蓄水达到了水量平衡，还发生城市内涝问题的话，那说明城市内部的输送系统（管道和河道）布置或者规模不合理，需要进行调整。

因此，在针对城市内涝问题制定解决方案时，必须要找到问题的真正原因，到底是由于雨水无法达到预期的水量平衡，还是由于输送系统存在问题，一定要分清楚才能有的放矢地解决问题。

6.3.2　雨水的空间分配

1. 雨水空间分配的原则

（1）土壤。降落到地面的一部分雨水在重力和毛细管力的作用下，渗入土壤颗粒之间的孔隙中。对于不同的地区，土壤蓄水差别很大，如苏州是属于典型的丰水地区，地下水位很高，蓄水能力非常有限，在进行雨水的空间分配时，不能将土壤作为主要分配对象，而只能作为辅助分配对象。

（2）径流。降落到地面的另一部分雨水将形成地面径流，并且通过管道和泵站最终排入江、河、湖、泊、海等自然水体以及人工湿地等地面蓄水空间。无法排出城市范围的地面径流在进行雨水的空间分配时，应将地面作为主要的分配对象。

（3）大气。雨水降落到地面过程中，一部分通过蒸散发作用以气态的形式回到大气中，一般情况下，水的蒸散发过程非常缓慢，对城市排水而言，基本上不起作用。因此，在进行雨水的空间分配时，不能把大气层作为分配对象。

2. 雨水空间分配的措施

雨水空间分配的最核心措施就是"蓄排并举"，"蓄"和"排"严格意义上是分不开的，诸多设施都是二者功能兼具。

"蓄"的内涵丰富，首先是源头"微蓄"，如源头下沉式绿地、雨水花园等，均对雨水具有滞蓄作用，可应对一年里的大部分中小降雨；其次是"小蓄"，比如调蓄池、绿地广场等公共调蓄空间等，具有污染控制、峰值流量削减延缓和雨水资源化利用等多种功能，是解决场地及小区域内涝的主要手段；最后是"大蓄"，比如依托于城市圩内湿地湖泊、大型隧道调蓄工程、河道复合断面的上部等，既承载自然降雨的管渠排放转输功能，又承担着巨大的内涝调蓄功能，这个也是解决城市内涝的主要手段。"蓄"的措施很多，内容也非常丰富，不同"蓄"并不存在绝对意义上的时间或空间差异，往往一场降雨时多种"蓄"的措施是同步进行的，这诸多的"蓄"为解决城市内涝发挥了各自的力量。从宏观上来讲，一切低于防涝标准的空间都可以称为"蓄"。

同样，"排"根据设计标准的不同，其内涵也会发生变化。比如植草沟，一般认为是微排水系统，但大型生态沟也可以按小排水系统设计。河道（渠），一般认为是大排水系统，但如果按复合断面设计，就可以一部分是小排水系统，一部分是大排水系统。管道，一般认为是小排水系统，但用一段管道取代一段河道或者涵时，也应归为大排水系统。

"蓄""排"被有机地组合在"源头减排""小排水系统""大排水系统"中的各个阶段。首先，要充分利用好"蓝色空间"，在水系的基底上做文章，要充分保护好自然水系空间，统筹好城市建设与河湖水系的关系，不过多干扰自然水系格局，保障水面率不降低，以充分发挥河湖水系对雨水的调蓄作用。其次，要充分发挥城市自然生态空间的效益，用好对自然低影响的"绿色设施"，实现雨水的自然渗透积存。最后，海绵城市建设离不开必要的"灰色设施"，如排水管网、调蓄池等必要的灰色设施对解决城市内涝问题至关重要，只有充分将"蓝绿灰"设施进行充分融合，才能解决设防标准以内的城市内涝问题。

6.3.3　雨水的排放

1. 源头减排系统

源头减排系统也就是通常说的"低影响开发""海绵城市"，主要设施有绿色屋顶、透水铺装、下凹式绿地、雨水花园、生物滞留设施、植草沟等低影响开发设施，这个阶段的雨水排放设计标准是年径流总量控制率。

"海绵城市"区别于传统粗放城市排水一个明显的特征在于，海绵城市建设中，要优先从源头控制雨水径流，"绿灰"相结合，优先在绿地、建筑和道路的建设中，因地制宜采用雨水花园、绿色屋顶、透水铺装、下凹式绿地等措施，实现对雨水径流总量的削减和峰值流量的削减，以尽可能减少城市开发建设对产汇流过程的影响。

2. 小排水系统

小排水系统主要设施有管道、复合断面河（渠）道的下部空间（图 6.3-1）等，某些情况下，植草沟也是小排水系统（有一种理念就是雨水走地上，污水走地下），这个阶段的雨水排放设计标准是雨水管渠系统设计重现期。小排水系统在内涝防治中的主要作用就是将源头"微蓄"超标雨水转输至"小蓄"，同时平衡各个"小蓄"水体，发挥每个调蓄空间的最大功效。

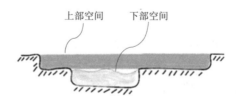

图 6.3-1　复合断面河（渠）道示意图

3. 大排水系统

大排水系统主要设施有路面行泄通道、复合断面河（渠）道的上部空间（图 6.3-1）等。大排水系统本身就有"大蓄"的功能，同时还肩负"小蓄"至超标降雨时作用的湿地湖泊、人工蓄水设施（某些深层隧道）等"大蓄"的转输功能，这个阶段的雨水排放设计标准是内涝防治系统设计重现期。

4. 地下空间场地管网排放要点

（1）雨水收集。《室外排水设计标准》GB 50014—2021 明确了雨水口的设计标准，即雨水口和雨水连接管流量应为雨水管渠设计重现期计算流量的 1.5～3 倍。雨水收集的另一个重点是防堵塞，实践证明，铸铁算子由于厚度小、承载能力强，能够更好地防止堵塞；而混凝土算子由于承载力不够且厚度小，容易堵塞。另外，立算式雨水算子比平算式更容易堵塞。虽然加强日常养护能缓解雨水口的堵塞情况，但如果从源头设计就充分考虑相关情况，会有事半功倍的效果。

（2）雨水输送。提高雨水管渠的设计重现期，以便更好地应对频发的极端暴雨天气。

（3）雨水排放。苏州市位于水乡平原，大部分城市雨水管渠都是淹没出流。苏州规划设计研究院曾专题研究过淹没出流状况下影响管道雨水排放的因素，结果表明，主要影响因素是上下游水位差、管径等，而与管道坡度基本无关。因此，暴雨之前河道水位提前预降不仅能够腾出调蓄空间，还能增大雨水管道上下游水位差，对雨水的排蓄非常有利。

5. 超标应急排放

任何城市的内涝防治体系都必须包含超标应急措施，但很多城市往往不重视这一点。城市内涝防治体系防的是标准以内的降雨，通常不会去打造千年一遇甚至万年一遇标准下的城市防涝体系，因为这是不经济的，也是不切实际的，但这并不代表对发生概率极低、造成损失极严重的超标降雨不做任何应急准备。当降雨量达到 201.9mm/h 时，常规措施已基本失效，任何城市都可能发生内涝，此时应通过非常规应急来降低人员伤亡和财产损失。应对超标降雨的目标一般为：城市生命线工程等重要市政基础设施功能不丧失，保障人民生命财产安全和城市基本安全运行。同时，应给出具体措施，包括应急预案的编制、演练和实施；物资储备方案的编制和实施；生命线工程的摸底、隐患排查以及针对性的工程性和非工程性措施；汛前重点设施、部位的人员物资前置待命；超标雨水应急行泄通道的预留；智慧防涝系统的建设等，这些都是有效应对超标降雨的措施。

6.3.4　雨水的调蓄

雨水调蓄的内容主要包括"微蓄""小蓄"和"大蓄"三个方面，地下空间所要关注的则是前二者。

《建筑给水排水与节水通用规范》GB 55020—2021 中明确规定，新建的建筑与小区对于降雨的年径流总量和外排径流峰值的控制应达到建设开发前的水平。其中，年径流总量的控制就是"微蓄"，即通常所说的"海绵城市"设计；外排径流峰值的控制就是"小蓄"。

"微蓄"，也就是前端雨水的滞蓄，在降雨期间滞留和蓄存部分雨水以增加雨水的入渗、蒸发并收集回用。"微蓄"的容积计算按当地海绵城市的技术指标控制好径流系数就可以基本满足了。如苏州当地不分区域要求：已建成城区的外排雨水流量径流系数不大于 0.5，新开发区域外排雨水流量径流系数不大于 0.4；对于雨水外排总量，新开发区域年径流总量控制率不低于 85%，其他区域不低于 70%，在没有要求的区域可以按照不低于 55% 进行控制。

"小蓄"，这里探讨的"小蓄"仅限地下空间场地范围内的场地雨水调蓄，在降雨期间暂时储存（调节）一定量的雨水，削减向下游排放的雨水峰值径流量，延长排放时间，但不减少排放的总量。设置雨水调蓄池的主要目的是在"微蓄"无法满足场地调蓄目标时进一步"用空间换时间"，错峰排放，减轻市政管网的压力。如何设计合理的调蓄池容积，既要符合规范要求，又能兼顾经济因素，是地下空间场地雨水调蓄设计的关键。

一般情况下，径流峰值控制调蓄容积W_k包含径流污染控制调蓄容积W_m、雨水收集回用系统调蓄容积W_h和场地雨水调蓄容积V，但根据项目不同，径流峰值控制调蓄容积W_k包含对象也会有所差异，下文会有对比和相关分析。

1. 径流峰值控制调蓄容积W_k

径流峰值控制计算相当复杂，主要有两个原因，一是控制设施的进出水过程线难以确定；二是现行规范对径流峰值控制目标的规定较为模糊，地块规划也很少有具体的要求，具体设计中需要进一步简化计算、细化目标。径流峰值是个相对概念，有最高 5min 降雨径流峰值，也有最高 1h、2h 甚至更长时间段的降雨径流峰值。相对于全年 365 日降水径流来说，常年最大 24h 降雨是一年中的降雨径流峰值，雨水控制利用工程应对其进行控制；各城市对最大 24h 降雨普遍都很重视。在地块内没有具体控制要求时，需要控制的雨水径流总量按下式计算：

$$W_k = 10(\varphi_c - \varphi_0)h_y F_y \tag{6.3-1}$$

式中　W_k——需控制利用的雨水径流总量（m³）；

　　　φ_c——雨量径流系数（日降雨），见表 6.3-2，应与硬化面积F相对应。当加权计算硬化面积F的综合径流系数时，不应计入F以外的面积和径流系数；也可以直接取 0.8～0.9；

　　　φ_0——控制最大 24h 降雨所对应的外排雨水径流系数。对于新建工程，应取建设开发前自然地面的对应值，可按 0.2～0.4 计。当上位规划或当地政府对最大日降雨外排率有控制要求时，应按照要求执行；

　　　h_y——设计日降雨厚度（mm）；取常年最大 24h 降雨厚度，并且不应小于海绵城市设计降雨量的值，可参照《建筑与小区雨水控制及利用工程技术规范》GB 50400—2016 附录 A 的规定；当上位规划或当地政府对降雨重现期有控制要求时，应按照要求执行（现有很多城市明确要求按 2 年一遇最大 24h 降雨厚度）；

　　　F_y——硬化汇水面面积（hm²），应按不透水硬化汇水面的水平投影面积计算，为非绿化屋面、水面、道路、广场、停车场等的总面积扣除透水铺装地面的面积。

硬化面径流系数　　　　　　　　　　　　　　　　　表 6.3-2

下垫面类型	雨量径流系数φ_c
硬屋面、未铺石子的平屋面、沥青屋面	0.8～0.9
铺石子的平屋面	0.6～0.7
混凝土和沥青路面	0.8～0.9
块石等铺砌路面	0.5～0.6
水面	1

2. 径流污染控制调蓄容积W_m（海绵城市年径流总量控制调蓄容积）

建筑小区内雨水径流污染物主要有 COD、SS 等。径流污染的控制主要通过控制径流量实现。当年径流总量控制率按各地区海绵城市年径流总量控制要求时，外排的径流污染总量也会随着外排径流总量同时减少，径流污染控制率也会相应地降低。其实现途径有两种：土壤入渗和收集回用。前者把雨水转变为小区内的土壤水，后者把雨水转变为小区内生活用水的一部分。此外，土壤入渗和收集回用也是实现径流总量控制、径流峰值控制、径流污染控制的重要途径。

设计一般采用"场地面积×综合径流系数×年径流总量控制率对应下的海绵城市设计降雨量"（江苏省年径流总量控制率对应下的海绵城市设计降雨量见表6.3-3）；对于没有海绵城市年径流总量控制的项目，可以按当地最低年径流控制总量进行选取。江苏省最低要求为按年径流总量控制率不小于55%进行控制，对应的降雨量为10.9mm，计算式为：

$$W_m = \varphi H_c F / 1000 \tag{6.3-2}$$

式中　W_m——地块海绵城市年径流总量控制调蓄容积（m^3）；

　　　　φ——综合雨量径流系数（各类型下垫面加权平均）；

　　　　H_c——单元控制目标对应的海绵城市设计降雨量（mm）；

　　　　F——地块面积（m^2）。

江苏省年径流总量控制率对应下的海绵城市设计降雨量（mm）　　表 6.3-3

城市	年径流总量控制率						
	55%	60%	65%	70%	75%	80%	85%
南京市	12.9	15.2	18.0	21.4	25.7	31.2	38.8
无锡市	11.4	13.5	15.9	18.8	22.5	27.2	33.5
徐州市	14.0	16.5	19.5	23.1	27.3	32.6	39.4
常州市	12.3	14.4	17.0	20.1	24.1	29.4	37.1
苏州市	10.9	12.7	14.9	17.5	20.8	25.1	30.9
南通市	12.3	14.3	16.9	20.0	23.9	29.2	36.5
连云港市	15.4	18.2	21.7	25.8	30.8	37.2	45.7
淮安市	14.0	16.6	19.6	23.3	27.9	33.6	41.2
盐城市	13.8	16.3	19.1	22.6	27.0	32.6	39.8
扬州市	12.2	14.4	16.9	20.0	24.0	29.3	36.7
镇江市	12.0	14.1	16.5	19.5	23.3	28.3	35.0
泰州市	12.0	14.1	16.5	19.5	23.3	28.1	34.8
宿迁市	14.6	17.3	20.4	24.2	29.2	35.8	44.5

3. 雨水收集回用系统调蓄容积 W_h

雨水收集回用系统调蓄容积一般包含初期雨水弃流容积和雨水利用存储容积。

（1）初期雨水弃流容积 W_q

计算见下式：

$$W_q = 10\delta F_y \tag{6.3-3}$$

式中 W_q——初期雨水弃流容积（m³）；

δ——初期雨水弃流厚度（mm）。当无资料时，屋面弃流厚度可采用2～3mm，地面弃流可采用3～5mm；

F_y——硬化汇水面面积（hm²），应按不透水硬化汇水面的水平投影面积计算，为非绿化屋面、水面、道路、广场、停车场等的总面积扣除透水铺装地面的面积。

（2）雨水利用存储容积W_l

雨水收集回用系统的储水量一般按3～5d需水量进行计算（计算较简单，此处省略）。

综上可得，雨水入渗容积$W_s = W_m - W_h$。

4. 场地雨水调蓄容积V

对待雨水弃流的方式不同，会造成场地雨水调蓄的计算容积不同。下文以位于苏州的项目甲（$W_l = 125$m³，其余指标见表6.3-4）为例分别进行介绍。

项目甲相关指标一览表

表6.3-4

序号	类别	面积（m²）	雨量径流系数
1	屋面	4300	0.8
2	绿地	9300	0.15
3	透水硬质铺装	240	0.3
4	非透水硬质铺装	9500	0.8
5	合计	23340	0.54（综合径流系数）

（1）场地雨水调蓄容积计算方式1（以下简称"方式1"）

方式1采用雨水直接弃流进行计算，是工程设计中最常见的。计算可得：

$W_{k1} = 10 \times (0.90 - 0.30) \times 55.7 \times (0.43 + 0.95) = 461.2$m³

$W_{q1} = 10 \times (0.43 \times 3 + 0.95 \times 5) = 60.4$m³

$W_{m1} = 1.0 \times 0.54 \times 10.9 \times 23340/1000 = 323.8$m³

则：场地雨水调蓄容积$V_1 = W_{k1} - W_{m1} = 461.2 - 323.8 = 137.4$m³

这种计算方式存在显著的缺点，即实际工程中不能达到预设的控制径流污染和控制径流峰值的目的。

从控制径流污染来说，方式1就是将初期雨水弃流到污水管网，弃流后的雨水存储到雨水回收池进行处理后回用。这种传统设计对径流污染控制，尤其是初期雨水的污染控制不够重视，仅仅设置一个弃流装置，而没有真正关注弃流雨水的去处。对于南方雨水充沛的城市，这种方式在具体工程实践过程中根本无法做到。首先，各个城市的水务部门不允许弃流水排至污水管网，理由也很充分，因为这个弃流量实际很难控制，很容易多排，南方城市本身污水处理厂进水的 COD 就很低，这个弃流量要是不加以限制会进一步降低污水处理厂的 COD，造成污水处理成本大幅提高，得不偿失。在实际工程中如果最终还是弃流到雨水管网，相当于没有解决初期径流污染的问题；让雨水任意流入水体不仅加大了水体的自净负担，还造成城市河道进入了一个一边治理一边污染的死循环，严重影响了水体的观感以及城市的形象。其次，对于温度较高、雨水充沛的南方城市来说，埋地式（模块式埋地）回用水池是个非常不好的方式，夏季回用水池基本 3 天就会有异味、变色，调查结果显示，埋地式回用水池几乎没有被有效地使用，造成极大的浪费。也就是说，方式 1 的 W_{q1} 仅对调蓄有所贡献，对控制污染没有任何贡献。

从控制径流峰值来说，方式 1 中的雨水回用的容积实际上与径流峰值在时间上有重叠，也就是用水和降水在时间上是不完全匹配的，不能满足设置雨水调节池"用空间换时间"、错峰排放的目的。上述计算的 V_1 实际上是偏小的，应该扣除雨水利用存储容积 W_l 才更合理，即：$V_1 = W_{k1} - (W_{m1} - W_l) = 461.2 - (323.8 - 125) = 262.4 \text{m}^3$。

（2）场地雨水调蓄容积 V_2 计算方式 2（以下简称"方式 2"）

方式 2 是将方式 1 中的弃流进行处理后排放的方式。计算可得：

$$W_{k2} = 10 \times (0.90 - 0.30) \times 55.7 \times (0.43 + 0.95) = 461.2 \text{m}^3$$

$$W_{q2} = 10 \times (0.43 \times 5 + 0.95 \times 15) = 60.4 \text{m}^3$$

$$W_{m2} = 1.0 \times 0.54 \times 10.9 \times 23340/1000 = 323.8 \text{m}^3$$

则：场地雨水调蓄容积 $V_2 = W_{k2} - W_{m2} = 461.2 - 323.8 = 137.4 \text{m}^3$

方式 2 是笔者推荐的计算方式，这种方式能有效解决方式 1 存在的缺点。具体做法是，对于靠近城市河道的项目，处理好的初期径流雨水可以直接排入城市内河，也就是每个地块给城市河道这一天然的巨大水池源源不断地供给干净的雨水，城市河道自然不会出现年年治理年年污染的死循环。当然，对于不靠近城市河道的项目，可以采用自建露天水体的方式而不应采用埋地水池的方式。绿化浇灌时直接取天然河道或者自建的露天水体。

方式 2 中初期径流量的选择是关键。对于雨污分流制排水系统，国外有研究认为，1h 雨量达到 12.7mm 的降雨能冲刷掉 90% 以上的地表污染物；同济大学对上海芙蓉江、水城路等地区的雨水地面径流研究表明，当降雨量达到 10mm 时，径流水质已基本稳定。综合国内外的研究成果，方式 2 的初期径流厚度，屋面和硬化地面分别采用 5～10mm 和 10～15mm 比较合理。

（3）简化计算

依据苏州市水务局要求，按每 1 万平方米建设用地宜建设不小于 100m³ 的雨水调蓄（含雨水回用容积）。按建设用地来设置雨水调蓄的做法虽然便于计算和管控，但不利于鼓励建设项目加大绿化的建设。将非透水面积和雨水调蓄相关联则更符合绿色建筑的理念，比如上海市的要求就比较合理：雨水调蓄设施按照每公顷硬化面积不低于 250m³ 的规模进行设置。

需要特别注意的是，雨水调蓄池不能简单采用直接埋地的方式来解决，虽然此调蓄容积在雨后 6～12h 会排空，但毕竟地下水池时间久了会由于清理不方便而发臭。建议采用项目场地局部下凹的方式来解决，将下凹区域设置成篮球、羽毛球等活动场地或车辆停放等，都是很好的选择。

6.4　地下空间防淹技术

根据地下空间本身的防淹来水，一般分为外源性水淹及内源性水淹，其中外源性水淹是重点，当然内源性水淹也不能忽视。按照 6.1.3 节地下空间防淹的总体思路，下面对地下空间防淹技术及相关规定进行分析及梳理，同时列举地下空间重点部位的应对措施。

6.4.1　各类标高的确定

1. 场地标高

场地标高是指地下空间在场地竖向设计中，相对某基准点设计选定的高程。

地下空间用地应按照有利于雨水排除的原则进行竖向控制，避免在地下空间防淹薄弱环节形成排水不利区域。原则上，包围圈外室外地坪标高按不低于防洪设计水位加超高 0.8m 控制，至少按不低于防洪设计水位加超高 0.5m 控制；包围圈内室外地坪标高按不低于控制最高水位加超高 0.8m 控制，至少按不低于控制最高水位加超高 0.5m 控制。根据《苏州市城市防洪排涝专项规划（2017—2035）》的要求，苏州市各区域地下空间竖向标高建议按表 6.4-1 中的高值进行控制；当无法选用建议的室外地坪标高时，室外地坪标高不能低于控制最高水位，但应对下文中的"入户标高"进行严格控制。

苏州市各区域地下空间竖向控制标高（吴淞高程）　　　　表 6.4-1

序号	规划区	抽排区名称	控制最高水位（m）	控制地面标高（m）
1	姑苏区	城市中心区	北片 3.4、南片 3.2	北片 3.9～4.2、南片 3.7～4.0
2		金阊新城	3.5	4.0～4.3
3	工业园区	娄葑镇区圩	3.3	3.8～4.1
4		胜浦镇区圩	3.4	3.9～4.2
5		唯亭蠡塘圩	3.6	4.1～4.4
6		敞开区（吴淞江沿线含苏申外港）	4.56～4.8	5.06～5.6
7		敞开区（其他）	4.5	5.0～5.3
8	相城区	北区包围	3.5	4.0～4.3
9		西一区包用	3.3	3.8～4.1
10		西二区包围	3.5	4.0～4.3
11		中区包围	3.5	4.0～4.3
12		敞开区（元河塘沿线）	4.4	4.9～5.2
13		敞开区（其他）	4.3	4.8～5.1
14	高新区	狮山包围	4.5	5.0～5.3
15		路东包围	3.7	4.2～4.5
16		九图圩	3.5	4.0～4.3
17		通安西包围	4.0	4.5～4.8
18		通安东包围	4.0	4.5～4.8
19		浒关北片圩	4.2	4.7～5.0

续表

序号	规划区	抽排区名称	控制最高水位（m）	控制地面标高（m）
20	高新区	浒关南片圩	4.2	4.7～5.0
21		镇湖街道圩	4.0	4.5～4.8
22		青春圩	4.2	4.7～5.0
23		长亭圩	4.2	4.7～5.0
24		敞开区（运河沿线、运东、运西）	4.95	5.45～5.75
25	吴中区	城南包围	3.6	4.1～4.4
26		姜家圩	3.5	4.0～4.3
27		镇区包围	3.5	4.0～4.3
28		尹山湖包围	3.4	3.9～4.2
29		东西湾包围	3.4	3.9～4.2
30		城市大包围	3.2	3.7～4.0
31		敞开区（吴淞江沿线含苏申外港）	4.63～4.8	5.13～5.6
32		敞开区（运河沿线）	运北 5.0；运南 4.8	运北 5.5～5.8；运南 5.3～5.6
33		敞开区（其他）	4.8	5.3～5.6
34	吴江区	运西大包围	3.0	3.5～3.8
35		城南新区包围	3.2	3.7～4.0
36		民营工业区包围	3.2	3.7～4.0
37		友谊工业区包围	3.0	3.5～3.8
38		运东北大包围	3.0	3.5～3.8
39		运东南大包围	3.0	3.5～3.8
40		中南圩	3.5	4.0～4.3
41		南部片区包围	3.5	4.0～4.3
42		向荣圩	3.0	3.5～3.8
43		敞开区（运河沿线、吴淞江沿线）	4.8	5.3～5.6
44		敞开区（运西）	4.8	5.3～5.6
45		敞开区（运东）	4.5	5.0～5.3

2. 设防水位标高

设防水位是指通过水文学方法分片区进行外河洪水位及圩区内涝水位计算，获得的满足当地排水防涝设防要求的水位以及通过项目所在地域历时最大 1h 及最大 24h 计算的在不排水情况下的屋面积水水位。

防淹设防水位的确定是一个重要而复杂的任务，需要综合分析各种因素，并依据科学的方法和实际情况进行决策，最终目标是确保该地区的防洪设施能有效地保护人民的生命财产安全。设计具体工程时一般按照当地规划要求的地坪标高进行确定，但实际上是不足的。

在确定防淹设防标高时，首先要了解地下空间所在区域的堤防标高、防洪标准、防洪标高、排涝标准及雨水设计流量标准；然后进行城市内涝治理现状调查，重点调查城市内涝积水的情况（包括积水点的位置，积水时间、深度、面积等信息），从而进一步分析城市内涝积水的原因。在调查分析的过程中要采用历史调查与模型模拟分析相结合的方式确定内涝风险，以期互相印证、互相校核，提高调查分析的准确度。

在内涝风险分析过程中，应该针对不同排水分区进行单独分析，以明确不同排水风险在不同重现期下的内涝积水风险，并据此分析得到不同排水分区可应对重现期（或降雨量）的现状情况。为了科学有效地指导后续内涝治理措施的制定，在内涝风险分析中，特别是在模型模拟分析时，应分重现期确定模拟情景，建议按照每年都可能发生的降雨（如1年一遇）、经常可能发生的降雨（如3年一遇或者5年一遇）、城市内涝防治标准对应降雨以及超标准降雨（如200年一遇或者最大可能降雨）等多种情景进行模拟，并从淹没情况（积水深度）、交通影响情况（造成断路的积水时间）、房屋可能进水情况（最大积水深度超过房屋底层高程的情况）、可能冲走人或车情况（积水深度与流速乘积）以及综合风险情况等多个方面进行分析，分情况分重现期绘制不同情景的内涝积水风险图，从而明确城市现状应对内涝风险的情况和主要问题。

在确定防淹设防标高时应考虑以下因素：

（1）气候和降雨模式。研究降雨模式和气候情况，了解该地区的平均降雨量、降雨强度和降雨频率，有助于确定设防标高以应对各种降雨情况。

（2）地形和水文条件。了解该地区的地形、水文条件和排水系统的状况。

（3）历史数据。研究历史上发生的洪水，包括洪水的深度和影响范围。这些数据可以作为参考，帮助确定设防标高。

（4）人口和资产分布。考虑该地区的人口分布和重要资产的位置，例如住宅、商业区、学校、医院等。这些因素可以影响设防标高的确定，以保护人民生命和财产安全。

（5）防洪工程。考虑已有的防洪工程设施，例如堤坝、沟渠或水闸等。这些设施可能会影响到设防标高的确定，以确保其与现有设施的兼容性。

（6）专家意见。在确定防淹设防标高时，征求专家的意见和建议是很重要的。他们可以根据详细的调查和分析，提供专业的建议和指导。

3. 防淹基准标高

防淹基准标高取设防水位、现状道路标高、规划场地标高三者中的最大值；当涉及屋面时取屋面汇水线高点、计算积水水位中的最大值。

4. 防淹标高

防淹标高是指在防淹基准标高的基础上考虑一定的安全余量后确定的标高，也是地下空间各类出入口（包括人员及各类车辆）、排风口、物业连通口、在建临时封堵口等与室外有物理连通的各类口部部位增加防淹设施后，防淹设施顶部的标高。

依据《建筑给水排水与节水通用规范》GB 55020—2021 第 4.5.17 条规定，连接建筑出入口的下沉地面、下沉广场、下沉庭院及地下车库出入口坡道，整体下沉的建筑小区，应采取土建措施禁止防洪水位以下的客水进入这些下沉区域。该条的条文说明中提出："本条规定有水灾危险的下沉区防止客水进入应采取土建措施。客水进入这些区域就会出现水淹灾害，应严格禁止。防止客水进入的措施是采用土建措施挡水，挡水高度不得低于防洪水位。排水措施无法排除客水，因为客水的水量是无法计算的。土建措施由土建专业完成，给水排水专业应向土建专业提出要求。"根据上述要求，防淹基准标高是防淹标高的最低要求。

但考虑城市发展较快，地面竖向变化较大，极端天气发生频率较多，由此所带来的高峰流量形成的积水影响、排水不畅等因素，地下空间相关设施设计时应在设防水位的基础上考虑一定的安全余量，增加防淹措施，保证地下空间的安全。这个安全余量的取值要根据地下空间的重要性进行总体研判，对于特别重要的地下空间也可以借鉴国内降雨极值进行设防，比如郑州 2021 年 7 月 20 日 16～17 时，1h 降雨量为 201.9mm；19 日 20 时～20 日 20 时，单日降雨量为 552.5mm；17 日～20 日，3d 降雨量为 617.1mm。苏州地铁一般安全余量取为 1.0～1.2m，苏州的地下空间设计时可以借鉴使用。

5. 入户标高

入户标高是指地下空间各类出入口、屋面出入口和室外电梯平台端部的标高，也是地下空间的固定挡水设施。入户标高的确定是个重要的指标，要根据不同的地下空间类型进行选取，比如汽车坡道、非机动车坡道等车辆通行口应考虑车辆的通行，标准应适当降低，其他人员出入口可以适当提高，无人区域的地方要有更高的要求。

根据《地铁设计规范》GB 50157—2013 第 9.5.4 条规定，地下车站出入口、消防专用出入口和无障碍电梯的地面标高，应高出室外地面 300～450mm，并应满足当地防淹要求，当无法满足时，应设防淹闸槽，槽高可根据当地最高积水位确定。入户标高（即防淹的固定挡水设施的高度）建议按高出室外地面 300～450mm 选取。

6.4.2 地下空间防淹设施

防淹设施一般分为挡水设施、排水设施及相关报警设施。

挡水设施是防止客水进入地下空间的重要设施，包括防淹挡墙、防淹台阶、防淹平台等固定防淹设施，以及防淹挡板、防淹门等应急防淹设施等。这里的"挡水"是个广义的概念，并不是一定要利用挡板之类的设施才称为"挡水设施"，通常把一切防止水进入地下空间的设施包括场地标高的提高也称为挡水设施。

排水设施主要指集水坑、排水泵及排水管道等。

报警设施包括与城市排水防涝部门联动警报系统、设置在地下空间内外的安全警戒水位报警系统，以及自动防淹设施、排水设施主动启动的联动系统等。

1. 固定挡水设施

固定挡水设施通常指防淹的防淹挡墙、防淹台阶、防淹平台、防淹驼峰等。其中，挡墙应尽量采用混凝土结构，确需采用其他材质时应复核其抵抗侧面水压的能力。但防淹挡墙用在下沉广场、天窗、天井等部位时采用混凝土结构对景观的影响较大，现在通常采用图 6.4-1 所示的玻璃防淹挡墙。

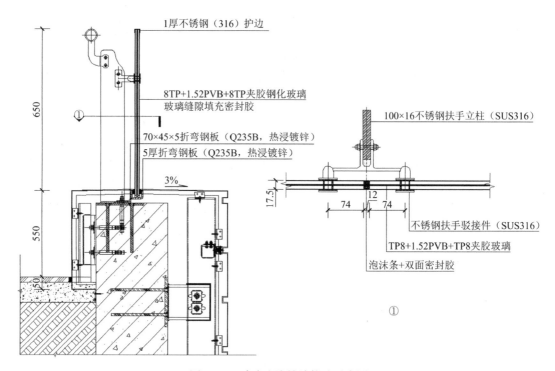

图 6.4-1　玻璃防淹挡墙构造示意图

2. 传统型临时挡水设施

（1）传统插入式防淹挡板如图 6.4-2 所示，详细做法可参考国标图集《防空地下室建筑构造》07FJ02 第 133 页。

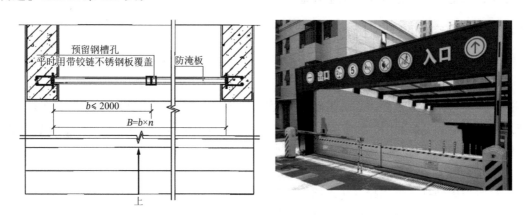

图 6.4-2　传统插入式防淹挡板示意图

（2）水动力翻板式防淹挡板如图 6.4-3 所示，详细做法可参考国标图集《车库建筑构造》17J927-1 第 61 页。

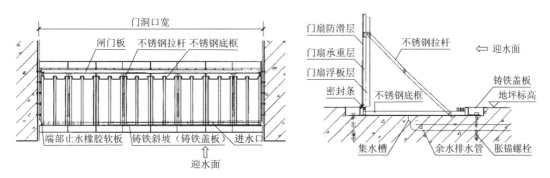

图 6.4-3　水动力翻板式防淹挡板示意图

3. 智能型防淹挡水设施

智能型防淹挡水设施现在已经成为一种趋势，随着地下空间打开的部位越来越多，仅靠人力是完全不够的。智能型防淹挡水设施一般包括自动防淹挡板、水位传感器、现场操作装置、报警装置、PLC＋触摸屏的控制系统等。智能型防淹挡水设施基本组件见图 6.4-4。

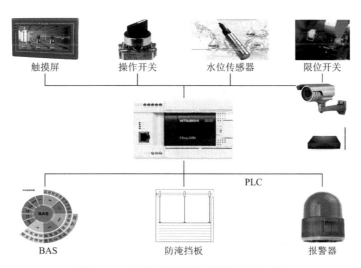

图 6.4-4　智能型防淹挡水设施基本组件

（1）手动控制

有淹水危险或危险解除时，操作人员可通过就地控制柜的按钮实现防淹挡板的开、关操作，按钮为点动式操作。

（2）自动控制

可配套液位传感器实现该功能，当检测到现场水位超过设定的报警水位时自动防淹，报警水位可自行调节。触摸屏直观显示水位高度、控制模式、开关状态及报警信号，并可设置通信地址等参数。控制系统采用 PLC＋触摸屏的经典组合模式，PLC 采集水位高度、开关输入、限位报警信号，再控制开、关门，并输出报警。

（3）远程控制

控制系统接入 BAS 系统时，传感器将现场实时水位通过 485 总线发送给控制室，运营人员根据实际情况远程发送开、关门信号。控制系统可向 BAS 提供控制接口，也可提供到消控室的液位报警信号接口。

（4）安全辅助功能

①视频监视系统：在智能防淹装备附近安装一套摄像头，值班人员可通过该摄像头确认水位情况，以作出正确判断。

②机械抱闸机构：速度过快时会自动抱闸，不会快速落下。

③红外检测装置：防淹门正下方有人通行时，防淹门停止下落，行人通过后继续下降。

（5）应急手动控制

当出现淹水情况，且现场供电出现故障时，可拉动电机上的链条，手动放下防淹挡板，然后手动锁紧防淹挡板的螺钉，此时类似普通的插入式防淹挡板。

6.4.3　地下空间重点部位防淹设施的应用

当地下空间的各类口部入户标高均设置在"防淹标高"以上时，属于外源性水淹无风险区，无须采取额外的挡水措施；但大部分地下空间，尤其是平原地区的地下空间，其口部入户标高存在设置在"防淹标高"以下的情况。

地下空间防淹问题集中体现在包括交通出入口（如汽车坡道、非机动车坡道、楼梯间出入口、自动扶梯出入口、垂直电梯出入口）、通风口、采光天井、采光天窗以及与其他物业的连通口、下沉庭院、下沉广场、临时封堵口、管线出入口等与室外有物理连通的各类口部的挡水设施上。在具体工程设计中，应根据地下空间所处的位置选择相应的挡水措施，比如人员及车辆出入口应首要满足交通需求，固定挡水设施不能设置过高，挡水设施必须采用"永、临"结合的方式；对于非交通出入口应尽可能采用永久性挡水设施。另外，各类口部会根据是否有雨水落入而设置不同的排水方式。总之，由于功能不同、位置不同，各类口部采用的防淹设施也会不同，下面分别进行介绍。

1.人员出入口防淹设施

人员出入口主要包括楼梯间、垂直电梯、自动扶梯等部位。

（1）挡水设施

人员出入口的挡水设施需要采用固定挡水设施＋临时挡水设施的防淹形式，即人员出入口处"入户标高"以下采用防淹台阶（无障碍处设置防淹平台）等固定挡水设施，"入户标高"至"防淹标高"采用防淹挡板等临时挡水设施。出入口外其他部位均应采用挡水墙等固定挡水设施。如图6.4-5～图6.4-7所示。

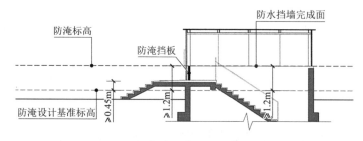

图6.4-5　楼梯间出入口挡水示意图

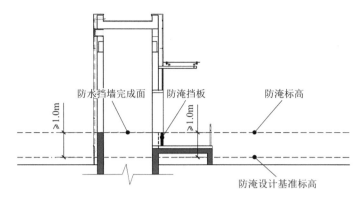

图 6.4-6 垂直电梯出入口挡水示意图

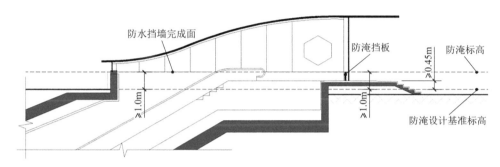

图 6.4-7 自动扶梯出入口挡水示意图

（2）排水设施

敞开式楼梯间应在其底部设置排水设施，对于有盖楼梯间、自动扶梯及垂直电梯，建议在其底部设置排水设施；对于敞开式楼梯间，排水按暴雨设计重现期不低于 50 年进行设计，设计降雨历时按 5min 计算，雨水集水池的有效容积不应小于最大一台排水泵 5min 的出水量。注意，敞开式楼梯间汇水面积应按其水平投影面积计算，当其贴近高层建筑外墙时应附加其高出部分侧墙面积的 1/2。

此外，设置在地面建筑内通往地下空间的楼梯也是防淹防护的重点，防淹设施应与上述同类型的楼梯间设置一致。

2. 下沉广场防淹设施

（1）挡水设施

下沉广场的楼梯、踏步、自动扶梯等交通口部的挡水设施与上述"人员出入口"的挡水设施要求一致，下沉广场与室内应至少有 150mm 的高差。如图 6.4-8 所示。

（2）排水设施

下沉广场与室内连接处应设置物理高差，以防止雨水倒灌至室内，高差宜按 50 年重现期当地最大小时降雨量进行核算，并应设置排水沟。比如苏州 50～100 年重现期最大小时降雨量约 97～107mm，则室内外高差不应小于(97～107) + (50～100) = 147～207mm。下沉广场排水按暴雨设计重现期不低于 50 年进行设计，设计降雨历时按 5min 计算，雨水集水池的有效容积不应小于最大一台排水泵 30s 的出水量。同时，要特别注意的是：

①敞开式楼梯间汇水面积应按其水平投影面积计算，当其贴近高层建筑外墙时应附加其高出部分侧墙面积的1/2。

②当排水沟通过管道排至集水坑时，应采用雨水斗排水系统核算排水量，不建议采用地漏排水。

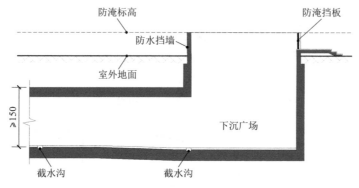

图 6.4-8　下沉广场挡水设施示意图

（3）集水泵（坑）做法

地下空间下沉广场是营造地面环境的重要部位，一般为周边全玻璃造型，下沉广场的集水泵（坑）应首先选择设置在下沉广场的下一层，若此处无下层地下空间时应对泵（坑）的做法进行充分考量，以免造成排水泵管道安装后严重影响下沉广场景观的现象。一般建议按图 6.4-9、图 6.4-10 所示的方式进行设计。

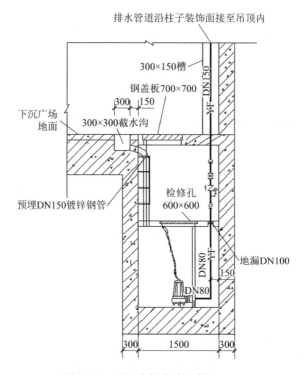

图 6.4-9　下沉广场集水坑做法一

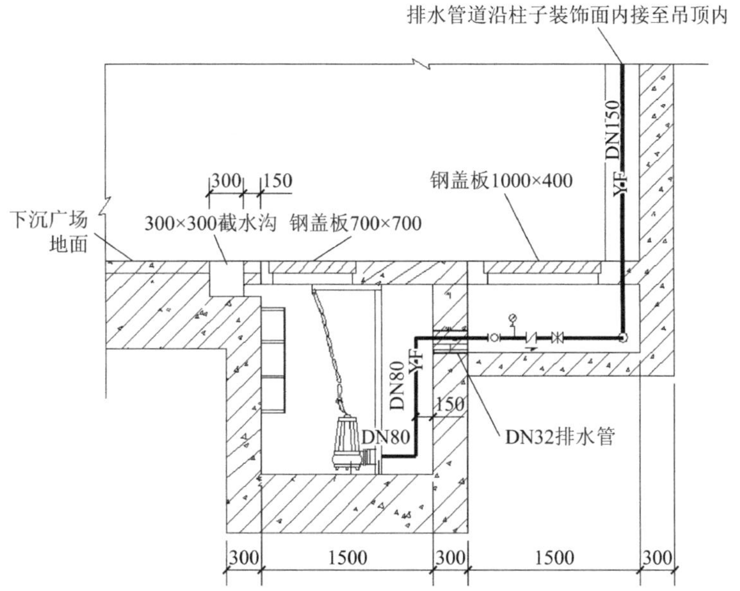

图 6.4-10　下沉广场集水坑做法二

3. 车辆出入口防淹设施

车辆出入口主要包括汽车坡道、非机动车坡道等部位。

（1）挡水设施

车辆出入口的挡水设施需要采用固定挡水设施＋临时挡水设施的防淹形式，即出入口处"入户标高"以下采用"防淹驼峰"等固定挡水设施，"入户标高"至"防淹标高"采用防淹挡板等临时挡水设施。出入口外其他部位均应采用挡水墙等固定挡水设施。

（2）排水设施

车辆出入口应在入口处、坡道敞开内侧、最底部分别设置一道拦水沟，其底部设置排水设施，排水按暴雨设计重现期不低于 50 年进行设计，设计降雨历时按 5min 计算，雨水集水池的有效容积不应小于最大一台排水泵 5min 的出水量。注意，敞开式楼梯间汇水面积应按其水平投影面积计算，当其贴近高层建筑外墙时应附加其高出部分侧墙面积的 1/2。

4. 天窗、天井、通风口等洞口的防淹设施

（1）挡水设施

地下空间高的天窗、天井、通风口对景观及地面建筑的视觉影响较大，而我国现行规范对此类洞口高度仅仅从空气质量的角度进行规定（例如，《车库建筑设计规范》JGJ 100—2015 第 3.2.8 条规定：地下车库排风口宜设于下风向，并应做消声处理。排风口不应朝向邻近建筑的可开启外窗；当排风口与人员活动场所的距离小于 10m 时，朝向人员活动场所的排风口底部距人员活动地坪的高度不应小于 2.5m。《民用建筑供暖通风与空气调节设计规范》GB 50736—2012 第 6.3.1 条第 3 款规定：进风口的下缘距室外地坪不宜小于 2m，当设在绿化地带时，不宜小于 1m），且都为"宜"字条款。因此，很多建筑师，尤其是境外建筑师习惯采用敞开式地面设置的形式。但从地下空间防淹角度来说是非常危险的，涝

水、洪水会通过此类地面的"洞口"大量涌入地下室，因此必须严禁此类做法。

此类洞口的最大特点是无交通需要，应尽可能采用固定挡水设施，即"防淹标高"以下均采用防淹挡墙等固定防淹设施。虽然理论上也可在地面通风口四周设置防淹挡板、防淹沙袋等临时挡水设施，但地下空间为了营造无异于地面的体验效果，建筑师往往设计了大量的天窗、天井等，造成其所有与室外的连通口（包含天窗、天井、通风口等）需要设置近千米长的防淹挡板，且为分散布置，而暴雨造成地面积水的时间极短，物业管理人手有限，短时间内完成所有的防淹挡板、防淹沙袋安置是相当困难的。通风口等洞口防淹设施如图 6.4-11 所示。

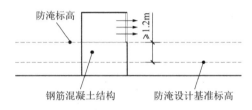

图 6.4-11   通风口等洞口防淹设施示意图

（2）排水设施

对于敞开式天窗、天井、通风口，应在其底部设置排水设施；对于有盖天窗、天井、通风口，建议在其底部设置排水设施。敞开式天窗、天井、通风口排水按暴雨设计重现期不低于 50 年进行设计，设计降雨历时按 5min 计算，雨水集水池的有效容积不应小于最大一台排水泵 5min 的出水量。

5. 地下空间内源性淹水的防淹措施

地下空间内源性淹水的主要来源有消防水、水管及其设备的破损等。

为避免消防用水时淹没地下空间特别是重要设备房，地下空间必须进行消防排水设计，但是否都必须设置机械提升排水，并按消防负荷配电是个值得探讨的问题。

（1）汽车库

汽车的底盘高度一般为 110~180mm，排气管高度基本都在 150mm 以上。依据《城镇内涝防治技术规范》GB 51222—2017 的规定，当路面积水深度不超过 150mm 时，不会造成机动车熄火，所以允许集水道路中一条车道的积水深度不超过 150mm。推广到地下车库，积水深度小于 150mm 时对车库基本没有影响。以最常见的 3500m² 的汽车库防火分区为例，消防排水量约为 324m³（室内消火栓水量 10L/s，喷淋 30L/s，室外 20L/s）。按车库平均 100mm 积水深度可以储存 350m³ 的消防排水，平均 150mm 积水深度可以储存 525m³ 的消防排水计算，若车库只有喷淋和消火栓，则不需要设置按消防负荷配电的消防专用机械排水设施。但这仅仅是一个防火分区的计算，目前地下空间面积往往很大，不止一个防火分区，有可能出现单个分区的排水能力不足；若面积为几万平方米，100~150mm 深积水将有上千立方米的储水量，消防排水就显得微不足道。各个防火分区的储水能否共用是大家争议的焦点，其实质就是各防火分区能否有效连通，消防用水能否从着火防火分区顺利排至其他防火分区的问题。无论如何，在具体工程中利用各防火分区的储水容积是完全没有问题的。

（2）面积较小的区域

小面积地下空间项目，以及防火分区面积较小的设备用房、仓库等场所，消防储水量很少，被淹后往往财产损失很大，是消防排水需要重点考虑的场所，此时消防排水不应再计算其储水量；消防机械提升排水能力应大于最大消防用水量。此类区域在具体设计中因集水坑的设置位置受限，排水能力都很弱，导致普遍存在设备用房、库房的淹水隐患。

6.重要设备用房的防淹设施统一要求

（1）地下空间设备用房，尤其是消防泵房、变配电间、生活泵房等重要的设备用房应尽可能不设于地下空间的最底层，同时要与其他区域有一定的高差。当地下空间只有一层或不得不设于最底层时，不建议采用局部下沉来解决净高的问题，可采用局部顶板上翻的形式来解决；迫不得已需要局部下沉时，必须进行防淹各种工况的研判，需要考虑的因素包括：

①提高整个地下空间尤其是与设备用房有直接物理连通的地下空间的防淹等级。

②设备用房需要考虑地下空间发生火灾时消防水倒灌至设备用房的挡水设施及排水设施，部分情况下还应增加报警设施。

③管道爆管等极端工况。

④确保电动机、所有电气设施高于同层地下室板面 300mm 以上。

（2）设置在首层的设备用房均需要设置防淹设施，固定挡水设施可以采用室内外高差或者门槛，其高度采用不小于 50 年重现期当地最大小时降雨量进行核算。比如苏州 50～100 年重现期最大小时降雨量约 97～107mm，则室内外高差不应小于(97～107) + (50～100) = 147～207mm；更重要的场所可以按地铁要求采用 300～450mm。

（3）地下空间最底层的电气控制柜（箱）应设置在高处，比如水泵房内的水泵控制柜应设置在挡水门槛以上，挡水门槛一般高度为 200mm，建议控制柜基础高度至少为 300mm。

（4）禁止设备用房采用重力排水的形式以及室内外排水沟共用排水管的形式。

依据《〈建筑设计防火规范〉图示》13J811-1 改（2015 年修改版）中的 8.1.8 图示（图 6.4-12），消防泵房和消控室设置门槛且内外均设置排水沟。

在具体工程中，消防泵房基本是外排水沟通过地漏甚至直接与室内沟相连的短管形式排至消防泵房集水坑；消控室是内外沟设置地漏然后采用同一根排水管排至室外。但这类做法是错误的，甚至后果是非常严重的，原因在于，门外微量积水时易起到排水作用，但当门外大量积水时，排水管室内外已经连通，门槛就失去了挡水的作用。

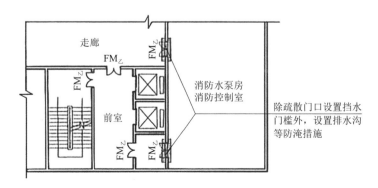

图 6.4-12　《〈建筑设计防火规范〉图示》13J811-1 改（2015 年修改版）中 8.1.8 图示

6.4.4 消防泵房的特殊防淹措施及注意事项

设置于室外且与室内消防水池连通的消防车取水口、人孔、通气管（图 6.4-13）是防淹关注的重点，此类洞口的防淹设施与前述天窗、天井、通风口等洞口的防淹设施应一致。

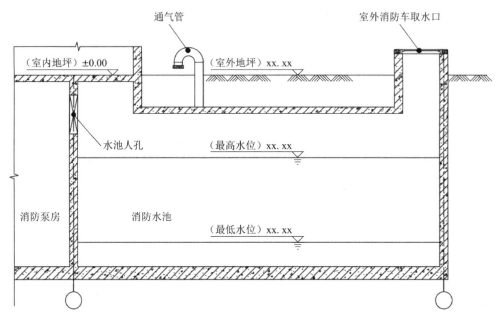

图 6.4-13 消防车取水口、人孔、通气管示意图

（1）消防水泵减压阀及流量测试装置防淹措施

当消防水泵从消防水池吸水时应回流至消防进水池；当消防水泵直接从市政管网取水或从高位水池取水时应排至室外（以各地的地铁及上海的项目为代表），同时严禁直接排放到泵房或面积较小的地下空间设备防火分区。

依据《消防给水及消火栓系统技术规范》GB 50974—2014（以下简称《水消规》）第 13.1.4 条，消防水泵调试应符合下列要求：消防水泵零流量时的压力不应超过设计工作压力的 140%；当出流量为设计工作流量的 150%时，其出口压力不应低于设计工作压力的 65%。依据《水消规》第 14.0.4 条第 5 款要求，每季度应对消防水泵的出流量和压力进行一次试验。测试管路见图 6.4-14。

依据《水消规》第 13.1.7 条，减压阀调试应符合下列要求：①减压阀的阀前阀后动静压力应满足设计要求；②减压阀的出流量应满足设计要求，当出流量为设计流量的 150%时，阀后动压不应小于额定设计工作压力的 65%；③减压阀在小流量、设计流量和设计流量的 150%时不应出现噪声明显增加；④测试减压阀的阀后动静压差应符合设计要求。依据《水消规》第 14.0.5 条第 2 款要求，每年应对减压阀的流量和压力进行一次试验。测试管路见图 6.4-14。

以普通地下车库喷淋泵 40L/s 为例，水泵测试流量及减压阀测试流量均高达 60L/s，而消防泵房一般是参照《水消规》图示按 10L/s 设计，这多出的 50L/s 的流量很快就能淹没泵房。

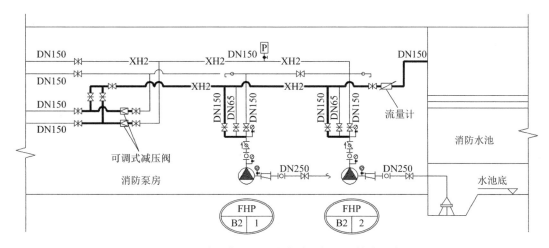

图 6.4-14　消防水泵及泵房内减压阀测试管路示意图

（2）泄压阀防淹措施

泄压阀管径普遍过大，且消防泵房泄压阀整定压力过低，万一火灾时可能出现泄压阀不能回座，不仅消防失效还可能造成整个消防泵房乃至与之相连的地下空间都被淹没；尤其是当消防泵直接从市政管网取水或从高位水池取水时，泄压阀整定压力按最不利泵前水压计算，但实际存在泵前水压远高于计算所取最不利压力，造成消防泵刚启动就大量泄水。

以苏州某地铁项目换乘站喷淋系统为例，按最不利室外消防管网（DN300）最小动压0.1MPa，计算消防泵扬程为 0.45MPa，泄压阀整定压力为 0.55MPa，当火灾初期用水量小时，仅 1~2 只喷头工作，泵前压力在 0.3MPa 以上，喷淋泵即使流量达到150%，扬程仍高于 0.3MPa，泄压阀前压力为 0.6MPa，都高于整定压力。当高于 45L/s 的泄水流量全部排至泵房，而泵房的排水设计能力只有 25m³/h，仅需 5min，泵房积水就达到近 10m³，很快被淹没。

因此，对于消防给水系统不建议设置减压阀，若扬程过大必须设置时，整定压力不能过低，最小整定压力不应小于水泵扬程的 1.2 倍；同时也不能设置过大。试验证明，只要泄压流量能够达到消防泵额定流量的 1/5~1/3，就足够让水泵回到额定流量。美国规范NFPA20 提供的消防泵泄压阀管径简化后整理见表 6.4-2。

消防泵泄压阀管径　　　　　　　　　　　　　　表 6.4-2

水泵流量（L/s）	10~18	19~25	26~45	46~80	81~185	186~315
泄压阀管径（mm）	50	65	75	100	150	200

（3）其他注意事项

消防泵房应按规范要求设置门槛防外水，但门槛高度不能太大，否则无法利用大面积地下室来承担蓄水功能，也可避免泵房无限高度淹水；确实需要很高时，应确保电动机、所有电气设施高于门槛面 300mm 以上。同时，消防水池的溢流水位报警设施是必不可少的。

①进水管浮球阀失效是常见问题，也是造成消防泵房被淹的主要原因之一，所以虽然规定消防水池进水管管径不应小于DN100，仍应尽量将管径控制在DN100。假如某项目市政给水压力为 0.2MPa，地下室深 10m，进水处压力约为 0.3MPa，则浮球阀失效后的流量约为 160m³/h，排水泵的水量显然远远不够。若消防泵房门槛设置过高，且未被及时发现，泵房被淹没几乎是必然的。虽然做好了溢流水位的报警，但由于报警的滞后性，水池溢流排水造成损失的项目屡见不鲜。此外，水池液位浮球阀若疏于检查更新，可能关闭不严导致水池发生溢流，对泵房的设备形成威胁。因此，建议将溢流管道引至泵房外车库排水沟上方，这样容易被人发现，即使较长时间未被发现而溢流量很大时，也不会损害泵房设备导致严重的后果。

②消防泵后止回阀失效，或屋顶水箱和消防水池之间高差小，都容易造成消防泵后止回阀压差小，不能止回，水箱储水倒流进泵房，加上消防高位水箱采用大管径补水管，源源不断的补水流入水池，导致水池产生溢流，淹没泵房或地下室。例如某地下建筑，设于地面（与楼梯间毗邻）的高位水箱满足地下室消火栓 7m 静压，不设稳压泵，但地下 1 层消防水池最高水位时与高位水箱最高水位高差只有 3m，造成消防泵后止回阀压差小，不能止回。

6.4.5 其他易忽略部位防淹措施

（1）地下空间结构变形缝漏水是非常客观的，虽然没有造成地下空间淹没的重大事故，但对地下空间使用的影响较大，几乎成了每个地下空间的通病。结合以往地下空间的设计经验，除了采用传统的防水设施外，在变形缝边加设暗沟，顶部加设引水槽，通过管道主动将渗水引导到集水坑，可有效解决结构变形缝的漏水问题。如图 6.4-15 所示。

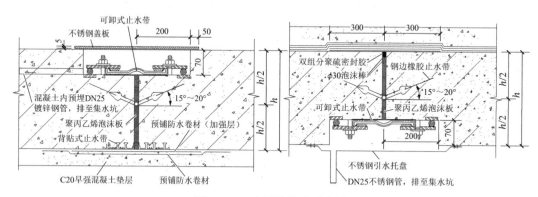

图 6.4-15 变形缝构造示意图

（2）采用市政管网直接供水时，由于市政管水压在一定范围内波动，可能造成屋顶水箱止回阀前后压差小，市政水从止回阀流入水箱，再通过溢流管溢流淹没水箱间，若水箱间直接开门向楼梯间还将进一步加大淹水损失。例如某地铁物业开发项目，非消防时市政水压为 0.2~0.3MPa，屋顶标高 15.00m，水箱最高水位标高高于室外约 17.30m，市政管通过 DN300 室外消防环网接消火栓泵、喷淋泵，再接水箱出水管，如图 6.4-16 所示。

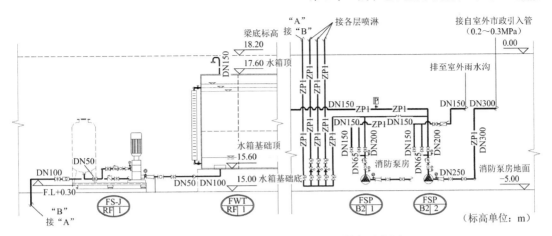

图 6.4-16　某地铁物业开发项目消防供水示意图

消火栓系统设置稳压泵，不会产生系统压力接近泵前压力的情况，但喷淋系统（仅地下室设置）没有稳压泵，喷淋管网系统侧水压就是屋顶水箱最高水位，可能在某些时段略低于泵前水压，导致水箱出水管止回阀失效，市政水源源不断地流进水箱并溢流，淹没水箱间和楼梯间。为了避免类似情况，笔者建议所有系统均应设置稳压装置。

（3）严寒地区，顶水箱间应设置独立溢流排水管，否则直接将排水排至屋顶，冬季结冰将堵塞屋顶所有排水设施，万一在冬季溢流，将造成溢流水无处可排，淹没水箱间和楼梯间。

（4）裙楼屋面变形缝，宜高于地面，当不允许高出地面时，建议在变形缝两侧设置排水沟，并加大排水系统排水能力，保证两侧排水沟不积水，避免暴雨时大量雨水从漏损变形缝进入建筑内部，最终流入地下室。

（5）所有进出地下室顶板、外墙的管线，均应做好防水封堵，避免室外雨水从管线缝隙进入地下室；所有预留洞口、钢套管，均应封堵。

（6）即使设置了机械提升排水，也不能保证万无一失，仍存在止回阀失效时产生倒灌的风险。而排水止回阀由于水质不佳，经常有杂物卡住，且止回阀前后压差小，阀瓣可能不闭合，都可能造成止回阀失效。所以在排水管接至室外时设置"鹅颈弯"防止压力管道倒灌是非常好的一种措施，如图 6.4-17 所示。

（7）排水管道破损产生的倒灌也经常发生，原因是排水管基本采用 UPVC 管，这种管材较脆，立管底板经常被重物砸坏，或者老化后管道破损造成地下室进水。若仅仅是建筑内排水也淹没不了地下室；能淹没地下室的，往往是排水管破损同时室外排水管堵塞或地面积水，产生倒灌，或者是地面雨水沟通过地下室悬吊排水管排水，管道破裂造成雨水沟的水全进入地下室。因此上部建筑内建议采用焊接钢管，若必须采用塑料管道时至少立管底部弯头处采用金属管，减少破损可能。

（8）所有低于室外地坪的部位都不能采用重力方式排水，包括雨水和污水。虽然《建筑给水排水设计标准》GB 50015—2019 中仅对污水有相关条文规定，实际设计中应包含雨水。

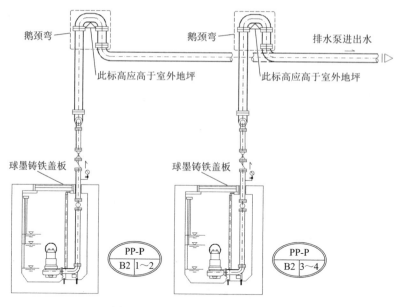

图 6.4-17　"鹅颈弯"做法示意图

6.5　超高重现期雨水防灾技术

6.5.1　行泄通道

地下空间行泄通道是指以人身安全、经济价值等评估出的超出设计水位的预设的泄流通道。

所有的设计都是有限度的，应急预案中必须有行泄通道，以使雨洪有组织地过境，并给予有效的调蓄空间，对于先淹哪里后淹哪里，要有详细的措施。地下空间按使用及受雨水侵蚀所带来的后果的严重性一般可分为以下几个功能区：第一个功能区是商业部分，其装修代价大，商户众多，一旦受灾经济代价及民生代价都很大；第二个功能区是设备用房，集中了变配电室、空调制冷机房、水泵房等，是整栋建筑的设备核心；第三个功能区通常是车库。因此，设计原则是在满足各个功能区域排水设计规范的同时，适当加大第一、第二功能区的排水量，同时将第一、第二功能区的风险向第三功能区转移的行泄通道规划。

6.5.2　监控系统

（1）建立城市雨洪监控系统

为了更好地预防和减轻城市内涝灾害，在城市层面要建立一套完备的雨洪监控系统。雨洪监控系统通过实时监测和数据分析，可以提供准确的雨洪预警信息，为城市防洪救灾工作提供关键支持。

首先，雨洪监控系统通过实时监测天气变化和雨量情况，并根据不同的降雨量设定相应的预警指标，一旦达到预警值便立即发出警报，提醒相关部门采取措施，减少损失。

其次，雨洪监控系统通过实时地图展示、多维度数据分析和追溯功能，便于城市规划和管理部门更好地掌握城市雨洪情况，为城市规划和基础设施建设提供科学依据。这将有助于提高城市的抗洪能力，降低城市内涝灾害发生频率，保障城市居民的生命和财产安全。

最后，雨洪监控系统还能通过大数据分析对城市的雨洪情况进行长期跟踪监测，为城市防洪规划提供数据支持。这将有助于城市管理部门更好地了解城市雨洪状况的变化趋势，针对性地进行防洪管理和投入。

（2）建立地下空间水位预警系统

地下空间防淹体系需要设置各类水位预警系统，预警系统应与城市雨洪管理系统实现信息互通。通过在地下空间布设水位监测设备，可实时监测地下水位的变化情况，一旦监测到地下水位超过安全范围，能够及时触发预警系统，通知相关部门采取措施，防止淹水事故发生。

（3）建立地下空间水灾应急疏散指示及广播系统

地下空间作为一个相对封闭的地下三维空间体，其整体体量与形态的可视性相对较弱，往往难以完整体现建筑的布局与空间组织结构，容易使人失去对空间的印象和方向感。因此，在地下空间应设置完善的水灾应急疏散指示及广播系统，帮助受灾人员尽快疏散至安全地带。

6.6　应用实例——苏州狮山广场轨道交通一体化地下空间

1. 工程概况

苏州狮山广场轨道交通一体化地下空间位于狮山广场，狮山广场北至金山路、东至长江路、南至湿地、西至狮山山顶，含狮山东侧山体及狮山人工湖，总用地面积近 50 万 m^2，其中广场面积约 25 万 m^2，湖面面积约 11 万 m^2，山体面积约 13 万 m^2。地下、地上一体化开发，整个地下空间将地铁 1 号线、3 号线及科技馆、艺术剧院、博物馆和新天地四个单体建筑串联成一个有机的整体，总建筑面积近 41 万 m^2。如图 6.6-1 所示。

图 6.6-1　狮山广场全景

苏州地处温带，四季分明，气候温和，雨水充沛，属于亚热带季风气候，年均气温为15.7℃。据 1956—2016 年的资料分析，常年年平均降水量为 1094mm，近 10 年年平均降水量为 1215mm，一年中以 6 月份降水量及降水日为最多，12 月份降水量较少。

2. 调蓄容积计算

（1）水量平衡

对于一个工程来说，要对雨水进行全面管理，水量平衡计算是基础，既是调蓄容积判断的基础，也是判断调蓄是否安全的重要数据支撑。本工程的主要调蓄设施是景观湖，计算目的是得出平时景观湖的水位从而了解其应急调蓄能力。

景观湖的雨水来源主要由三部分组成：景观湖自身的雨水、山体汇入的雨水和狮山广场汇入的雨水。本工程山体全部植被覆盖，径流雨水可以直接排入景观湖，所以仅考虑狮山广场汇水面积约 25 万 m²，硬化道路及屋面面积约 7.5 万 m²；综合雨量径流系数为 0.50。

（2）初期雨水弃流量调蓄

本项目适当加大初期径流控制量，选取 18mm，则初期雨水弃流容积 $W_q = 10 \times 7.5 \times 18 = 1350m^3$。南北各设置一座调蓄池，容积分别为 1000m³ 和 500m³。

（3）海绵城市年径流总量控制调蓄

本工程为苏州海绵城市示范区，要求年径流总量控制率不小于 75%，但本工程有个得天独厚的自然条件，那就是有个面积非常大的景观湖面，因此提高标准，年径流总量控制率调整为不小于 90%，对应的降雨量为 39.93mm，调蓄量由景观湖体和径流污染控制调蓄池承担。

经计算，年径流总量控制调蓄容积 $W_m = 0.50 \times 39.93 \times 250000/1000 = 4991m^3$，湖体面积为 12.8 万 m²，仅使水面提升 35mm，而景观湖体调节高度为 800mm，远大于雨水利用调蓄所需要的容积。

根据雨水平衡计算可知，湖体全年最高水位为 2.885m，对于标高为 3.50m 的水岸来说完全没有影响。

整个景观湖就是雨水利用的调蓄设施，绿化浇灌、道路冲洗等回用雨水采用湖边设置预制加压泵站抽取湖水。

（4）"零"外排雨水分析及调蓄

在不考虑外排的情况下，景观湖的正常水位为 2.70m，最高水位为 2.885m，而水岸高度为 3.50m，湖面面积为 115029m²，调蓄能力极大，约为 70700m³。

按 100 年一遇暴雨 1h 降雨历时的暴雨强度 [苏州暴雨强度计算式：$q = 3306.63 \times (1 + 0.8201 \lg P)/(t + 18.99)^{0.7735}$]，降雨理论计算值为 107.1mm，苏州有气象记录以来的最大小时暴雨量为 106.8mm，二者基本吻合。按狮山广场汇入湖体水量为 13350m³，湖体降雨量为 12285m³，山体东侧汇入湖体水量为 3429m³，合计水量为 29064m³；湖面瞬时水位升高 0.252m，若在正常水位时汇入则湖面高度为 2.952m，若在湖水最高位时汇入则湖面高度为 3.137m，对于标高为 3.50m 的水岸来说也完全没有影响。

苏州有气象记录以来的 24h 最大暴雨量为 296.5mm，极端情况下不考虑外排的话，三处排入湖体的水量为 80565m³，略高于湖体调节容积 70700m³；湖面瞬时水位升高 0.699m，若在正常水位时汇入则湖面高度为 3.399m，若在湖水最高位时汇入则湖面高度为 3.584m，广场内建筑入口标高均为 4.20m，即使极端情况下不外排雨水也对建筑物不造成影响，满足"暴雨不进屋"的防涝要求。

综上，在综合考虑各种不利状况下，可以不采用市政外排的雨水排放方式，弃流雨水排放至雨水收集池（1500m³），其他雨水或防涝时可采用直接溢流至狮山湖的方式。

3. 防淹标准的选取

选取本项目地下空间的下沉广场入口进行具体分析。地面设置 0.45m 高三级踏步，并在出入口口部设置 0.55m 高的防淹挡板。最终选用的挡水标高如图 6.6-2 所示。

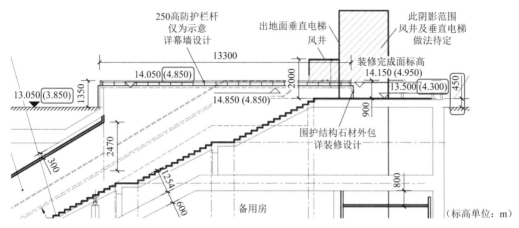

图 6.6-2　挡水标高示意图

（1）场地标高（规划标高）

根据前文"苏州市各区域地下空间竖向控制标高"的规定（参见表 6.4-1），本工程范围竖向标高要控制在吴淞高程 5.0～5.3m（即 85 高程 3.07～3.37m）。结合场地现状，本工程室外标高为 3.85m（85 高程），完全满足区域防涝要求。

（2）设防水位

苏州地区原标准是 H（85 高程）+1.882＝吴淞高程，换算结果为 5.000－1.882＝3.118m（85 高程）；基准点沉降修测后调整为 H（85 高程）+1.926＝吴淞高程，换算结果为 5.000－1.926＝3.074m。因此，本工程所处区域防洪设计标准为 3.074m（85 高程）。

（3）防淹设计基准标高

防淹设计基准标高取设防水位、现状标高、规划标高三者中的最大值，即 3.85m。

（4）防淹标高

防淹标高＝防淹设计基准标高＋不小于 1.0m 的安全余量＝3.85＋1.0＝4.85m。

（5）入户标高

入户标高＝防淹设计基准标高＋(0.30～0.45)m 高的台阶或平台＝3.85＋(0.30～0.45)＝4.15～4.30m。本工程选取 4.30m 标高。

（6）入口处设置插入式防淹挡板

具体做法见 6.4.3 节。

第 7 章

城市地下空间通风与空调技术

城市地下空间
关键技术集成应用

7.1 城市地下空间环境特点

7.1.1 影响城市地下空间舒适性的主要因素

当前，我国正处在城市化发展时期，城市的加速发展迫使人们对城市地下空间的开发利用步伐加快，今后 20 年乃至更长的时间，将是中国城市地下空间开发建设和利用的高峰期。城市化进程的加快导致城市的数量增加，规模扩大，由此产生的"城市综合征"也越来越严重，人口、资源、环境等危机凸显。在此背景下，城市地下空间资源逐渐被重视，有效地开发地下空间已成为全球性发展趋势。事实证明，城市地下空间在交通系统、市政设施、物资贮藏、防空防灾、金融商业等多方面都发挥了很大的作用。但同时，在开发利用过程中所产生的生理、心理环境问题也逐渐显现出来，并越来越受到人们的关注。

尽管地下空间具有恒温性、恒湿性、隐蔽性、隔热性等特点，但相对于地上空间，地下空间的开发和利用一般周期比较长、建设成本比较高、建成后其改造或改建的可能性比较小，因此对地下空间的开发利用在多方论证、谨慎决策的同时，必须要有完整的技术理论体系给予支持。

不同于地面环境，地下空间环境是没有通风、采光等自然气象条件的人工环境。因此地下空间环境的设计是涉及多学科的系统工程，应立足于人性化角度，充分考虑影响城市地下空间环境的各种因素，处理好适宜的物理环境，并尽可能缩小与地上环境的差异，以满足人们生理和心理的需求，创造安全、健康、舒适的地下空间环境。影响城市地下空间舒适性的主要因素如下。

（1）空气环境

人体通过呼吸和皮肤来感知一个空间的空气环境，并对其产生一定的心理和生理反应。地下空间无法像地上空间那样通过门窗进行通风换气，因而空气中的细菌、粉尘等有害物质会很多，空气污染也会很严重。这些均会对人体的心理和生理造成负面影响。

（2）热湿环境

由于外界气温变化对其影响幅度不大，加之地下建筑本身散热较少，容易形成较高的温湿度环境，相对湿度一般在 75% 以上。湿度过大会使人体散热困难、闷热不适、血管扩张，同时导致霉菌增多，引发过敏性和非过敏性疾病，对人体健康产生负面影响。霉菌增长还会导致建筑物表面的腐蚀和破坏，影响设备正常使用。由于位于地下，空间冷热负荷（可以理解为向地下空间提供冷和热所需要消耗的能量）除了受空间内部热源（设备、照明、人员、机动车等）影响外，同时受地下空间外部岩土体的影响。一方面，尽管地下岩土体通常在一年四季中温度比较稳定，当地下空间长期产生的热量不能被及时带出至室外时，地下岩土体会存在温升和热堆积的问题，并反过来影响地下空间的热环境。另一方面，地下岩土体通常会向地下空间散发大量水分，从而提高了地下空间空气的相对湿度和湿负荷（即消除潮湿所需的能耗）。因此，研究和控制地下空间的温湿度是十分必要和重要的。

（3）光环境

光环境对人的精神状态和心理感受会产生重要影响。在自然光不能完全到达的地下空间，人工照明是必不可少的，这就要求有合理的设计标准和照明设备。在人工照明的同时尽可能将自然光引入地下，这不但能实现地上地下光环境的自然流通，节约采光能耗，同时能增加空间的开敞感，在视觉心理上减少人们对地下空间的心理障碍。

（4）地下色彩及景观环境

地下空间往往给人阴冷和狭小的感觉，这是因为地下空间环境比较单调，不像地面环境那么丰富多彩、气氛热烈。在设计中要改善这一状况，就要尽量避免灰暗色调的使用，多采用暖色调，使整个氛围感觉起来比较温暖、安全。例如大都市地铁站内常采用的地铁通道与商业街结合的做法，色彩缤纷的海报、广告，灯光明亮的商业店铺，既增加了整条街道的艺术性和生动性，又提高了空间质感及功能性。

在地下空间中进行景观环境设计，要兼顾美学和生态性，可以最大限度地将地上自然因素引入地下，利用植物、山石水体等要素，塑造亲和自然的室内景观。地下商业街可以设计主题不同的广场作为标志，提高地下空间的艺术性和可识别性。

7.1.2　城市地下空间典型污染物

1. 气态无机污染物

气态无机污染物主要指以一氧化碳（CO）、氮氧化物（NO_x，环境科学领域中 NO_x 专指 NO 和 NO_2 的总称）、二氧化硫（SO_2）以及二氧化碳（CO_2）等为代表的污染物。下面具体介绍这几种污染物的危害及其在地下空间中的主要来源。

（1）CO

CO 是一种无色、无臭、无味、无刺激性的有毒气体，通常产生于天然气、石油、煤炭、木材、煤油等燃料的不完全燃烧过程中。CO 之所以对人体健康有害，是因为其与血液中的血红蛋白（Hemoglobin, Hb）结合生成羧络（碳氧）血红蛋白（Carbodyhemoglobin, COHb），其结合力是氧气（O_2）与血红蛋白结合生成氧合血红蛋白（Odyhemoglobin, O_2Hb）结合力的 210 倍左右，即血红蛋白对 CO 的亲和力大约为对氧气的亲和力的 210 倍，也就是说要使血红蛋白饱和所需的 CO 的分压力仅为与氧饱和所需的氧气的分压力的 $1/250\sim1/200$。

COHb 的主要作用是降低血液的载氧能力，次要作用是阻碍其余血红蛋白释放所载的氧，并进一步降低血液的输氧能力。一旦人体血液输氧能力下降，将使人产生头痛、头晕、恶心、呕吐、昏厥等症状甚至死亡。COHb 的形成受诸多因素的影响，如环境 CO 浓度、人体暴露时间、活动量（导致呼吸量的不同）、人体自身健康状况及新陈代谢程度等。不同浓度 CO 对人体健康的影响见表 7.1-1。

不同浓度 CO 对人体健康的影响　　　　表 7.1-1

CO 浓度（ppm）	对人体健康的影响
5～10	对呼吸道患者有影响
30	滞留 8h，视力及神经机能出现障碍，血液中 COHb 含量为 5%
40	滞留 8h，出现气喘
120	接触 1h，中毒，血液中 COHb 含量大于 10%

续表

CO 浓度（ppm）	对人体健康的影响
250	接触 2h，头疼，血液中 COHb 含量为 40%
500	接触 2h，剧烈心痛、眼花、虚脱
3000	接触 30min 即死亡

表 7.1-1 中 ppm（parts per million）为体积比浓度单位，表示一百万体积的空气中所含污染物的体积数。ppm 与质量浓度单位 mg/m^3 之间的换算关系为：

$$1mg/m^3 = \frac{273pM}{22.4(273+T)p_0}ppm \tag{7.1-1}$$

式中　p——大气压力（Pa）；

　　　M——气体的分子量；

　　　T——温度（℃）；

　　　p_0——标准大气压，取 101325Pa。

（2）NO_x

NO 是一种无色、无味的有毒气体，和 CO 一样是一种血液性毒物，具有与血红蛋白的强结合力。在无氧条件下，NO 对血红蛋白（Hb）的亲和力是 CO 的 1400 倍，但当有氧或与 NO_2 共存时，情况有所不同。NO_2 是一种红棕色、刺激性的有毒气体，其毒性主要表现在对眼睛的刺激和对人体呼吸机能的影响。NO_2 气体进入人体呼吸道，会引发支气管扩张症，甚至造成中毒性肺炎和肺水肿，损坏心、肝、肾的功能和造血组织，严重时可导致死亡。NO_2 的毒性比 NO 强 5 倍，对人体的危害与暴露接触的程度有关。不同浓度 NO_2 对人体健康的影响见表 7.1-2。

除了危害人体健康，NO_x 还是造成光化学烟雾的重要原因。碳氢化合物（Hydrocarbon，HC）和 NO_x 在强烈的阳光照射下会生成臭氧（O_3）和过氧酰基硝酸盐（PAN），即浅蓝色的光化学烟雾，它是一种强刺激性有害气体的二次污染物，对人体的危害要比原始污染物大百倍，会造成眼睛和咽喉疼痛、咳喘、恶寒、呼吸困难以及麻木痉挛、意识丧失等。1943 年发生在美国洛杉矶与 1970 年发生在日本千叶和东京的公害事件就是典型的案例。

不同浓度 NO_2 对人体健康的影响　　　　　表 7.1-2

NO_2 浓度（$\mu g \cdot m^3$）	接触时间（min）	对人体健康的影响
140	5～25	吸入后暗适应能力降低（最低暗适应浓度）
200		吸入后立即能嗅出气味（嗅觉阈值）
740		接触后立即明显嗅出气味
1300	10	气道阻力开始增大
3800	10	气道阻力明显增大
7500～9400	10	随呼吸系统阻力增大，肺的顺应性下降
9400	15	动脉氧分压及肺对 CO 扩散力显著下降

续表

NO$_2$浓度（μg·m³）	接触时间（min）	对人体健康的影响
9400	120	在间断性轻微活动下，气道阻力显著增加，肺泡和动脉氧分压下降
47000～140000	≤60	引起支气管炎和支气管肺炎，可完全恢复
470～940	长期	
94000～188000		引起可逆性细支气管炎和局灶性肺炎
188000	60	引起致命的肺水肿或窒息，直到死亡
796000	5	

NO 可能在空气中被氧化成 NO$_2$，见式(7.1-2)：

$$2NO + O_2 \longrightarrow 2NO_2 \tag{7.1-2}$$

式(7.1-2)的反应速率在很大程度上取决于 NO 的浓度，例如，当 NO 浓度从 5ppm 降到 1ppm，同样达到 10%的氧化率所需的时间从 1.5h 增加到 8h，所以 NO 在空气中可以稳定较长时间。通常 NO 在大气中经过 4～6d 即转化为 NO$_2$，NO$_2$ 的平均寿命约为 3d。

（3）SO$_2$

SO$_2$ 是一种无色透明气体，有刺激性臭味。在大气中 SO$_2$ 会氧化成硫酸雾或硫酸盐气溶胶，是环境酸化的重要前驱物。如空气中 SO$_2$ 浓度在 0.5ppm 以上时，对人体已有潜在影响；浓度为 1～3ppm 时，多数人开始感受到刺激；浓度为 400～500ppm 时，人会出现溃疡和肺水肿，直至窒息死亡。SO$_2$ 与大气中的烟尘有协同作用，当大气中 SO$_2$ 浓度约为 0.2ppm，烟尘浓度大于 0.3mg/L 时，可使呼吸道疾病发病率增高，慢性病患者的病情迅速恶化。如伦敦烟雾事件、马斯河谷烟雾事件和多诺拉烟雾事件等，都是这种协同作用造成的危害。

除了室外源之外，机动车排放的尾气中通常含有 CO、NO$_x$、SO$_2$ 等污染物。因此，若处置不当，地下车库、地下隧道（包括地下交通联络通道）等环境中的气态无机污染物含量可能会较高，从而危害人体健康。

（4）CO$_2$

与 CO、NO$_x$、SO$_2$ 等污染物相比，CO$_2$ 是一种比较特殊的空气污染物。除了大气背景 CO$_2$ 源及室内燃烧过程（如煤气燃烧、吸烟等行为）外，建筑室内 CO$_2$ 的产生源主要为人体新陈代谢，即呼气中的 CO$_2$。人体呼气中 CO$_2$ 浓度为室外 CO$_2$ 浓度的百倍以上，为 40000～55000ppm。即便人体呼气率仅为 0.0052L/s，室内（包括地下空间中的）CO$_2$ 浓度仍易受到呼气的影响。由于全球气候变化，2008 年全球平均大气 CO$_2$ 浓度相比前工业社会已增加约 38%以上，达到 385ppm。2018 年 4 月，夏威夷 Mauna Loa 监测台记录的 CO$_2$ 浓度达到 410ppm。然而，近年来研究表明，即便室内 CO$_2$ 浓度达到 3000ppm，CO$_2$ 对可接受的室内空气品质、急性健康症状以及人体认知表现等的影响仍基本可忽略。由于 CO$_2$ 浓度通常与其他人体呼出的污染物（包括呼气、体味等）显著关联，由此说明 CO$_2$ 并非是室内污染物，但可作为判断室内人体呼出物的室内空气品质指示剂。

2. 气态有机污染物

气态有机污染物主要指挥发性有机化合物（Volatile Organic Compounds，VOCs）。按照世界卫生组织（World Health Organization，WHO）的定义，VOCs 是沸点在 50～260℃的有机化合物，在常温下以蒸气形式存在于空气中。通常也把熔点低于室温而沸点在 50～260℃之间的所有挥发性有机化合物总称为总挥发性有机化合物（Total Volatile Organic Compounds，TVOC）。按其化学结构的不同，VOCs 可以进一步分为烷类、芳烃类、烯类、卤烃类、酯类、醛类、酮类和其他等。典型的 VOCs 有甲醛、苯、甲苯等。现代流行病学和医学研究证实，VOCs 对人体的危害明显，当室内 VOCs 超过一定浓度时，在短时间内人们会感到头痛、恶心、呕吐、四肢乏力，严重时会抽搐、昏迷、记忆力减退，人的肝脏、肾脏、大脑和神经系统也可能因暴露在一定浓度的 VOCs 中而受到损伤。一般来说，燃料燃烧、工业废气、汽车尾气、光化学污染等是室外主要的 VOCs 散发源。

室内空气中，除了人自身呼出和散发，以及由室外进入室内的 VOCs 外，室内主要的 VOCs 散发源是建筑装饰装修材料，以及烹饪、吸烟等燃烧过程。一方面，湿式建材（涂料、油漆等）散发 VOCs 的过程通常包含蒸发和传质两个过程。对于新装修建筑而言，湿式建材 VOCs 的散发量（单种 VOC 的峰值可达 10^2～10^3mg/m³）往往占据主导，但湿式建材 VOCs 的散发持续时间一般仅为几个星期至几个月。另一方面，干式建材（天然板材，或密度板、刨花板等人造板材）的散发量（单种 VOC 的峰值达 10^2～10^3µg/m³）通常小于湿式建材，但其散发持续时间可达几个月甚至几年，且其散发周期内的后 90% 的时间可认为处于准稳态散发阶段。在地下建筑中，地下商场的 VOCs 浓度比较高，特别是在地下建材市场、地下餐厅等这类地下空间中。

3. 颗粒物

颗粒物主要指 $PM_{2.5}$（运动学直径不超过 2.5µm 的细微颗粒物）和 PM_{10}（运动学直径不超过 10µm 的可吸入污染物）。颗粒物包含各种固态和液态颗粒状物质，可分为无机物、有机物和有生命物质等类型。颗粒物的成分通常很复杂，主要取决于其来源（自然源和人为源，后者危害较大）。颗粒物又可分为一次颗粒物和二次颗粒物两类。一次颗粒物是指由天然污染源和人为污染源释放到空气中直接造成污染的颗粒物，如土壤粒子、海盐粒子、燃烧烟尘等。二次颗粒物是指由空气中某些污染气体组分（如 SO_2、NO_x、HC 等）之间，或这些组分与空气中其他组分（如 O_2、O_3 等）之间通过光化学氧化反应、催化氧化反应或其他化学反应转化生成的颗粒物，如 SO_2 转化生成硫酸盐等。$PM_{2.5}$ 与 PM_{10} 等颗粒物由于可被人体吸入，对人体健康存在显著影响，长期接触空气中的污染颗粒物会增加患肺癌等疾病的风险。

室内空间中颗粒物的来源主要分为两类：（1）室外源，即通过建筑围护结构渗透入室内，或通过自然通风、机械通风等方式传播至室内；（2）室内源，即通过室内各类燃烧过程（烹饪、吸烟、点煤油灯、木材燃烧等）产生。同时，燃烧过程中产生的颗粒物大多属于亚微米颗粒（Submicrometer Particles）。此外，二次气溶胶（Secondary Organic Aerosol，SOA）也是室内（二次）颗粒物的来源之一，而室内化学反应，如 O_3 引发的各类反应通常是形成 SOA 的主要途径。需要指出的是，颗粒物沉降以及通过围护结构逸散至室外也可认为是颗粒物的汇聚效应，其中沉降后的颗粒物仍有可能通过人员行走等行为引起二次悬浮（以粗颗粒为主）。

在地下车库、地下隧道（包括地下交通联络通道）等环境中，由于发动机燃烧燃料，机动车尾气中含有大量颗粒物，因而，这类地下空间中通常存在大量颗粒物散发源，从而产生颗粒物污染。值得一提的是，对于隧道，机动车尾气中颗粒物和其他污染物的散发还会造成有限空间内能见度的降低，进而造成交通安全隐患。故在隧道设计时，通常把能见度也作为一项重要指标。

4. 放射性污染物

放射性污染物主要指以氡气为代表的放射性气体。各类地下空间由于建于地下，普遍易受放射性污染物（如氡气等）的危害。氡的发现可追溯到 100 多年前。1899 年，欧文斯和卢瑟福在研究钍的放射性时发现了氡，当时称为钍射气，即 220Rn。

氡气是一种无色无味的气体，是氡的单质形态，通常难以与其他物质发生化学反应，主要以氡（220Rn）的形式存在。氡很容易通过呼吸道进入人体。吸入体内的氡附着在支气管和肺泡上，经过衰变，会产生 α 粒子。这些粒子在呼吸系统中积累，会形成很强的放射源，使器官产生病变。氡已被世界卫生组织（WHO）列为 19 种主要致癌物质之一，是仅次于香烟引起人类肺癌的第二大元凶。

一般来说，建筑地基（土壤、岩石）和建材装饰装修材料（花岗石、砖砂、水泥及石膏等）的析出是地下空间氡气的主要来源。含放射性元素的天然石材极易释出氡。对于长期逗留在地下室、隧道和矿坑等环境中的人而言，暴露在氡气污染中存在很高的健康风险。氡气污染，可以认为是地下工程中最具代表性的共性污染物。

5. 微生物

微生物主要指细菌、病毒、真菌等小型生物群体。其中，空气微生物，即存在于空气中的微生物，是地下建筑中主要的空气污染物之一。空气微生物主要来源于土壤、水体表面、动植物、人体及生产活动、污水污物处理等。微生物组成不稳定，种类多样，许多空气中传播的微生物是人类疾病的病原体，人类疾病约有一半是由病毒引起的。

微生物有许多特征：①比表面积大。单个微生物体积很小，如一个典型的球菌，其体积约 1mm³，可是其比表面积却很大。这个特征也是赋予微生物其他特性（如代谢快等）的基础。②转化快。微生物通常具有极其高效的生物化学转化能力。据研究，乳糖菌在 1h 之内能够分解其自身重量 1000～10000 倍的乳糖，产朊假丝酵母菌的蛋白合成能力是大豆蛋白合成能力的 100 倍。③生长繁殖快。相比于大型动物，微生物具有极快的生长繁殖速度，大肠杆菌能够在 12.5～20min 内繁殖 1 次。按照这样的速度，1 个大肠杆菌在一天内可分裂成 4722366500 万亿个。当然，在实际环境中，由于条件的限制，如营养缺失、竞争加剧、生存环境恶化等原因，微生物无法完全达到这种指数级增长。

由于地下空间通常比较潮湿，容易滋生微生物，因此空气中微生物的数量等指标成为衡量地下空间中空气质量的重要标准之一。

我国现有与地下空间空气质量直接相关的标准是《人防工程平时使用环境卫生要求》GB/T 17216—2012,人防工程中除标准规定限值以外的卫生要求应符合《公共场所卫生指标及限值要求》GB 37488—2019 等的规定。同时,可参照《室内空气质量标准》GB/T 18883—2022、《室内氡及其子体控制要求》GB/T 16146—2015 等的规定。

国内相关规范中关于地下空间内主要污染物浓度限值的要求见表 7.1-3。

地下空间主要污染物浓度限值　　　　　　　　　　表 7.1-3

污染物	浓度限值	备注	依据
CO	$10mg/m^3$	—	《公共场所卫生指标及限值要求》GB 37488—2019
			《人防工程平时使用环境卫生要求》GB/T 17216—2012
CO_2	0.10%	有睡眠、休憩需求公共场所	《公共场所卫生指标及限值要求》GB 37488—2019
	0.15%	I 类人防工程	《公共场所卫生指标及限值要求》GB 37488—2019
			《人防工程平时使用环境卫生要求》GB/T 17216—2012
	0.20%	II 类人防工程	《人防工程平时使用环境卫生要求》GB/T 17216—2012
PM_{10}	$0.10mg/m^3$	—	《室内空气质量标准》GB/T 18883—2022
甲醛	$0.10mg/m^3$	—	《公共场所卫生指标及限值要求》GB 37488—2019
	$0.12mg/m^3$	—	《人防工程平时使用环境卫生要求》GB/T 17216—2012
微生物	$1500CFU/m^3$	有睡眠、休憩需求公共场所	《公共场所卫生指标及限值要求》GB 37488—2019
	$4000CFU/m^3$	其他场所	《公共场所卫生指标及限值要求》GB 37488—2019
氡	$100Bq/m^3$	新建	《室内氡及其子体控制要求》GB/T 16146—2015
	$300Bq/m^3$	已建	《室内氡及其子体控制要求》GB/T 16146—2015

注:CFU(Colony Forming Units)—菌落形成单位,指单位体积中的细菌群落总数。
　　Bq—放射性元素每秒有一个原子发生衰变时,其放射性活度即为 1Bq。

7.1.3　城市地下空间热湿负荷特性

地下空间与地上建筑在冷热负荷特性上有相似之处,都由围护结构、灯光照明、人体散热及散湿、新风负荷四个部分组成。但地下空间的四部分负荷特性又有其自身的特点。

首先,在负荷构成的比例上与地上建筑有所不同。地下空间位于地下土壤中,围护结构与土壤直接接触,没有太阳的直接辐射得热。由于土壤的蓄热特性,相对于空气而言,土壤的温度较为稳定,在夏季能保持相对稳定的低于地面空气的温度,在冬季能保持相对稳定的高于地面空气的温度。因此,地下空间围护结构所产生的负荷较小,占总负荷的比例也较小。同时,地下空间由于缺乏自然通风,且如为商业空间人员较多,因此所需的新风量较大,新风负荷在总负荷中所占的比重较高。图 7.1-1 为上海浦东某地下商场冷热负荷构成,其中围护结构占 4%,灯光照明占 15%,人体散热及散湿占 35%,而新风负荷可达 46%。

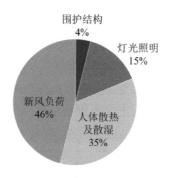

图 7.1-1   上海浦东某地下商场冷热负荷构成

其次，地下建筑热工特性通常可以用"冬暖夏凉"概括。与地面建筑相似，尽管受围护结构蓄热量的影响，地面建筑围护结构的冷热负荷随室外气温的变化而明显变化，地下建筑则不完全如此。一般来说，地温的变化受气温和埋深两方面的影响。一方面，浅埋地下建筑在地下 3~5m 范围内，夏季的初始温度较低，而且地下建筑全年均不计太阳辐射热，因此，地下建筑的围护结构冷热负荷均比地面建筑小。当地下建筑的覆盖层厚度为 6~7m 时，地表温度年周期性变化对地下建筑围护结构传热的影响可以忽略不计。另一方面，地温随着深度的增加而衰减，长期延迟，到达一定深度后则基本恒定。根据测定，地下 10m 深处的温度基本相当于该地区的全年平均气温，在大多数情况下会比全年平均气温高 1~2℃，且不受季节影响。

最后，潮湿是地下建筑的一个重要特征。由于地下建筑围护结构表面散湿，又不受太阳的照射，因此通常比地面建筑潮湿。特别在夏季，地下建筑内的温度比室外气温低，室外空气进入地下建筑后，温度下降，相对湿度升高，当壁面温度低于露点温度时，即出现凝结水，致使地下建筑夏季潮湿问题更为突出。地下空间的湿源主要包括：施工期间的施工水、裂隙水、壁面散湿、空气带入的水分、人员散湿等。值得一提的是，目前不少城市中以地面为主的商场也都普遍将餐饮区、超市区域设置在地下，因此，食物和烹饪过程也成了此类地下空间中的一个主要潮湿源。

综上所述，"防潮除湿"已成为地下建筑通风空调设计的关键环节。地下工程的防潮除湿主要是指从建筑结构和维护管理两方面防止工程外部潮湿空气的进入，控制内部湿源的水分散发，并通过通风空调方法设法降低内部空气的湿度。地下工程中采用的除湿技术主要有供暖通风除湿、冷却除湿、吸湿剂除湿和压缩除湿等。针对不同类型的地下空间，可以采用不同的除湿方式以达到降低相对湿度的目的。

7.2   城市地下空间通风与空调技术

7.2.1   通风技术

1. 设计原则

建筑通风是指将建筑物室内污浊的空气直接或净化后排至室外，再将新鲜的空气补充进室内，从而保持室内的空气环境符合卫生标准。其目的是：①保证排除室内污染物；

②保证室内人员的热舒适；③满足室内人员对新鲜空气的需要。建筑通风按通风形式一般分为自然通风和机械通风；按通风服务范围一般分为局部通风和全面通风。

局部通风应用于有害气体、蒸发或粉尘发散源集中的地方。如工业生产车间局部工艺有危害性气体、粉尘散发，为了不扩散至整个生产场所，可以采用局部排风罩（侧吸罩、伞形罩）以及槽边排风的措施将有害物就近抽吸排走，并通过物理或化学处理满足国家环境保护浓度限值标准后高空排放。医院、实验室通风柜，厨房操作区局部排油烟罩等均属于局部通风。

全面通风包括自然通风、机械通风或自然通风与机械通风相结合等多种方式。一般情况下设计应尽量采用自然通风，以达到节能、节省投资和避免噪声干扰的目的。当自然通风难以保证卫生要求时，可采用机械通风或机械通风与自然通风相结合的方式。地下空间工程一般采用全面通风。

自然通风是利用自然资源而不依靠通风设备来维持适宜的室内环境的一种方式。自然通风可以提供大量的室外新鲜空气，提高室内舒适程度，减少建筑物冷负荷。其工作原理主要是利用室内外温度差所造成的热压或室外风力所造成的风压来实现室内通风换气。自然通风具有许多优点。首先，相较于机械通风，自然通风不消耗能源，是一种可持续的通风方式。其次，自然通风可以减少噪声和振动污染。最后，自然通风有助于降低室内温度，减少能源消耗。在春秋季，相对容易实现 24h 通风。自然通风的不足之处在于，当室外风速大于 5m/s 时，或外界温度过高或过低以及室外相对湿度超过 80%时均不再适合采用，另外，对于一些特殊场合如实验室、恒温恒湿场所等，自然通风也无法采用。

自然通风有两种主要形式：穿堂风和中庭通风。穿堂风是利用室内外的风压，在建筑的迎风与背风面都开设窗口，形成空气流通的风道，实现空气交换。中庭通风则是利用高温空气与低温空气所形成的密度差进行空气流通的加强，实现建筑内部的空气循环。

2. 气流组织

全面通风的进、排风应使室内气流从有害物浓度较低的区域流向较高的区域，特别是应使气流将有害物从人员停留区带走。要求清洁的房间，当周围环境较差时，送风量应大于排风量，以保证房间相对正压。而对于产生有害气体的房间，为避免污染相邻房间，送风量应小于排风量，以保证房间相对负压，一般送风量可为排风量的 80%～90%。

采用全面通风消除余热、余湿或其他有害物时，应分别从室内温度最高、含湿量或有害物浓度最大的区域排出，且其风量分配应符合下列要求。

（1）当有害气体和蒸气的密度比空气小，或会形成稳定的上升气流时，宜从房间上部排出所需风量的2/3，从下部排出1/3；

（2）当有害气体和蒸气的密度比空气大，且不会形成稳定的上升气流时，宜从房间上部排出所需风量的1/3，从下部排出2/3。

从房间下部排出的风量（包括距地面 2m 以内的局部排风量），以及从房间上部排出的风量，至少应满足每小时一次的换气要求。

当排出含有爆炸危险的气体或蒸气时（如地下一层燃气热水或锅炉房事故通风），其风口上缘距顶棚应小于 0.4m，并应设置天然气浓度传感器，当达到 10%下限浓度时联锁事故风机运转进行事故通风，且风机应采用防爆风机。

通风系统室外进风口的底部距室外地坪不宜低于 2m。当布置在绿化带时，不宜低于 1m。进风口应设在排风口的上风侧。进风口与排风口设于同一高度时，水平距离应大于 20m；当水平距离小于 20m 时，进风口应比排风口至少低 6m。

3. 地下停车场通风

近年来，随着城市中的汽车保有量迅速增长，汽车存放与城市用地矛盾日益突出，地下停车场的建设随之兴起。地下停车场的通风是保证停车场正常运营的重要前提条件之一。地下停车场内汽车排放的污染物主要有一氧化碳（CO）、碳氢化合物（HC）、氮氧化合物（NO_x）、微粒物（PM）等有害物。根据《室内空气质量标准》GB/T 18883—2022，地下停车场的空气质量标准见表 7.2-1。汽车在地下停车场内的启动、加速过程均为怠速运转，在怠速状态下，CO、HC、NO_x 三种有害物散发量的比例大约为 7∶1.5∶0.2。由此可见，CO 是主要有害物，只要提供充足的新鲜空气将 CO 浓度稀释到标准范围以下，HC、NO_x 均能满足标准要求。

地下停车场空气质量标准

表 7.2-1

污染物	一氧化碳（CO）（mg/m³）	碳氢化合物（HC）（mg/m³）	氮氧化合物（NO_x）（mg/m³）	微粒物（PM）（mg/m³）
参数	10 1h 均值	0.61 1h 均值	0.24 1h 均值	0.10 日平均值

地下停车场的主要通风方式包括自然通风和机械通风。

（1）自然通风

由于地下停车场通风系统启动运行噪声较大，运行中又耗费大量电能，因此机械通风系统的使用频率并不高。在设计通风系统时，应尽量考虑自然通风措施，达到既节能又环保的目的。自然通风措施主要有利用热压作用下的自然通风和风压作用下的自然通风。① 热压作用下的自然通风：可设置自然通风竖井（当地下停车场上建有建筑物时，可考虑建筑附属风道竖井），与地下车库相连通，并开设洞口和装设电保温阀，控制开启风阀。室外空气从停车场门缝、通风井、采光井等进入地下车库通风竖井的洞口，并沿附属风道竖井向上流动，最后排出室外，通风强度与建筑高度和内外温差有关。② 风压作用下的自然通风：建筑在风压作用下，在具有正值风压的一侧进风，在负值风压一侧排风，其通风强度与正压侧和负压侧的开口面积及风力大小有关。

（2）机械通风

近年来，无风道诱导型通风系统在我国大部分城市的地下停车场、体育场等建筑中大量使用。无风道诱导型通风系统由送风风机和排风风机组成。其原理是由诱导风机喷嘴射出定向高速气流，诱导及搅拌周围大量空气流动，在无风管的条件下，带动地下车库内空气沿着预先设计的空气流线流至目标方向，即从送风机到排风机定向空气流动，达到通风换气的目的。因此，无风道诱导型通风系统能有效控制气流的方向，使建筑物内部的空气处于完全流动的状态，无气流停滞死角，将有害物充分稀释后由排风机排出室外，从而实现建筑内部全面通风换气，同时可通过灵活地控制射流风机的启停，来达到节能的效果。如图 7.2-1 所示。

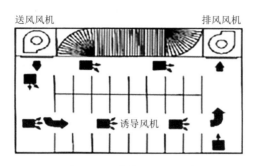

图 7.2-1　诱导通风原理图

关于地下停车场的气流组织，理论上，其下部排出 2/3 风量，上部排出 1/3 风量，排风口要均匀，并尽可能靠近汽车尾部设置，应使任何地方的烟雾都不能聚集不散。排风系统的总排风口应位于建筑物的最高处或远离主体的裙房顶部，以免形成二次污染，而送风系统的送风口宜设在主要通道上，送风速度不宜太大，防止送风与排风短路。

4. 地下商业通风

地下空间由于面积大、通风开口有限，一般仅靠自然形成的热压和风压很难保证室内的空气环境要求。因此，一般地下商业，尤其是大型地下综合商业，宜采用机械通风方式。由于商场中有大量人员活动，因而需要向室内供给大量的新风。不同场合，新风量的设计标准不同，对于地下商业等高密度人群的公共建筑，应按照每人所需最小新风量来计算，见表 7.2-2。

地下商业人均最小新风量标准　　　　　　　　　　　　　　　　表 7.2-2

地下空间	人员密度 P_f（人/m²）		
	$P_f \leqslant 0.4$	$0.4 < P_f \leqslant 1.0$	$P_f > 1.0$
商场、超市	19	16	15

注：本表参考《民用建筑供暖通风与空气调节设计规范》GB 50736—2012 取值。

7.2.2　空调技术

1. 地下空间空调负荷特点

地下空间空调负荷由人体负荷、照明负荷、新风负荷、建筑负荷、设备负荷等组成。其中占比例最大者一般为人体、照明和新风三项负荷。因此，要对地下空间的空气质量进行有效调节，就必须对空调通风设备的工作强度进行把控，这取决于地下空间的大小以及人员密度。由公共建筑节能相关标准可知，一般商店的人均使用面积为 3m²，高档商店为 4m²。对于地下商场，由于经营商品、城市地段、购买力等因素不同，人员密度的差别很大。因此，人员密度的确定应在拟建工程可行性研究中，根据充分的调查统计资料和发展趋势，通过分析计算得出。

地下商场人员密度可按下式计算：

$$m = \frac{A \times W \times t}{T \times F} \tag{7.2-1}$$

式中　m——人员密度（人/m²）；

　　　A——系数，取 0.5～0.7；

　　　W——峰值客流量（人/日），按当地相同规模商场实测值推算求得；

　　　t——顾客在商场逗留时间（h），大型商场为 0.6～0.9h，小型商场为 0.4～0.7h；

　　　T——日营业时间（h）；

　　　F——营业厅面积（m²）。

人员密度是确定热湿负荷及产尘、产菌、异味发生量的主要依据，关系到空调系统的规模和设备的容量。因此，对这个参数的确定应该认真、准确。

地下空间的空调负荷特点是热湿比较小，一般在 4159kJ/kg（995cal/kg）左右。又因为热湿比较小，空气处理一般采用减湿冷却后再进行二次加热的方式。

2. 地下空间空调方式及其运行调节

集中式全空气定风量空调方式是地下商场通风空调设计中采用最多的方法，通常采用一次回风系统。

1）一次回风系统夏季处理过程

如图 7.2-2 所示，室外空气状态为 W_x（hW_x，dW_x）的新风与来自空调房间状态为 N_x（hN_x，dN_x）的回风混合至状态 C_x（hC_x，dC_x），进入表冷段冷却去湿达到机器露点状态 L_x（hL_x，dL_x），然后经过再热器加热至所需的送风状态 Q_x（hQ_x，dQ_x）送入室内吸热、吸湿，当达到状态 N_x（hN_x，dN_x）后，部分排出室外，部分进入空气处理系统与室外新鲜空气混合，如此循环。整个处理过程可以表示为：

$$\left.\begin{array}{c} W_x \\ N_x \end{array}\right\} \xrightarrow{\text{混合}} C_x \xrightarrow{\text{冷却减湿}} L_x \xrightarrow{\text{等湿加热}} Q_x \xrightarrow{\text{吸收余热余湿}} N_x$$

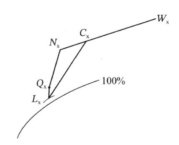

图 7.2-2　一次回风系统夏季处理过程

2）一次回风系统冬季处理过程

从节能角度看，冬季送风量应小于夏季，但目前工程上采用的大多数空调系统在冬、夏季使用同一风机送风，也就是说冬、夏季的风量相等。而空调系统的送风机是按满足夏季所需送风量确定的。如图 7.2-3 所示，冬季室外空气状态为 W_d（hW_d，dW_d）的新风与室内空气状态为N_d（hN_d，dN_d）的回风混合至状态C_d（hC_d，dC_d），进入加湿段绝热加湿到状态L_d（hL_d，dL_d），经再热器加热至送风状态Q_d（hQ_d，dQ_d）后送入室内。在室内放热放湿达到室内设计的空气状态N_d（hN_d，dN_d）后，部分被排出室外，部分进入空气处理系统与室外新风混合，如此循环。整个处理过程可以表示为：

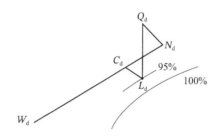

图 7.2-3　一次回风系统冬季处理过程

　　在我国长江以南地区，冬季室外空气温度和湿度均较高，如果按夏季规定的最小新风量来确定混合状态C_d，则C_d的焓值可能高于L_d的焓值，这时可用改变新风和回风混合比加大新风量的方法进行调节，使$hC_d = hL_d$。如在严寒地区，应将室外空气用预热器加热后再与回风混合，加热后的新风温度应不低于 5℃，否则可能造成混合后的空气达到饱和，产生水雾或凝露现象。

　　3）空调系统运行调节

　　全年运行的空调系统设备容量是将夏、冬季室外空气参数作为设计参数，按室内负荷为最不利条件时的设计负荷选定的。但是，从全年来看，一方面室外空气参数时刻在变化，另一方面，室内余热余湿量也经常变化。如果空调系统不根据这两方面的变化进行运行调节，就会使室内温、湿度发生变化，不仅不能满足使用要求，还浪费了空调系统的冷、热量。因此必须了解空调系统在非设计条件下的运行调节。空调房间一般允许室内温、湿度有一定波动范围，根据调节对象的不同，允许的波动幅度也不同。对于工艺性空调，应由工艺要求确定室内温、湿度及其允许的波动范围；对于舒适性空调，允许温、湿度波动的范围比较宽，温度冬季为 18～24℃、夏季为 24～28℃，湿度为 30%～70%。地下空间温、湿度调节可采用电加热、由电热或电极产生的蒸汽加湿以及除湿机降温除湿等措施。冷冻除湿机工作时，可采用制冷系统冷凝器对除湿后的空气再热，以利于节能。

　　地下工程围护结构一年中绝大部分时间存在散湿量和吸热量，所以需要除湿和加热。与地面建筑不同，地下工程环境保障的显著特点是防潮除湿，所以空气调节宜以湿负荷处理为主。根据室外空气参数全年的变化情况，在焓湿图上以等湿量线作为分界线，将全年室外空气状态划分为 Ⅰ～Ⅲ 共 3 个工况区，如图 7.2-4 所示。工况区 Ⅰ 对应于冬季，室内具有热负荷和湿负荷，空调系统新风需要加热加湿；工况区 Ⅱ 对应于过渡季节，新风温、湿度适宜，采用通风除湿；工况区 Ⅲ 对应于夏季，室内具有冷负荷和湿负荷，新风需要降温除湿。对于每一个空调工况区，空气处理都应尽可能按最经济的运行方式进行调节，而相邻的空调工况应能自动转换。下文以一次回风系统为例进行运行调节分析。

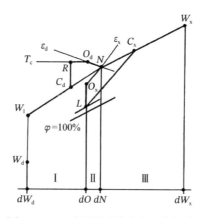

图 7.2-4　一次回风系统全年运行调节

（1）冬季运行调节方法

冬季工况区是室外空气含湿量dW_d小于室内空气含湿量dN的工况区Ⅰ，如图 7.2-5 所示。从节能角度考虑，可把新风阀门开到最小，按最小新风比混合。根据新风与回风混合、加热的先后顺序不同，空调处理分为先预热后混合和先混合后加热两种方式。

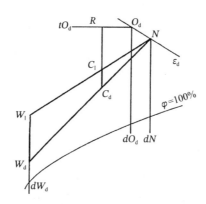

图 7.2-5　工况区Ⅰ的空气处理过程

①先预热后混合

首先将新风W_d预热到W_1，然后与回风N混合，得到混合点C_1，接着等湿再热到送风温度R点，随后喷干蒸汽加湿到O_d送入室内。送风在房间内沿冬季热湿比线ε_d变化到室内状态N。处理过程如下：

$$\left.\begin{array}{c} W_d \xrightarrow{\text{预热}} W_1 \\ N \end{array}\right\} \xrightarrow{\text{混合}} C_1 \xrightarrow{\text{再热}} R \xrightarrow{\text{加湿}} O_d \xrightarrow{\varepsilon_d} N$$

②先混合后加热

如果室外温度不是太低，新风与回风混合温度高于室内露点温度，混合不产生雾或霜，则允许取消预热环节，将新风与回风直接混合，然后加热、加湿、送风。处理过程如下：

$$\left.\begin{array}{c} W_d \\ N \end{array}\right\} \xrightarrow{\text{混合}} C_d \xrightarrow{\text{再热}} R \xrightarrow{\text{加湿}} O_d \xrightarrow{\varepsilon_d} N$$

随着室外温度及含湿量的升高，加热量及加湿量逐渐减小。当混合点含湿量达到送风含湿量时，停止加湿，此后逐渐增加新风量，使混合点含湿量保持在送风含湿量。在此过程中，若室外温度低于室内温度则继续加热；当室外温度升高到送风温度时，采用全新风，停止回风，停止加热。若室外温度高于室内温度则将室内温度设置为上限，并逐步减小新风量直至最小新风量，以便推迟制冷机启动时间。

新风与回风混合比的调节方法，是在新、回风口安装联动多叶调节阀，使风阀同时按比例调节，一个开大时，另一个就关小，但是总风量不变，如图 7.2-6 所示。根据室外空气含湿量控制联动阀门的开启度，使新、回风混合后的状态点保持在送风含湿量 dO_d 线上。在整个调节过程中，为了不使空调房间的正压过高，需相应地开大排风阀门。按照这一阶段的要求，在空调系统设计时新风风管尺寸应按全新风计算，而排风口和管道尺寸应按全排风确定，所以这种调节方式的不足之处就是风管尺寸较大，会占用较多的建筑空间。

在地下空间集中式全空气系统中，主要采用电加热器对新风预热和再热，可以方便地对加热功率进行调节，加热后空气的状态点总是位于通过加热前状态点的等含湿量线上。

当室外空气含湿量升高到室内空气含湿量 dN 时，进入过渡季节。

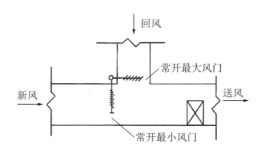

图 7.2-6　联动调节阀调节新、回风量

（2）过渡季节运行调节方法

过渡季节工况区是室外空气含湿量介于 dO 与 dN 之间的工况区 Ⅱ。这时室外气候应是春季或秋季，可采用全新风除湿并关闭回风。此方法不仅符合卫生要求，而且由于充分利用了通风除湿，可以推迟启动冷冻除湿机的时间和减小加热量，从而起到节能的效果。

如果室内温、湿度不满足要求，则启动调温除湿机进行调节。

（3）夏季运行调节方法

夏季工况区是室外空气含湿量 dW 高于室内空气含湿量 dN 的工况区 Ⅲ，如图 7.2-7 所示。为了节约冷量，可采用10%最小新风比，并启动调温除湿机对新风及回风进行降温除湿处理。随着新风焓值的增高，处理空气所需制冷量增多。调节过程属于典型的一次回风夏季处理过程。图 7.2-7 中由 C 至 L 的冷却除湿过程在除湿机蒸发器中实现，由 L 至 O 的再热过程在除湿机风冷冷凝器中实现。处理过程如下：

$$\left.\begin{array}{c}W_x\\N\end{array}\right\}\xrightarrow{\text{混合}}C\xrightarrow{\text{冷却除湿}}L\xrightarrow{\text{冷凝再热}}O\xrightarrow{\varepsilon}N$$

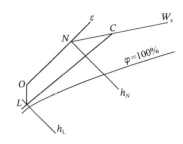

图 7.2-7 工况区Ⅲ的空气处理工程

7.2.3 环境安全

地下空间通风与空调技术还需要考虑环境保护和可持续发展的要求，应选择环保、安全的制冷剂，减少对环境的不利影响。

制冷剂主要由氢氟酸及氯代烃等为原料制备而成，属于有机氟化工产品，碳的排放量比较大，在当前"碳中和"背景下，制冷剂的迭代也迎来了加速期，尽快采用环保制冷剂替换传统制冷剂，对节能减排意义重大。

制冷剂的使用是我国碳排放的重要来源之一。我国是全球碳排放大国，根据 IEA（国际能源机构）发布的《2022 年二氧化碳排放报告》，2022 年我国二氧化碳排放量为 114.8 亿吨，占全球总量的 33%。为应对气候变化，我国提出"二氧化碳排放力争于 2030 年前达到峰值，努力争取 2060 年前实现碳中和"的目标承诺。

制冷剂对全球环境的影响指标主要有臭氧消耗潜能（ODP）和全球变暖潜能（GWP），除了对环境的影响，制冷剂还应具有可接受的安全性，以保障人民的生命财产安全。

（1）臭氧消耗潜能（Ozone Depletion Potential，ODP）

ODP 表示大气中氯氟碳化物质对臭氧层破坏的能力与 R11（三氯一氟甲烷）对臭氧层破坏的能力之比值，R11 的 ODP 值为 1.0。ODP 值越小，制冷剂的环境特性越好。根据目前的水平，认为 ODP 值小于或等于 0.05 的制冷剂是可以接受的。

（2）全球变暖潜能（Global Warming Potential，GWP）

GWP 是温室气体排放所产生的气候影响的指标，表示在一定时间内（20 年、100 年、500 年），某种温室气体的温室效应对应于相同效应的 CO_2 的质量，CO_2 的 GWP 值为 1.0。通常基于 100 年计算 GWP，记作 GWP100，《蒙特利尔议定书》和《京都议定书》都是采用 GWP100。

制冷剂应具有可接受的安全性，安全性主要包括毒性和可燃性，国家标准《制冷剂编号方法和安全性分类》GB/T 7778—2017 将制冷剂的毒性分为 A 类（低慢性毒性）和 B 类（高慢性毒性），将可燃性分为第 1 类（无火焰传播）、第 2L 类（弱可燃）、第 2 类（可燃）和第 3 类（可燃易爆）。综合起来，可细分为 8 类，分别为：A1、A2L、A2、A3、B1、B2L、B2、B3，其中，A1 最安全，B3 最危险，见表 7.2-3。

制冷剂安全性分类

表 7.2-3

分类	低慢性毒性	高慢性毒性
无火焰传播	A1	B1
弱可燃	A2L	B2L

续表

分类	低慢性毒性	高慢性毒性
可燃	A2	B2
可燃易爆	A3	B3

制冷剂行业将氟制冷剂的产品系列分为 CFCs、HCFCs、HFCs、HFOs 四代。目前，我国主要采用的制冷剂 R32、R134a 及 R410a（R32 与 R125 混合物）均属于第三代 HFCs 制冷剂。第三代制冷剂属于氢氟碳化物，是一类人工合成的强效温室气体，全球变暖潜能值是二氧化碳的几百甚至几千倍，因此，发展第四代环境友好型制冷剂成为我国减少碳排放的重要举措。

我国中长期目标为采用第四代 HFOs 制冷剂 R1234yf 及 R1234ze(E)（ODP = 0、GWP100 < 1、安全性为 A2L）替代 R134a 及 R410a。欧美及中国制冷剂发展战略如图 7.2-8 所示。

		现状	中期	长期
国家或地区	欧洲		2021年	2024—2027年
	北美		2023—2025年	2034年
	中国		2035年或者提前?	2045年或者提前?
产品	VRF	R-410A	R-32 DLS/VRF	不定
	美国US split		R-454B	
	美国RTU		R-32 R290 (EU)	大冷量的不定
	涡旋 Scroll Chiller 空冷水冷小水机			R290 (EU)
	螺杆水机 Screw Chiller	R-134a	R513·A（改造）R-515B/R-1234ze（E）	
	离心水机 Centrifugal Chiller		R-513A（改造）R-1233zd (E)	R-515B/R-1234ze (E) R-1233zd (E)

图 7.2-8　欧美及中国制冷剂发展战略

7.2.4　健康理念

城市地下空间通风与空调技术应注重提供良好的室内空气质量，包括控制空气中的污染物、调节湿度和温度，以及提供足够的新鲜空气等。健康理念还包括人体舒适度的考虑，如室内温度和湿度的控制，避免过热或过冷、过湿或过干的环境对人体健康的影响。

由于人们每天约有超过 80% 的时间在室内度过，建筑的健康性能直接影响着人的健康，尤其是 2020 年初新冠肺炎疫情爆发后，健康建筑得到了进一步关注。近年来，国内外不同机构发布了健康建筑相关技术标准，主要有世界卫生组织"健康住宅的 15 项标准"，中国《健康建筑评价标准》T/ASC02—2021，美国 WELL 健康建筑标准、Fitwel 健康建筑评价体系及"健康建筑 9 项基本原理"、法国《健康营造：开发商和承建商的建设和改造指南》、新加坡"Green Mark 健康工作场所"等。

通过上述标准可知空气处理与品质控制是健康建筑的重要组成部分，特别是在后疫情时代，好的空气品质控制不仅可提高用户的生活质量，在疫情等特殊情况下更能保障用户的健康安全。新型冠状病毒及其他呼吸道病毒主要传播途径为经呼吸道飞沫和接触传播，在相对封闭的环境中长时间暴露于高浓度气溶胶情况下还存在经气溶胶传播的可能。江亿院士通过感染者在空间不同通风稀释倍数下的感染概率估算模型研究表明，短时间内停留在稀释倍数 1000 左右的环境中被感染是小概率事件，因此应通过有效的气流组织，尽可能地使传染者呼出的大部分气体直接排到室外，加大新风换气量来减少潜在的未知传染者引起的传染风险。研究表明，适当保持室内湿润有助于预防呼吸道传染病，目前来看，将相对湿度控制在 40%～60%是最佳选择。

美国采暖制冷与空调工程师学会（ASHRAE）在 2020 年 4 月 20 日发布了两条声明：①研究表明，新冠病毒很可能通过空气传播，应合理进行建筑空调通风系统运维以减少病毒经空气传播的可能性；②空调通风系统的通风和过滤作用可以降低病毒的空气传播概率。

国务院应对新冠肺炎疫情联防联控机制综合组于 2020 年 2 月 12 日印发了《新冠肺炎流行期间办公场所和公共场所空调通风系统运行管理指南》，国家卫生健康委员会于 2020 年 7 月 20 日颁布实施了《新冠肺炎疫情期间办公场所和公共场所空调通风系统运行管理卫生规范》WS 696—2020，二者对公共建筑集中空调系统的运行及管理提出了要求，包括：①全空气系统应当关闭回风阀，采用全新风方式运行；②风机盘管加新风系统应当确保新风直接取自室外，保证排风系统正常运行，新风系统宜全天运行；③有可开启外窗的房间应使外窗保持一定开度，尽可能引入室外新风。

综上所述，城市地下空间作为相对封闭的空间，应采取增大新风量稀释通风、温湿度控制、提高集中空调系统过滤等级、采用 UVGI 紫外线杀菌、气流组织控制、延长通风系统运行时间等措施，以降低呼吸道病毒在室内的传播风险。

7.3　冷热源规划技术

7.3.1　地下空间空调的能源形式

城市地下空间空调的驱动能源有电、燃气、蒸汽、土壤、水源、太阳能等。

1. 电力空调

以电作为驱动能源是空调的主要运作模式。电空调技术方案成熟且适用范围广泛，既适用于普通家庭，也适用于大型商场和写字楼等公共场所。此外，电空调系统在控制方面具有较高的灵活性，既可采用中央空调集中控制方式，也可采用每户自主控制的方式进行开关和调节。

尽管电空调系统的能源利用率相对较低，运行成本较高，并且随着运行时间的推移，系统的维护费用和维修工作量也会逐渐增加，同时还需要定期补充氟利昂制冷剂，这可能会对环境造成一定的影响。但在国家"双碳"背景下，由于电力的来源包括风能、太阳能、水力发电等可再生能源，可减少对化石能源的依赖，有助于降低碳排放，更好地践行"双碳"政策。因此，从长远来看，电力空调仍然是未来的主流趋势。

2. 燃气空调

①制冷工况。燃气发动机驱动冷媒压缩机，气态冷媒经过压缩机后压力、温度升高，高温高压的冷媒通过冷却设备对外放出热量，冷凝至液态。液态冷媒通过减压阀降低压力，吸收室内环境热量至气态冷媒，气态冷媒进入压缩机，如此反复完成冷媒气液物理状态的循环。

②制热工况。燃气发动机驱动压缩机，冷媒吸收室外空气热量、发动机烟气热量以及冷却水热量，与室内低温空气进行热量交换。利用燃气发动机排烟余热作为低位热源，冬季在气温较低、湿度较大的环境中无须辅助热源，仍能良好地实现制热循环。

燃气空调相比传统中央空调有如下优势：①能源利用效率高。燃气空调的能效比高，能源利用效率远高于传统空调，可以有效地节约能源。②环境污染小。燃气空调使用天然气作为能源，对环境的影响较小。③安装维护方便。燃气空调的安装和维护相对简单，不需要特殊的技术和设备。④适应性强。燃气空调可以适应各种不同的气候和环境，可以在不同的季节和气候条件下提供舒适的室内环境。

3. 蒸汽（热水）空调

蒸汽（热水）空调实际是以蒸汽（热水）作为驱动能源的溴化锂制冷机，包括四大热交换装置，即发生器、冷凝器、蒸发器和吸收器。这四大热交换装置辅以其他设备连接组成制冷系统。

与压缩式制冷空调相比，蒸汽（热水）型溴化锂吸收式制冷空调的优点主要有：节省电能、低势热源利用率高、静音工作、不释放有毒气体、环保无污染等。但也存在以下问题：①制冷空调机组的绝对气密性难以保障。因该制冷空调的工作环境处于高真空状态，其吸收器与蒸发器的环境压力不到 1kPa；而该制冷空调机组相关真空的阀门会在实际工作过程中开启、闭合很多次，其真空阀门也存在发生轴封泄漏的可能性。随着制冷空调机组工作时间越来越长，其环境的绝对气密性越来越难以保障，从而对机组真空度产生影响。②制冷空调机组运行过程中会产生氢气。制冷空调机组在实际工作过程中，工质（即溴化锂溶液）容易对铜、钢等金属材料产生腐蚀作用，从而导致一定量的氢气出现。虽然产生的氢气很少，但也会给制冷空调机组真空度产生一定的影响。

4. 土壤源热泵空调

土壤源热泵技术是一种应用可再生能源的新型供暖空调方式，可将土壤中不能直接利用的低品位热能转化为可以直接利用的高品位热能，能源利用效率得到大幅提升。土壤源热泵的优点主要有：性能系数高，节能效果明显，可比空气源热泵系统节能约 20%；地埋管换热器无须除霜，减少了冬季除霜的能耗；利用土壤的蓄热特性实现了冬、夏能量的互补；可与太阳能联用改善冬季运行条件；地埋管换热器在地下静态的吸放热，减少了空调系统对地面空气的热及噪声污染，环保效果好。

从已有的使用情况分析，土壤源热泵的主要缺点是：地埋管换热性能受土壤性质影响较大，连续运行时，热泵的冷凝温度或蒸发温度受土壤温度变化的影响而发生波动；土壤导热系数小导致地埋管的面积较大，尤其对于水平式地埋管。尽管土壤源热泵存在以上不足，国际组织及从事热泵的研究者仍普遍认为，无论是目前还是将来，土壤源热泵是最有前途的节能装置和系统之一，也是地热利用的重要形式。近年来，土壤源热泵技术的应用越来越受到重视，在政府"节能减排"号召下，各地出台各类能源利用的法规、补贴政策等，土壤源热泵技术的市场情况逐年看好。

5. 水源热泵空调

水源热泵系统主要分为地下水源热泵系统和地上水源热泵系统。

地下水源热泵系统是浅层地热能的主要利用形式之一，是指从地下含水层中抽取地下水，通过热交换器实现对使用对象供热或制冷，再将抽取的地下水重新回灌到含水层中，从而保持地下水量的平衡。其优点是可以最大限度地利用地球天然的存储能力来储存冷热源，从而最大限度地减少使用外部能源来调节建筑物内的温度。与地埋管换热方式相比，地下水换热方式具有占用地下空间小、经济成本低、换热效率高和稳定性好等优势。但缺点是：①安装成本高，需要开挖地下循环管道或井等工程。②需要充足的地下水资源作为先决条件，而部分地区已不允许开采地下水。③地下水中含有不同的离子、分子、化合物和气体，其酸碱度、硬度、腐蚀性等化学性质会对机组材质造成一定的影响。④经常出现回灌井堵塞，无法做到100%回灌，造成地下水资源的浪费，并可能引起地面沉降。

地上水源热泵系统以江河湖海水源为媒介进行能源转换。在夏季高温时，将建筑物中的热量转移到水源中，达到制冷的效果；在冬季低温时，从相对稳定、温暖的水源中提取能量，提升温度后送到建筑物中，以达到制暖的效果。其优点是：①江河湖海中蕴含的热量是典型的可再生能源，高效节能、运行费用低。②运行稳定，可靠性高。江河湖海的温度比较稳定，温度的波动范围远小于空气，热泵机组运行也更稳定。③一机多用，应用范围广。使用地上水源热泵空调系统既可以供热、制冷，还可以提供生活热水。其缺点是：①水源供应不稳定。地上水源热泵系统的水源供应受气候和环境影响较大，如遇到干旱、洪水、结冰等情况，可能会影响系统的正常运行。②需要处理废水。地上水源热泵系统的废水如排放到自然水体中可能对环境造成影响，需要进行合理的废水处理。

6. 太阳能空调

太阳能分布广泛，是对应用选址要求较低的一种可再生能源，将其与建筑用能需求相结合，既符合目前建筑节能的发展趋势，也是太阳能规模化利用的有效途径。然而，由于太阳能的间歇性及季节性，与建筑稳定的用能需求存在矛盾，如何解决太阳能供热制冷的稳定、高效的难题，是提高太阳能在建筑能源体系中贡献率的关键所在。太阳能集热是影响太阳能空调与热泵技术的重要环节，集热温度和环境温度的温差是集热效率的主要影响因素。对于中高温热源驱动的太阳能空调与热泵技术，太阳能转化的制冷供热效率受限于集热效率。夏季采用太阳能制冷时，太阳辐射强度高，因此集热温度与集热效率较高；而冬季采用太阳能供热时，太阳辐射强度低，其集热温度与集热效率受到限制，进而影响太阳能的转化效率与稳定。总体来看，发展太阳能空调与热泵技术，提高太阳能集热全年运行效率，提升太阳能在建筑能源体系中的贡献率，是目前国内外学者正在探索研究的方向。

7.3.2　冷热源的选择原则

影响冷热源规划的因素有很多，包括地方性政策、气候及能源条件、地下空间性质、建设周期、物业管理模式等。

1. 主要选择原则

（1）基于当地能源政策、峰谷电价

具有较高峰谷电价优势和双蓄电价优势的地区，适合蓄冷蓄热技术的应用；同时，结合可再生能源技术，可降低对市政电网的依赖。

（2）基于不同地域的气候

对于全年湿球温度低于 24℃的时长较长且夏季、冬季气候干燥地区，夏季适合利用水冷蒸发降温技术，过渡季节适合使用自然冷源技术。当昼夜温差较大时，宜采用夜间蓄冷技术。对于夏热冬冷地区、干旱缺水地区的中小型建筑，可考虑采用风冷式或地埋管式地源热泵机组。

（3）基于不同地区的能源分布情况

天然气资源丰富的地区，可以采用燃气锅炉供热；地热资源丰富的地区，可以采用地源热泵；有丰富江河水资源的地区，可以采用水源热泵。

（4）基于地下空间周边环境

一些地下空间的空调冷热源需要结合周边建筑环境来设置。如苏州市竹辉路地下空间，主要为商业、餐饮等功能，地处苏州老城区，且用地红线紧贴项目，空调冷热源需设置于邻近的金地商业项目，经与项目开发商沟通协调，最终采用在金地商业屋面设置风冷热泵主机的方式。

（5）基于地下空间的规模、性质

受建筑面积限制无法设置制冷换热机房或总冷热源机房没有预留充足冷热容量的情况，空调系统可考虑采用空气源热泵系统和多联机系统。

（6）基于地下空间的管理模式

采取能源中心模式便于管理，但需要注意以下因素：①输送距离。能源中心应以整个地下空间为负荷中心。②能源中心占地面积较大，冷却塔、烟囱等大型设备明露布置，应尽可能规划在商业价值较低，且对总体景观影响较小的区域。③运营管理。能源中心的设置应结合运营管理模式，实现集约化布置，减少管理人员配置。④经济性分析。包括占地投资、设备初投资、设备使用寿命等内容。⑤可再生能源的利用。在技术经济合理的情况下，冷热源宜采用可再生能源。

2. 其他考虑因素

除了以上原则外，在冷热源规划时还应注意以下几点。

（1）灵活性和可扩展性

选择的冷热源方案应具有灵活性和可扩展性，以满足未来可能的需求变化。

（2）经济性和效益性

在满足冷热负荷需求的前提下，应优先选择价格低廉、运行效率高的能源形式，以降低运行成本，提高经济效益。

（3）可持续性和可再生性

优先选择可再生能源作为冷热源，如太阳能、地热能、海洋能等，以减少对环境的污染和对资源的消耗。

（4）可行性和可靠性

选择技术成熟、可靠的冷热源设备和技术，以确保系统的正常运行，延长设备的使用寿命。

（5）节能的要求

优先选择节能的设备和技术，以减少对能源的浪费。

（6）维护和管理成本

考虑设备的维护和管理成本，选择易于维护、故障率低、寿命长的设备和技术。

7.4　节能技术

7.4.1　制冷主机

制冷主机是地下空间通风与空调系统的核心设备，其性能直接影响到整个系统的能耗；为了降低能耗，可以采用高效节能的制冷主机，主要有磁悬浮离心式冷水机组、直接蒸发式空调系统等。

1. 磁悬浮离心式冷水机组

磁悬浮离心式冷水机组是一种利用先进的磁悬浮技术的空调系统，其高效的节能率、卓越的负载性能和超长的使用寿命，尤其适用于大型能耗建筑中的中央空调系统。

与传统的离心式冷水机组相比，磁悬浮冷水机组具有以下优点。

（1）节能高效，运行费用低

机组采用磁悬浮压缩机技术、直流变频控制技术、无油润滑等先进技术，产品能效比有了很大提高。机组在部分负荷运行条件下，峰值制冷系数（COP）高达 11～13，以一般空调系统全年运行统计，相比常规冷水机组的节电率约为 40%～50%。

（2）稳定耐用，维保费用低

磁悬浮机组无油运行技术基本消除了机械摩擦损失（图 7.4-1），比常规轴承更持久耐用，与传统的离心式轴承的摩擦损失相比，磁悬浮轴承的摩擦损失仅为前者的 2% 左右，磁悬浮空调使用寿命可长达 30 年。因机组完全无油，减少了油路系统、油泵等零件的故障，可靠性提高 30%～50%，极大地减少了检修的费用。此外，无须每年清洗主机，只需要进行蒸发、冷凝器水垢处理清洗，而蒸发冷凝器一次清洗费用较低，且可节省维护时间，从而避免了因制冷需求高峰清洗机组造成无法使用的情况。

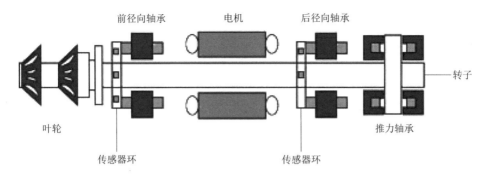

图 7.4-1　磁悬浮机组压缩机内部运行原理示意图

（3）宽域运行

磁悬浮变频压缩机采用多技术联合调节，在保证效率最优的条件下，可拓宽机组运行范围，实现单压缩机制冷负荷低至 10% 以下，并保证机组在冷却水温 12℃ 时正常运行。

（4）噪声低、振动低、启动电流小

运动部件在磁悬浮作用下完全悬浮，没有机械摩擦，具有气垫阻隔振动作用；机组产生的噪声和振动极低，压缩机噪声不大于 70dB（A）。此外，常规制冷机组的压缩机在启动的瞬间会产生高冲击电流，一般达到 400~600A，波及电网的稳定，而磁悬浮机组利用压缩机变频启动的方式，可使启动电流低至 2A，对电网冲击小。

（5）效率稳定

常规大型离心式机组系统即使每年清洗，由于润滑油残留及累积，能效损失可高达 25%，且运行年限越长，效率降低越明显。磁悬浮机组因采用无油运行，不存在润滑油残留的问题，即便运行年限增加也不会出现因润滑油造成效率损失的问题。

2. 直接蒸发式空调系统

传统地下空间空调系统通常以冷水机组作为冷源，制备出空调冷冻水，再通过水泵与管道将其输送到位于末端的空气处理设备，当地下空间的空气流经设备中的表冷器时，实现对其的冷却功能。这种传统空调系统，如图 7.4-2 所示，拥有一层中间换热系统，也就是冷冻水系统，横亘在冷源与空气处理设备（即表冷器）之间。根据制冷与换热原理可知，此类系统由于增加了冷冻水系统，会使制冷效率下降，同时加大冷冻水输送的能耗，不利于整个系统实现节能。

直接蒸发式空调系统，如图 7.4-3 所示，运作模式完全摒弃了冷源与空气处理设备之间的冷冻水系统，将制冷剂从冷源直接送入空气处理设备，以此来冷却地下空间的空气。这种以制冷剂为冷媒的直接蒸发模式，相较于以水为冷媒的方式，制冷机的蒸发温度可以提高 3℃，制冷系数可提升 17% 以上，因此可实现冷源的节能运行。此外，传统地下空间空调系统中的冷冻水泵需要克服众多阻力，如水系统管道、管道附件、冷水机组蒸发器、水处理设备等，无疑加大了能源的消耗。所以，取消冷冻水系统对于整个系统节能也有显著效果。同时，考虑到一些地下空间冬季通风且不加热的特点，采用直接蒸发式空调系统还能有效地解决表冷器在冬季防冻的问题，大大降低了表冷器冬季泄水、吹干或者灌注防冻液的维护工作量。

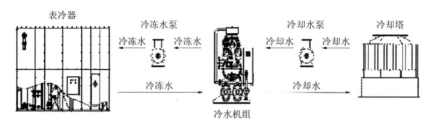

图 7.4-2　传统空调系统原理图

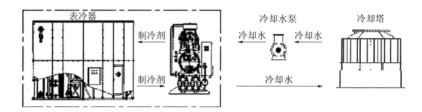

图 7.4-3　直接蒸发式空调系统原理图

3. 组合式机组

磁悬浮冷水机组和直接蒸发式空调系统都是高效的制冷主机，在城市地下空间空调中都具有出色的能效比（EER），能够有效降低运行成本。而最新出现的将这两种设备组合在一起的蒸发冷却磁悬浮离心式冷水机组，如图 7.4-4 所示，可以实现更高效的能源利用，更进一步地提高能效比。

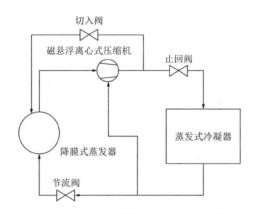

图 7.4-4　蒸发冷却磁悬浮离心式冷水机组系统示意图

7.4.2　输配系统中的变频技术

变频控制系统通常由变频器、温度传感器、压力传感器、污染物传感器、控制系统等组成；通过监测空调房间的不同数值，由变频器发送指令，进而控制风机、水泵等运转频率，实现节能的效果。变频控制主要包括水系统和风系统的变频。

1. 水系统变频控制

水系统变频控制主要是水泵的变频，通过在循环水泵上加装变频器，并利用温度和压力的变化来调节循环水泵的运行频率，从而实现变流量的效果。两种常见的水泵变频控制策略为定温差控制策略和定压差控制策略。

（1）定温差控制策略，如图 7.4-5 所示，是指以系统供回水温差作为循环水泵变频控制的反馈信号，通过控制水泵的运行频率来维持供回水干管上的温差为定值。

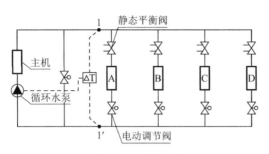

图 7.4-5　定温差控制策略简化模型

（2）定压差控制策略，如图 7.4-6 所示，是指以系统某处的压差值作为循环水泵变频控制的反馈信号，通过控制循环水泵的运转频率维持系统中该处的压差为定值。根据选取维持压差值为定值的位置不同可分为干管定压差控制策略、最不利环路定压差控制策略及中间环路定压差控制策略。

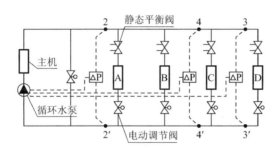

图 7.4-6　定压差控制策略简化模型

定温差控制策略是一种被动控制策略，它要求各环路的负荷按相同的规律同步变化（负荷呈相同比例增加或减少）。如果负荷变化规律不同，会出现管网水力失衡，且负荷变化引起的温度变化有明显的滞后性，延迟时间较长。当末端负荷发生变化时，系统的水温至少要经过一个循环周期才能反馈到传感器中，不能精确地根据系统的需求控制水泵的运行频率，可能造成系统较大的波动性和较差的可靠性。因此，当系统各环路的负荷变化规律相同，且对负担区域的温度变化要求不严格时，可采用定温差控制策略。相比之下，定压差控制策略能对系统的实际需求及时反馈，不会出现时间的滞后性。为保证系统的可靠性及精确性，建议在变流量系统中采用定压差控制策略。

2. 风系统变频控制

风系统的变频控制方法主要有对回/排风机的变频控制和对空调机组送风机的变频控制。

（1）对回排风机的变频控制，是在回/排风机上装上变频器，监测室内外空气的温度、

湿度以及 CO_2 浓度等参数的变化，通过智能控制算法，来调节回/排风机的运行频率和回/排风机的风阀开度，从而有效平衡房间的空气质量和保持正压，同时降低噪声并提升舒适度。这种控制方法不仅能够优化空调系统的性能，还能够提供更好的室内空气质量，创造一个更舒适和健康的室内环境。

（2）对空调机组送风机的变频控制，是在送风机上装上变频器，根据不同房间设置的温度，调节送风机的频率和末端装置风阀的开度，从而调节进入房间的风量，并使空调房间的温度尽量平稳。同时，这种控制方法为根据不同温度变风量运行而不是定风量运行，减少了能源消耗。如图 7.4-7 所示。

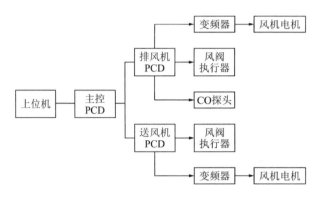

图 7.4-7　送风机变频控制原理图

总体而言，采用变频控制技术能够使整个地下空间的制冷通风系统得到有效的控制，减少系统运行时产生的能源消耗，提升风系统的运行效率，降低运行成本，同时能够改良通风设备的运行工况，减少机械设备容易出现的损耗，提升设备的使用寿命，使后期空调通风系统的运行维护管理更加便捷。

7.4.3　智能控制

常规 BAS（建筑楼宇自动化系统）控制方案与风水联动控制方案进行对比见表 7.4-1，两种控制方案的关键差别体现在以下两个方面。

（1）控制逻辑的差别

BAS 可以远程控制冷水机组出水温度，但缺乏控制逻辑；风水联动采用室内控制温度等多参数，自动控制冷水机组的出水温度。BAS 和风水联动对于风机变频、电动阀门调节等均采用反馈控制，但控制算法略有差别。

（2）硬件配置的差别

BAS 的冷冻水泵/冷却水泵/冷却塔均采用定频设备，只能定流量运行；风水联动的冷冻水泵/冷却水泵/冷却塔均采用变频设备，可以实现变流量运行。BAS 改造成风水联动控制，需要增加变频设备、风水控制柜等硬件成本投入。

常规 BAS 控制方案运行存在以下问题：①控制参数方面。BAS 系统控制参数的设定大多由运维人员手动设置，这种方法依赖于现场人员的经验，缺乏参数设定的理论支撑。调研过程中发现，大部分设备均以工频运行，导致室内温度过低、热湿环境不舒适，同时造成能源的浪费。②控制策略方面。BAS 系统常用的控制策略是冷源群控策略、时间表控制策略、季节通风模式控制策略、变频控制策略等。冷源群控策略能实现简单的设备顺序启停控制和变频控制,但不能按照实际运行情况进行自动频率的调整。在运行过程中,BAS 不能对送风机和回/排风机的运行频率等进行自动调节控制,且风系统与水系统分别管控,不能根据室内负荷和温度的变化一起实时调节。③控制方法方面。BAS 系统采用 PID 控制器进行控制,调研过程中发现,很多 BAS 系统并没有搭载 PID 控制器,系统的运行基本维持不变,或者依靠人工手动改变。对于有 PID 控制器的 BAS 系统,也普遍存在调节输出速度慢,具有较大的滞后性,难以根据实际的负荷需求合理运行冷机、水泵等环控系统设备的问题,导致能耗偏高且设备运行不佳。

常规 BAS 控制方案与风水联动控制方案对比　　　　　　　表 7.4-1

系统	控制目标	常规 BAS 控制方案	风水联动控制方案
冷源系统	一键启动/停止	自动控制	自动控制
冷水机组	出水温度控制	手动设定	自动控制
	加减机	自动控制	自动控制
冷冻水泵	水泵频率	工频运行	变频运行
冷却水泵	水泵频率	工频运行	变频运行
冷却塔	风机频率	工频运行	变频运行
大系统空调机组	送风机频率	变频运行	变频运行
	回/排风机频率	变频运行	变频运行
	电动水阀开度	自动控制	自动控制
	电动风阀开度	模式控制	模式控制
小系统空调机组	送风机频率	工频运行	工频运行
	回/排风机频率	工频运行	工频运行
	电动水阀开度	自动控制	自动控制
	电动风阀开度	模式控制	模式控制

　　风水联动控制策略,如图 7.4-8 所示,是当公共区域负荷发生变化时,通过调节末端送风机的风量来节省风系统能耗的同时,调节冷冻水的流量及冷水机组运行状态以节省水系统能耗。在实现风水联动控制的过程中,不仅要考虑风系统和水系统的整体能耗,还要考虑控制的效果与控制的稳定性,避免两个相互耦合的系统在调节过程中产生不良的影响,无法稳定地提供冷量。其中,风系统主要包括末端组合式空调机组、送风机、回/排风机、新风阀、排风阀等,水系统主要包括冷水机组、水泵和冷却塔等。

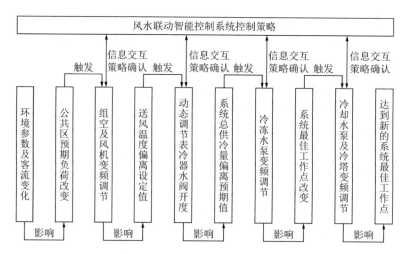

图 7.4-8　风水联动控制策略实现原理示意图

7.4.4　运行模式

系统运行模式一般有三种：完全新风供冷模式、新风 + 制冷机组组合供冷模式以及完全制冷机组供冷模式，具体分析如下。

模式一：完全新风供冷模式。组合风阀阀位为：新风阀全开、排风阀全开、回风阀关闭。在新风最大时正式运行系统。通过关闭制冷机组、冷冻泵、冷却泵、冷却塔达到控制冷源的目的。

模式二：新风 + 制冷机组组合供冷模式。组合风阀阀位为：新风阀全开、排风阀全开、回风阀关闭。在新风最大时运行系统。通过将制冷机组启动命令传达给冷源群控系统的方式，使制冷机组能够依据自身的配置运行。对室内供冷时，此模式主要借助新风和制冷机组的组合运行。

模式三：完全制冷机组供冷模式。组合风阀阀位为：新风阀角开、排风阀角开、回风阀全开。在新风最小时正式运行系统。通过将制冷机组启动命令传达给冷源群控系统的方式，实现制冷机组依据自身的配置进行运行。此模式完全借助制冷机组运行。

具体采用以上三种模式中的哪一种主要依据的是新风温度，详细要求如下。

当外界新风温度低于室内温度时，系统对外界新风温度进行判断，反馈为低温状态，室内所产生的热量完全可以被新风释放的冷量相抵消，此时应该采取完全新风供冷模式，即模式一。

当外界新风温度高于室内温度但低于 28℃时，系统对外界新风温度进行判断，完全新风供冷模式下，室内所产生的热量不能够完全被新风冷量所消耗，需部分借助制冷主机的运行，即模式二。

当外界新风温度超过 28℃时，系统对外界新风温度进行判断，得到的结果是室温低于新风温度，此时新风中含有热量，在卫生达标的情况下，为避免新风负荷过高，应在新风最小值下运行，即模式三。

综上可知，节能模式仅为模式一、模式二。对比排风道和送风道两者的阻力，前者较小，因此更为节能的是模式二。但是，地下空间出入口的人们会受到外界新风的影响，如果温度较低，人们的不适感会增加。因此，当环境温度较高或者出现特殊情况时，会选取模式三，当新风量并不充足或者夏季时，该模式会让系统以平衡通风的方式运行，且在运行时实现变频调节，空调的通风效果更加强烈，又不会过多耗费能源。

对于送、排风模式有两种工况可供选择，其一是空调工况，其二是非空调工况。

依据室内外焓值判断是否采取空调工况：当气温较高时，回风焓值没有超过室外空气焓值，风机运行可以采取最小新风空调工况模式，此时回/排风机和空调机组全部打开，按模式三运行；当回风焓值超过室外空气焓值时，此时关闭回风机，将空调机组打开，按模式一运行。

依据室内外温度判断是否采取非空调工况：当处于过渡季，外界新风温度超过 10℃时，一般以模式二运行；在温度较低的冬季，外界新风温度低于 10℃时，一般以模式一运行。

可见，实际运行时会发生模式之间的更替，系统在对室外焓值以及室外温度进行采集时，一般采集数据量为 1h 平均值。

7.4.5　蓄冷空调

蓄冷技术可以分为冰蓄冷、水蓄冷、共晶盐蓄冷、水合物蓄冷等，其中应用较多的为冰蓄冷和水蓄冷。

冰蓄冷是一种高效的能源储存和分配技术，利用冰相变放热吸热的过程，实现冷量的储存和释放。在夜间，利用电网低谷期进行制冰蓄冷，将电能转化为冰的潜热能储存起来；在白天，利用冰的融化过程，将储存的冷量释放出来，满足人们对冷负荷的需求。冰蓄冷的优点在于占地面积小、蓄冷密度大。由于冰的体积比水小得多，因此相同体积的冰蓄冷装置可以储存更多的冷量。但是，冰蓄冷的投资较高，运行控制要求高。尽管如此，冰蓄冷的优点仍然使其成为一种非常有前途的能源储存和分配技术。随着技术的不断发展和成本的不断降低，相信冰蓄冷的应用会越来越广泛。目前冰蓄冷一般与冷水机组联合运行，以节约能源，如图 7.4-9 所示。

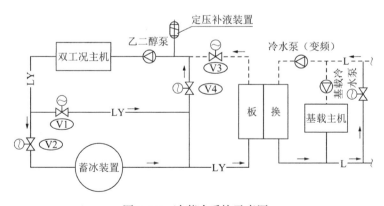

图 7.4-9　冰蓄冷系统示意图

水蓄冷技术利用水的高比热容特性，将冷量储存于水中，并在夜间进行蓄冷，白天进行放冷。如图 7.4-10 所示。根据蓄冷设备结构的不同，水蓄冷可以分为迷宫式、自然分层式、隔板式等。水蓄冷的优点在于初投资较低、制冷效率高、操作及维修方便，并且可以利用现有的建筑空间，例如消防水池等。其缺点在于蓄冷密度较低，需要占用较大的房间面积。为了解决占地面积过大的问题，水蓄冷系统通常结合消防水池进行设计。在夜间，制冷机组边制冷边供冷，将多余的冷量储存在经过保温处理后的消防水池中。当消防水池内水温达到冷冻水温后，日间制冷机组可关停，仅开启释冷水泵，利用消防水池内的冷冻水进行空调制冷。

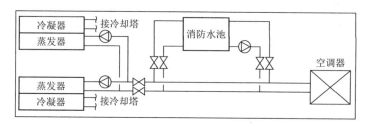

图 7.4-10　水蓄冷系统示意图

7.4.6　热回收技术

常见的热回收形式有风冷热回收、水冷热回收、水冷冷却水热回收、水冷冷冻水热回收、水源热泵热回收等。目前常用的热能回收设备有排风回收热量、板式或板翅式换热器、转轮式换热器、热管式换热器等。

对于常规空调系统存在的种种不足，可通过各种热回收技术对所排废热加以利用；同时，充分发挥地下空间对地热资源的应用比较便利这一有利条件，得到一个用于城市地下空间的热能综合利用系统，主要流程如图 7.4-11 所示。其中所采用的热回收技术主要有土壤源热泵供暖、空气源热泵、污水源热泵、一次和二次回风系统等。

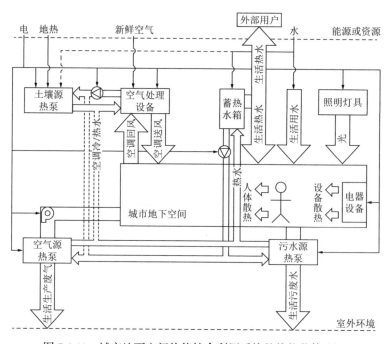

图 7.4-11　城市地下空间热能综合利用系统的热能载体流程

　　土壤源热泵供暖是当前比较成熟的地热能供暖空调形式之一。现有的地源热泵系统主要有开式（地下水源热泵）和闭式（土壤源热泵或地埋管地源热泵）两种，考虑到地下水源热泵受现场地质和水源条件、地下水质所引起的腐蚀结垢、回灌井阻塞等因素的限制较大，因此更倾向于采用土壤源热泵。土壤源热泵的优点在于地埋管的安装可以与地下空间的开挖统筹考虑，从而在一定程度上降低成本。然而，使用土壤源热泵的前提是要解决好排、取热量的平衡，以避免长期运行后对大地环境产生热破坏。关于地埋管的布置形式，水平埋管方式一般造价较低，但容易受到外界气候的影响，且占地面积较大，因此在地下空间平面呈点状（如独立的地下商场）或线状（如地铁隧道）时可以考虑使用。当地下空间互相毗邻或连通、形成一定规模的区域时，竖直埋管方式可能更加适合，但此时空调负荷较大，有限区域内所埋的管可能无法满足换热量要求。因此，对于地下空间密集的城市繁华区域而言，土壤源热泵的应用会受到一定限制。

　　地下空间在地面所开的风口数量有限，且对取风口和排风口的位置和高度都有规定，因此单个排/取风口的风量较大。这要求风系统的布置应具有高效率。在各种现有的排风热回收装置中，对于新风量较大的集中空调系统，兼顾热回收效率和运行成本的最佳选择是转轮式。如果能合理安排新风和排风管路的走向，那么这种装置可用于地下商场或商业街等排风相对清洁的场合。然而，如果需要对地下车库和地铁等含有害气体或含尘量大的排风进行热回收，则很难找到适合的方式。因此，可以考虑在排风井（亭）的适当位置安装空气源热泵，以回收排风中的热/冷量，用于空调或卫生热水。具体运行时，由于夏季多数情况下排风温度低于室外气温，空气源热泵可以高效地工作于制冷模式，与土壤源热泵共同提供空调冷水（或作为空调冷负荷的调峰手段）。这有助于减少夏季向土壤的排热量，在夏长冬短的南方地区对于维持土壤中的排、取热量平衡具有重要意义。在过渡季和冬季，空气源热泵皆可稳定工作于制热模式，既可提供空调热水也可提供卫生热水。此外，以室内排风作为空气源热泵的冬季热源，可以完全避免低温空气侧换热器结霜的问题。

　　污水源热泵技术利用生活污水和废水作为低温余热源，由于这些废水的温度季节性波动较小，因此，在地下洗浴场所或靠近市政污水干渠的地下空间可以采用这种技术进行热回收。随着建筑中水系统的推广应用，设有调节池等中水原水蓄存设施的城市地下空间也可单独采用污水源热泵来提取其中的热量。目前，相关学者还开展了利用蓄存雨水进行供热制冷的研究，若辅以蓄热水箱，该系统可实现持续稳定地提供卫生热水。

7.4.7　自然通风

　　自然通风是指依靠建筑内外压力（热压、风压等）形成的压差带动空气流动，促进室内外空气交换，达到调节室内通风环境的目的。自然通风是营造室内通风环境的重要方法，外界空气的流动也是一种自然资源，由此形成的自然通风是对这种资源的有效利用，达到调节室内热湿环境、改善室内通风环境、降低建筑能耗的目的，对防止室内空气污染，改善室内舒适性、健康性和安全性具有重要意义。地下建筑由于与自然环境要素的割裂，长期依靠机械通风和人工照明，导致地下建筑的能耗远远高于地上建筑，所以通过合理的气流组织引入自然风，对降低能耗具有显著的作用。地下空间自然通风在设计上难点与潜力并存，难点有：①建筑纵深大导致风速过低；②建筑空间封闭导致空气质量较差；③热负荷与潮湿导致热舒适性较差。潜力有：①垂直温度分层有利于热压通风；②蓄热特性有利于热稳定。

因此，应对地下空间的自然通风进行进一步的研究，从而得出适合地下建筑的自然通风设计策略，对机械通风进行补充，在降低能耗的基础上改善室内通风效果。以下是一些城市地下空间自然通风的设计策略。

1. 利用导风系统和下沉庭院的风压通风策略

导风板作为导风系统中重要的组成部分，风吹向导风板形成正压区，经过进口天窗引导气流进入地下空间，改变气流方向，同时带动室内空气流动，从出口天窗与建筑原有的出入口排出，改善室内风速环境与均匀度分布，提升空气质量。导风系统的导风板单独设置时，位置在进出口天窗的中心位置的风压通风效果最佳，且随着导风板高度的增加，风压的通风效果有所提升，当导风板高度介于 3～5m 时，风压的通风效果比较理想，地下建筑可以达到较好的室内环境。此外，导风系统的进出口天窗采用轴对称设计时可以达到较好的通风效果，且随着进出口天窗宽度的增加，风压通风的效果逐渐增强。当天窗宽度介于 1～5m 时，可以达到较理想的通风效果。当增加天窗数量时，增加导风板背风侧天窗数量可以取得较好的室内环境，增加的天窗数量为 1～2 个时可以取得最佳通风效果。导风系统如图 7.4-12 所示。

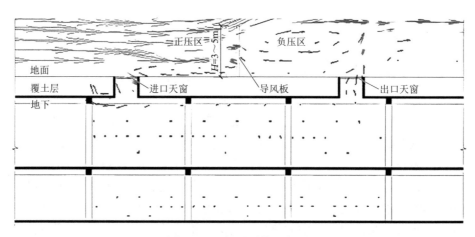

图 7.4-12　导风系统示意图

在地下建筑中设置下沉庭院对形成风压通风有促进作用。下沉庭院通过侧界面开口可以加强通风效果。当一侧开口时，迎风侧开口效果最佳；当两侧开口时，迎风侧和背风侧同时开口效果最佳；一侧开口和两侧开口的通风效果优于三侧开口的效果。增加下沉庭院的面积占比可以加强风压通风效果，当面积占比介于 5%～10% 时，可以取得较好的风压通风环境。此外合理设置下沉深度有利于改善室内通风环境；随着下沉深度的增加，通风效果先增加后减弱，当下沉庭院的深度介于 5～6m 或 10～11m 时，可以取得较好的通风效果。

2. 利用中庭进行热压通风策略

利用中庭进行热压通风时，由于城市地下空间内部的温室效应，其温度较高，不利于新风引入，因此在通风设计时，将中庭的顶部开口作为排风口设置。随着中庭顶面开口面积占比的增大，通风效果随之增强，但中庭面积并非越大越好，地下空间的中庭面积占比建议值为 5%～10%，既能保证中庭不占用过多的建筑面积，不造成空间浪费，又能提高通风效率，改善室内环境。此外，提高中庭高度使其凸出地面，在凸出地面部分侧面开口可以大幅度提升室内的通风效果；中庭内部还可以通过封闭侧面开口引导空气流动，提高通风效率。

利用两个中庭组合进行自然通风时，一个中庭迎风侧开口充当进风口的角色，另一个中庭背风侧开口充当排风口的角色，在这种条件下，自然风通过进风口进入地下空间，经由排风口排出，形成有引导性的气流组织，带动室内空气流动，改善室内风速、空气龄与温度均匀度。随着进、排风口间距的增大，通风效果逐渐增加。组合中庭的进、排风口面积比例对室内通风效果有影响，当面积比例介于 3∶1～2∶1 时，可以取得较好的通风效果。组合中庭的进、排风口高差是影响室内通风效果的因素之一，随着进、排风口高差的增加，通风效果先增强后减弱；当排风口高于进风口 0～3m 时，通风效果最佳。组合中庭内部通过封闭界面也可以加强空气引导，改善通风效果，比如利用机械通风辅助进风口中庭封闭背风侧。此外，排风口中庭封闭与气流方向垂直的界面时通风效果最显著，将进、排风口组合封闭将获得最优的通风效果。

3. 利用机械通风辅助自然通风策略

通常可以在地下空间通风不良的地方安装负压风机，由机械动能驱动风机运转，进而将地下空间内停滞不动的热气、异味、乌烟在最短时间内排出室外，实现室外新鲜空气与室内的循环交换，从而达到通风降温、改善地下空间环境的目的。此类通风设备可提高地下空间的空气质量，确保自然通风的顺畅进行，且大面积排风口与进风口设计可使室内气流保持一定流速，在热压通风的条件下为室内引入更多自然风。

7.5　应用实例——苏州太湖新城核心区地下空间（中区）

1. 工程概况

苏州太湖新城核心区地下空间位于苏州太湖之畔的吴中太湖新城核心区中轴大道下，是苏州吴中太湖新城首期开发启动项目，是整合商业、地铁、地面公交、私家车及慢行系统等多个交通体系、站城一体化的大型 TOD 项目。项目总用地面积 13.53 万 m^2，总建筑面积 33.15 万 m^2，平面呈倒 T 形。本工程分为南、中、北三区，地上 1 层，地下 3 层，埋深 18m。地下一层主要为商业，建筑面积约 114250m^2，采用主次分明的网络街区布置，形成以中轴大道为中心的商业空间，结合商业空间设多个下沉广场、中庭和地面采光天窗，将自然景观和通风引入地下；地下一层与轨道交通 4 号支线溪霞路站无缝对接，与车站形成一体化的空间。地下二层、三层为停车场，建筑面积分别约为 104760m^2、98600m^2。工程目前为江苏省内已建成规模最大的综合性地下空间。

2. 通风空调设计

苏州太湖新城核心区地下空间（中区）地下一层商业建筑面积约 45000m^2，空调总冷负荷为 6481kW，总热负荷为 3417kW；单位建筑面积冷负荷指标为 144W/m²，热负荷指标为 76W/m²。

本工程空调冷热源采用龙翔路中央能源中心集中供冷、供热。能源中心由 4 台单台发电功率 2586kW 燃气内燃发电机组＋4 台烟气热水型溴化锂冷温水机组（单台制冷量 2384kW，制热量 2342kW）实现冷热电三联供；另设置 5 台单台 6300kW 制冷量双工况离心式电制冷机组及 1 台螺杆式地源热泵机组（制冷量 1241kW，制热量 1300kW）进行供冷调峰；3 台单台制热量 7000kW 燃气真空热水机组进行供热调峰。此外，为了实现区域集约化能源配置，削峰填谷，改善用能结构，能源中心还设置了 2 个直径 17m、高 32m、单罐最大蓄冷量 63MWh 的蓄能水罐，可实现夏季电制冷机组夜间蓄冷、白天放冷，冬季燃气热水机组供热、配合蓄能罐储放热的运行模式。

夏季冷源的供回水温度为 5.5～12.5℃，冬季热源的供回水温度为 53～43℃。

苏州太湖新城核心区地下空间（中区）空调热交换机房设置于地下二层中区中部，共设置高效板式热交换机组 2500kW 与 2100kW 各 2 台，夏季 4 台机组共同制取 7～13℃空调冷冻水，冬季开启 2 台 2100kW 机组制取 52～42℃空调热水。二次侧水泵均为变频控制，可根据末端侧实际负荷实时调节空调循环水量，以利于节能。

空调水系统为二管制闭式系统，考虑到本工程各区域使用功能及时间要求不同，通过分、集水器共设置了三个独立的分区循环系统（公共区、商业区、餐饮区），并在各店铺空调回水支管设置能耗计量，以便于日后商管运营计费。各水系统分支管上均设静态平衡调节阀，空调末端设备设置动态平衡两通（调节）阀，以利于水力平衡。

其中，餐饮区空调水系统在过渡季节及冬季采用消防水池冷却，以便在冬季有冷负荷需求时可以单独供冷，且有利于节能。

地下空间中区大型公共空间及独立的大空间商业区采用全空气低速送风系统，AHU（空气处理箱）空气处理设备均为双风机系统，功能段设置全热回收转轮，回收室内排风的冷（热）量来预冷（热）室外新风，以利于节能。公共空间设置 CO_2 浓度传感器，根据室内 CO_2 浓度调节 AHU 空气处理机组的新、回风阀开度，从而调节新风量，节约运行费用；过渡季节开启旁通风阀全新风运行，AHU 机组可调新风比为 10%～100%。考虑到本工程在苏州所处的地理位置，每年六月份梅雨季节相对湿度较高，尤其是地下空间，因此在冷冻除湿设备（表冷盘管）前后端设置了三维除湿热管，在保证除湿效果、送风空气低含湿量的前提下，避免额外增设二次再热热源（电加热或热水），冷热抵消不节能的情形。

地下二层及三层机动车库每台送、排风机均配置 1 台智能动态节流仪，平时通过车库内 CO（浓度小于 30mg/m³）等废气的浓度控制风机变频运行，以有效降低地下车库内废气的浓度，使地下车库的空气品质得到提高并达到节能的目的。

本工程通风空调均设置了自控系统，可作为子系统接入整个项目的 BA 系统，在空调末端（FCU、FAU、MAU 及 AHU）具备送风温度、风机启停及其手/自动状态、故障状态、盘管前空气温度、CO_2 浓度、过滤器压差报警等检测功能，并可在智能触摸屏上显示；送风温度可通过调节电动水阀的开度来保证其设定值；各空调末端设备均具备能耗数据采集功能。地下二层及三层机动车库送、排风机动态节流仪可根据 CO 浓度状态进行实时变频转速调节运行，风机动态节能仪内控制模块具备检测风机启停、工作、故障及手/自动状态等功能。高效板换机组采用群控方式，优化设备运行台数，以达到系统节能的目的。根据二次侧出水温度自动调节板换机组供水侧电动调节阀，可保证二次侧出水温度为设定值，且具备自动联锁、运行参数监测及报警、检测室外温度等功能，并可根据室外温度设定二次负荷侧供水温度。

3. 综合效益

（1）苏州太湖新城核心区地下空间（中区）通风空调设计秉承全过程精细化控制设计的理念，施工中建立绿色建筑施工管理体系，控制和保护施工场地及周边环境、节约资源，并有完善的施工过程管理体系，很好地实现了通风空调低碳、节能的设计理念。

（2）苏州太湖新城核心区地下空间（中区）创新性地采用了绿色建筑全过程咨询的理念，涵盖了从规划阶段的绿色专项策划、设计阶段的绿色专项设计、施工阶段的绿色施工、竣工后的绿色运行四大阶段。各个阶段均进行了有效的绿色管理探索与卓有成效的实践，落实项目的绿色建造和绿色运维，将绿色理念贯穿项目的全生命周期，成为国内首个绿色建筑三星设计标识认证的地下建筑，作为地下空间绿色建筑的标杆，对苏州及周边地区地下空间开发进行绿色、节能设计具有积极的指导和示范作用。

（3）苏州太湖新城核心区地下空间（中区）设计节能率为 72.57%，可再生能源发电提供比例为 2.1%，非传统水源利用率达到 34.47%，可再循环建筑材料用量比达到 7.33%；共采用 16 台全热回收新风机组，热回收效率为 68%。光伏系统的年发电量为 40.88 万度，可节省运行费用 26 万元/年。非传统水源利用每年节约 4.28 万 m^3 自来水，可节省费用 20.55 万元/年。全热回收转轮的总风量为 11 万 m^3/h，可节省电费 69.11 万元/年。此外，通过自然采光、自然通风和围护结构节能等设计，降低了建筑整体的能耗水平。

参 考 文 献

[1] 陈志龙, 王玉北. 城市地下空间规划[M]. 南京: 东南大学出版社, 2004.

[2] 戴雅萍, 张敏, 朱怡, 等. 轨道交通车辆基地上盖结构关键技术[M]. 北京: 中国建筑工业出版社, 2023.

[3] 何锦超, 孙礼军, 洪卫. 广州珠江新城核心区地下空间实施方案[J]. 建筑学报, 2007, 6: 37-40.

[4] 贺行洋, 刘月亮, 曾三海, 等. 防水混凝土设计原则及配制技术途径[J]. 新型建筑材料, 2008, 9: 59-61.

[5] 陈用伟. 轨道交通地下结构防水混凝土设计及控裂措施[J]. 地铁与隧道防水, 2012, 14: 19-22.

[6] 张敏, 黄春, 金彦. 苏州工业园区星海生活广场地下空间设计[J]. 建筑结构, 2013, 43(S2): 10-15.

[7] 黄春, 宋厚文. 苏州太湖新城核心区地下空间设计研究[J]. 建筑结构, 2013, 43(S2): 178-182.

[8] 秦景燕, 王传辉, 江波. 防水混凝土的抗渗机理及配制技术[J]. 新型建筑材料, 2013, 11: 91-94.

[9] 张敏, 王德民, 张琴, 等. 苏州湾太湖新城地下空间超长结构自防水关键技术工程结构裂缝控制[J]. 施工技术, 2018, 47(21): 50-52, 94.

[10] 曾国华, 汤志立. 城市地下空间一体化发展的内涵、路径及建议[J]. 地下空间与工程学报, 2022, 18(3): 701-713, 778.

[11] 刘如山, 朱治. 地下结构震害研究综述[J]. 地震工程学报, 2020, 42(6): 1349-1360.

[12] 肖茜, 寇卫锋. 反应位移法和时程分析法在地下车站抗震设计中的应用[C]. 2017 中国(郑州)城市轨道交通关键技术论坛, 2017: 133-143.

[13] 住房和城乡建设部. 城市轨道交通结构抗震设计规范: GB 50909—2014[S]. 北京: 中国标准出版社, 2014.

[14] 上海市住房和城乡建设管理委员会. 地下铁道结构抗震设计标准: DG/TJ 08—2064—2022[S]. 上海: 同济大学出版社, 2023.

[15] 商金华, 杨林德. 软土场地地铁车站抗震计算的等代地震加速度法[J]. 华南地震, 2010, 30(1): 6-15.

[16] 鲁嘉星, 禹海涛, 贾坚. 软土地区地铁车站横断面抗震设计方法适用性研究[J]. 建筑结构, 2014, 44(23): 80-84.

[17] 邹炎. 地下结构地震反应规律和抗震设计方法研究[D]. 哈尔滨: 中国地震局工程力学研究所, 2015.

[18] 刘晶波, 王文晖, 赵冬冬, 等. 地下结构抗震分析的整体式反应位移法[J]. 岩石力学与工程学报, 2013, 32(8): 1618-1624.

[19] 赵密, 李苗, 昝子卉, 等. 地下结构抗震分析反应谱法与现有简化方法对比[J]. 同济大学学报, 2021, 49(6): 783-790.

[20] 尹恒. 地下结构抗震计算中反应加速度分析方法的优化研究[D]. 重庆: 重庆交通大学, 2015.

[21] 许成顺, 许紫刚, 杜修力, 等. 地下结构抗震简化分析方法比较研究[J]. 地震工程与工程振动, 2017, 37(2): 65-80.

[22] 杨建培. 考虑土-结构动力接触效应的地铁车站抗震时程分析[D]. 厦门: 厦门大学, 2018.

[23] 王文沛. 浅埋地下结构地震反应分析及设计方法研究[D]. 北京: 北京工业大学, 2018.

[24] 刘晶波, 王东洋, 谭辉, 等. 整体式反应位移法的理论推导及一致性证明[J]. 土木工程学报, 2019, 52(8): 18-23.

[25] 江志伟, 刘晶波, 高鑫, 等. 整体式反应位移法在地下结构抗震设计中的应用[J]. 地下空间与工程学

报, 2022, 18(5): 1649-1656.

[26] 张道真. 防水工程设计[M]. 北京: 中国建筑工业出版社, 2009.

[27] 住房和城乡建设部. 地下工程防水技术规范: GB 50108—2008[S]. 北京: 中国计划出版社, 2008.

[28] 住房和城乡建设部. 补偿收缩混凝土应用技术规程: JGJ/T 178—2009[S]. 北京: 中国建筑工业出版社, 2009.

[29] 国家质量监督检验检疫总局. 混凝土膨胀剂: GB/T 23439—2017[S]. 北京: 中国标准出版社, 2017.

[30] 国家能源局. 水工混凝土掺用氧化镁技术规范: DL/T 5296—2013[S]. 北京: 中国电力出版社, 2014.

[31] 中国建筑材料联合会. 混凝土用氧化镁膨胀剂: CBMF 19—2017[S]. 北京: 中国标准出版社, 2017.

[32] 中国工程建设标准化协会. 混凝土用氧化镁膨胀剂应用技术规程: T/CECS 540—2018[S]. 北京: 中国计划出版社, 2018.

[33] 住房和城乡建设部. 大体积混凝土施工标准: GB 50496—2018[S]. 北京: 中国计划出版社, 2018.

[34] 李松辉. 大体积混凝土裂缝防治及诊断关键技术[M]. 北京: 中国电力出版社, 2017.

[35] 吴中伟. 收缩混凝土[M]. 北京: 中国建筑工业出版社, 1979.

[36] 杨永民, 侯维红, 李兆恒, 等. 轻烧 MgO 补偿收缩混凝土研究与工程应用进展[J]. 广东水利水电, 2016(1): 1-6, 35.

[37] 刘晓, 白夏冰, 何锐, 等. 水化热调控材料的研究进展[J]. 硅酸盐学报, 2021, 49(5): 180-187.

[38] 马保国, 许永和, 董荣珍. 糖类及其衍生物对硅酸盐水泥水化历程的影响[J]. 硅酸盐通报, 2005(4): 45-48.

[39] 吕志锋, 于诚, 佘维娜, 等. 淀粉基水泥水化热调控材料的制备及作用机理[J]. 建筑材料学报, 2016, 19(4): 625-630.

[40] 严宇. 水化温升抑制材料调控水泥水化放热历程的作用机制[D]. 南京: 东南大学, 2020.

[41] 辜振睿, 刘晓琴, 王海龙. 水化热抑制剂对水泥水化的调控作用[J]. 新型建筑材料, 2021(8): 51-54, 58.

[42] 国家质量监督检验检疫总局. 水泥水化热测定方法: GB/T 12959—2008[S]. 北京: 中国标准出版社, 2008.

[43] 工业和信息化部. 混凝土水化温升抑制剂: JC/T 2608—2021[S]. 北京: 中国建材工业出版社, 2021.

[44] 王巍, 张大全, 张万友, 等. 国内外混凝土钢筋阻锈剂研究进展[J]. 腐蚀与防护, 2006, 27(7): 369-373.

[45] 葛燕锋, 吴世红. 地下室结构自防水施工技术[J]. 工程力学, 2001(增刊): 613-617.

[46] 邹丽华, 董东. 浅谈大体积混凝土质量控制[J]. 混凝土, 2010, 249(7): 145-146.

[47] 段联保. 混凝土施工质量监理控制研究[J]. 工业建筑, 2011(S1): 852-855.

[48] 范建军, 徐斌, 熊卫峰, 等. 混凝土防腐阻锈的研究综述[C]//中国混凝土外加剂研究与应用进展—2018 年科隆杯论文汇编(下), 2018: 32-40.

[49] 刘金龙, 韩建德, 王曙光, 等. 硫酸盐侵蚀与环境多因素耦合作用下混凝土耐久性研究进展[J]. 混凝土, 2014(9): 33-40.

[50] 国家市场监督管理总局. 通用硅酸盐水泥: GB 175—2023[S]. 北京: 中国标准出版社, 2023.

[51] 国家质量监督检验检疫总局. 用于水泥和混凝土中的粉煤灰: GB/T 1596—2017[S]. 北京: 中国标准出版社, 2017.

[52] 国家质量监督检验检疫总局. 用于水泥、砂浆和混凝土中的粒化高炉矿渣粉: GB/T 18046—2017[S]. 北京: 中国标准出版社, 2017.

[53] 国家市场监督管理总局. 建设用砂: GB/T 14684—2022[S]. 北京: 中国标准出版社, 2022.

[54] 国家市场监督管理总局. 建设用卵石、碎石: GB/T 14685—2022[S]. 北京: 中国标准出版社, 2022.

[55] 国家质量监督检验检疫总局. 混凝土外加剂: GB 8076—2008[S]. 北京: 中国标准出版社, 2008.

[56] 建设部. 混凝土用水标准: JGJ 63—2006[S]. 北京: 中国建筑工业出版社, 2006.

[57] 国家市场监督管理总局. 建筑施工机械与设备 混凝土搅拌机: GB/T 9142—2021[S]. 北京: 中国标准出版社, 2021.

[58] 住房和城乡建设部. 混凝土质量控制标准: GB 50164—2011[S]. 北京: 中国建筑工业出版社, 2011.

[59] 住房和城乡建设部. 混凝土结构工程施工质量验收规范: GB 50204—2015[S]. 北京: 中国建筑工业出版社, 2014.

[60] 住房和城乡建设部. 建筑工程施工质量验收统一标准: GB 50300—2013[S]. 北京: 中国建筑工业出版社, 2013.

[61] 住房和城乡建设部. 混凝土结构工程施工规范: GB 50666—2011[S]. 北京: 中国建筑工业出版社, 2011.

[62] 住房和城乡建设部. 普通混凝土配合比设计规程: JGJ 55—2011[S]. 北京: 中国建筑工业出版社, 2011.

[63] 住房和城乡建设部. 混凝土外加剂应用技术规范: GB 50119—2013[S]. 北京: 中国建筑工业出版社, 2013.

[64] 住房和城乡建设部. 建筑结构检测技术标准: GB/T 50344—2019[S]. 北京: 中国建筑工业出版社, 2019.

[65] 住房和城乡建设部. 混凝土结构耐久性设计标准: GB/T 50476—2019[S]. 北京: 中国建筑工业出版社, 2019.

[66] 山东省住房和城乡建设厅. 高性能混凝土应用技术规程: DB37/T 5150—2019[S]. 北京: 中国建材工业出版社, 2020.

[67] 住房和城乡建设部. 建筑与市政工程防水通用规范: GB 55030—2022[S]. 北京: 中国建筑工业出版社, 2022.

[68] 童寿兴, 王征, 商涛平. 混凝土强度超声波平测法检测技术[J]. 无损检测, 2004, 26(1): 24-27.

[69] MECANN D. FORDE M. Review of NDT methods in the assessment of concrete and masonrystructures[J]. NDT &.E International, 2001, 34: 71-84.

[70] 张彬, 刘艳军, 刘德海. 地下工程施工[M]. 北京: 人民交通出版社, 2017.

[71] 马桂军, 赵志峰, 叶帅华. 地下工程概论[M]. 北京: 人民交通出版社, 2016.

[72] 门玉明. 地下建筑工程[M]. 北京: 冶金工业出版社, 2014.

[73] 张建纲. 混凝土结构病害检测与识别应用研究[D]. 武汉: 武汉理工大学, 2007.

[74] 龙跃聪. 浅谈施工现场混凝土养护质量管理[J]. 四川建材, 2022(8): 12-13.

[75] 王明, 郭海龙, 周清松, 等. 结构自防水在地下混凝土工程中的应用[J]. 混凝土世界, 2022(6): 64-67.

[76] 席广朋, 杨京生, 吕志成, 等. 城市立体综合交通枢纽内涝风险分析与防治——以北京城市副中心站为例[J]. 给水排水, 2023, 49(9): 24-28.

[77] 张辰, 章林伟, 莫祖澜, 等. 新时代我国城镇排水防涝与流域防洪体系衔接研究[J]. 给水排水, 2020(10): 14-18.

[78] 刘仁猛, 王云峰, 吴忠利. 苏州狮山广场海绵城市暨场地防涝的设计实践[J]. 给水排水, 2019(3): 125-129.

[79] 万杰. 广州市地下空间防洪灾规划和管理策略研究[J]. 中国给水排水, 2020(2): 37-40.

[80] 中国建筑设计研究院有限公司. 建筑给水排水设计手册(上、下册)[M]. 3 版. 北京: 中国建筑工业出

版社, 2019.

[81] 住房和城乡建设部. 防洪标准: GB 50201—2014[S]. 北京: 中国标准出版社, 2014.

[82] 住房和城乡建设部. 室外排水设计标准: GB 50014—2021[S]. 北京: 中国计划出版社, 2021.

[83] 住房和城乡建设部. 城市排水工程规划规范: GB 50318—2017[S]. 北京: 中国建筑工业出版社, 2017.

[84] 住房和城乡建设部. 城镇雨水调蓄工程技术规范: GB 51174—2017[S]. 北京: 中国计划出版社, 2017.

[85] 住房和城乡建设部. 城镇内涝防治技术规范: GB 51222—2017[S]. 北京: 中国计划出版社, 2017.

[86] 住房和城乡建设部. 城市排水工程项目规范: GB 55027—2022[S]. 北京: 中国建筑工业出版社, 2022.

[87] 住房和城乡建设部. 建筑给水排水与节水通用规范: GB 55020—2021[S]. 北京: 中国建筑工业出版社, 2022.

[88] 住房和城乡建设部. 建筑给水排水设计标准: GB 50015—2019[S]. 北京: 中国计划出版社, 2019.

[89] 住房和城乡建设部. 建筑与小区雨水控制及利用工程技术规范: GB 50400—2016[S]. 北京: 中国建筑工业出版社, 2016.

[90] 梁小光. 径流峰值控制目标的量化研究[J]. 给水排水动态, 2016(11): 20-25.

[91] 住房和城乡建设部. 雨水综合利用: 17SS705[S]. 北京: 中国计划出版社, 2017.

[92] 住房和城乡建设部. 民用建筑供暖通风与空气调节设计规范: GB 50736—2012[S]. 北京: 中国建筑工业出版社, 2012.

[93] 陆耀庆. 实用供热空调设计手册 [M]. 2 版. 北京: 中国建筑工业出版社, 2008.

[94] 张旭, 叶蔚, 徐琳. 城市地下空间通风与环境控制技术[M]. 上海: 同济大学出版社, 2018.

[95] 刘顺波, 李亚奇, 李辉, 等. 地下工程通风与空气调节[M]. 西安: 西北工业大学出版社, 2015.

[96] 郭春. 地下工程通风与防灾[M]. 成都: 西南交通大学出版社, 2018.

[97] 国家质量监督检验检疫总局. 人防工程平时使用环境卫生要求: GB/T 17216—2012[S]. 北京: 中国标准出版社, 2012.

[98] 国家市场监督管理总局. 公共场所卫生指标及限值要求: GB 37488—2019[S]. 北京: 中国标准出版社, 2019.

[99] 国家市场监督管理总局. 室内空气质量标准: GB/T 18883—2022[S]. 北京: 中国标准出版社, 2023.

[100] 国家质量监督检验检疫总局. 室内氡及其子体控制要求: GB/T 16146—2015[S]. 北京: 中国标准出版社, 2016.

[101] 王雯翡, 范凤花, 张伟, 等. 基于多能互补的综合办公园区能源规划设计探讨[J]. 节能, 2022(2): 67-70.

[102] 郭红军, 崔萍. 传染病医院空调系统设计要点[J]. 暖通空调, 2023, 53(7):94-98, 39.

[103] 陈刚. 后疫情时期健康办公建筑空调通风系统设计探讨[J]. 暖通空调, 2022, 52(4):18-26.

[104] 王启元, 李娜, 王晓伟. 天津地铁地下空间协调开发研究[J]. 城市, 2008(9): 64-67.

[105] 赵阳, 郝晓磊. 海峡文化艺术中心能源中心方案研究[J]. 制冷与空调, 2023(5): 50-54.

[106] 王保光. 浦东机场新建能源中心冷热源系统选型经济性分析[J]. 上海节能, 2023(8): 1209-1213.

[107] 刘玉生. 空调冷热源方案比较及实际工程综合分析研究[D]. 西安: 西安建筑科技大学, 2007.

[108] 陈正顺, 张勇, 余跃进, 等. 南京某地下街空调方案比较[J]. 制冷与空调, 2009, 23(4):56-59.

[109] 李小坤. 多联机空调与机械通风集成系统在地铁车站设备管理用房中的应用[J]. 城市轨道交通研究, 2019, 22(7):126-128, 132.

[110] 隋亮亮. 磁悬浮离心式冷水机组在某五星级酒店的应用[J]. 山西建筑, 2022, 48(7): 107-110, 167.

[111] 高康, 张海波. 水冷制冷剂直接蒸发式空调系统在地铁站的应用[J]. 制冷, 2018, 37(1): 64-67.

[112] 罗毅, 杭炳炳, 龚程程, 等. 蒸发冷磁悬浮变频离心式冷水机组研发及其应用分析[J]. 制冷与空调, 2022, 22(10): 75-78.

[113] 祝岚. 北京地铁9号线通风空调系统节能示范[J]. 都市快轨交通, 2013, 26(5): 44-48.

[114] 曾伟. 变流量空调水系统水泵变频控制及能耗分析[J]. 建筑热能通风空调, 2022, 41(6): 45-48.

[115] 武旭. 变频节能技术在地铁通风空调系统中的应用[J]. 中国设备工程, 2023(7): 110-112.

[116] 纪育光. 变频控制技术在空调通风系统中的节能应用[J]. 电子技术与软件工程, 2019(3): 108.

[117] 胡振亚, 杨卓, 李韶光, 等. 地铁车站通风空调 BAS 控制方案优化分析[J]. 都市快轨交通, 2022, 35(5): 139-145, 151.

[118] 谢大明. 地铁通风与空调节能控制设计措施[J]. 四川建材, 2022, 48(4): 231-232.

[119] 严伟林, 叶昱程. 地下商业建筑负荷分析及空调系统节能设计[J]. 节能, 2013, 32(10): 48-50.

[120] 林群武, 郑洲. 三亚某办公商业综合体冰蓄冷系统设计[J]. 科学咨询(科技·管理), 2022(5): 42-45.

[121] 章利君. 蓄冰空调在剧院建筑中的应用[J]. 制冷与空调, 2020, 20(7): 49-55, 81.

[122] 任万辉, 鞠继升, 曲志光. 水蓄冷空调系统在临沂和谐广场项目中的应用[J]. 暖通空调, 2022, 52(1): 43-51.

[123] 杨森. 海南某酒店中央空调水系统的节能设计[J]. 制冷, 2010, 29(2): 60-65.

[124] 赵轶群, 刘英杰. 严寒及寒冷地区地铁车站设备管理用房热回收装置可行性分析[J]. 暖通空调, 2022, 52(S2): 105-107.

[125] 杜微. 水环热泵系统在地铁车站中的应用及分析[J]. 洁净与空调技术, 2023(1): 52-54.

[126] 叶凌. 城市地下空间热能综合利用系统研究[D]. 哈尔滨: 哈尔滨工业大学, 2011.

[127] 李娟. 城市地下空间暖通空调用能相关问题的研究[D]. 哈尔滨: 哈尔滨工业大学, 2011.

[128] 马洪敏. 地下商业建筑的自然通风设计策略研究[D]. 沈阳: 沈阳建筑大学, 2022.

[129] 谢宁汉. 浅埋式地下人行通道的通风问题[J]. 建筑热能通风空调, 2001(4): 46-48.

[130] 石松涛. 商场建筑中庭结构对自然通风下室内空气环境的影响研究[D]. 西安: 西安建筑科技大学, 2023.

[131] 赵燕. 燃气空调设计问题及应用前景[J]. 山西建筑, 2012, 38(16): 130-131.

[132] 张涛. 浅析燃气空调[J]. 上海煤气, 2018(3): 26-28.

[133] 刘艺峰, 吴文林. 燃气热泵空调技术与应用分析[J]. 中国石油和化工标准与质量, 2023, 43(3): 161-163.

[134] 张文连. 对蒸汽型溴化锂吸收式制冷空调工程的浅析[J]. 低碳世界, 2017(8): 61-62.

[135] 王楠, 刘凡. 蒸汽制冷与传统电空调供能成本浅析[J]. 信息记录材料, 2017, 18(12): 173-175.

[136] 王晓忠. 太阳能技术在空调制造上的应用分析[J]. 机械管理开发, 2022, 37(5): 191-192, 197.

[137] 陈尔健, 贾腾, 姚剑, 等. 太阳能空调与热泵技术进展及应用[J]. 华电技术, 2021, 43(11): 40-48.

[138] 何兴. 多联机空调系统的设计[J]. 工程建设与设计, 2022(22): 17-19.